经典回到生活　阅读从心开始

经典传家

『经典传家』丛书遴选了清代《四库全书》的精华，而且每一种书在注释、译文、解读等方面做了大量的、扎实的工作。

——傅璇琮

国学就是中国人的学问。『经典传家』是一套非常适合大众阅读的国学经典丛书。国学的传承和发展迫切需要好的大众读本。

——毛佩琦

《四库全书》浩如烟海，真正的必读经典就这百余部。

——任德山

国学是相互通融的，切忌断章或是割裂。今人只有从《周易》等原始经典入手，才能真正找到进入国学的门径。

——刘君祖

经典传家系列丛书

图解了凡四训

袁了凡 著

崇贤书院 释译

黄山书社

《了凡四训》阅读指南

图文并茂

清晰优美的古代版画，以图释文，让阅读充满乐趣。

解释品读

设有译文、浅释等辅助性栏目，全面立体地解读经典，真正读懂这本安身立命之学。

精美古版画

- 珍贵古代版画。
- 精挑细选，清晰优美。
- 以图释文，丰富经典内容。
- 营造阅读氛围，拓展读者的想象空间。

图名、图说

- 叙述与正文相关的故事内容。
- 由正文引发的感慨。
- 多种视角深入解读。
- 开拓阅读思路。

了凡四训

老子观井

什么是真善？什么是伪善呢？了凡先生认为："又根心者真，袭迹者假；又无为而为者真；有为而为者假；皆当自考。"为善不是从量上区别的，而是要从心地上区别。没有所图，只是发自内心地想做这件事情，这样的善事才是真正的善。老子有语，"上善若水，水善利万物而不争"，有至高善行的人，效法水的柔性，广泛施恩却不奢望报答。图为老子观井悟道。

一三八

《了凡四训》阅读指南

反复注音

生僻字、古今异音字反复标注读音，最大限度地方便读者阅读。

立命修身

阐明“命自我立，福自我求”的思想，鼓励人们向善立身、慎独立品，教会更多的人创造自己的命运。

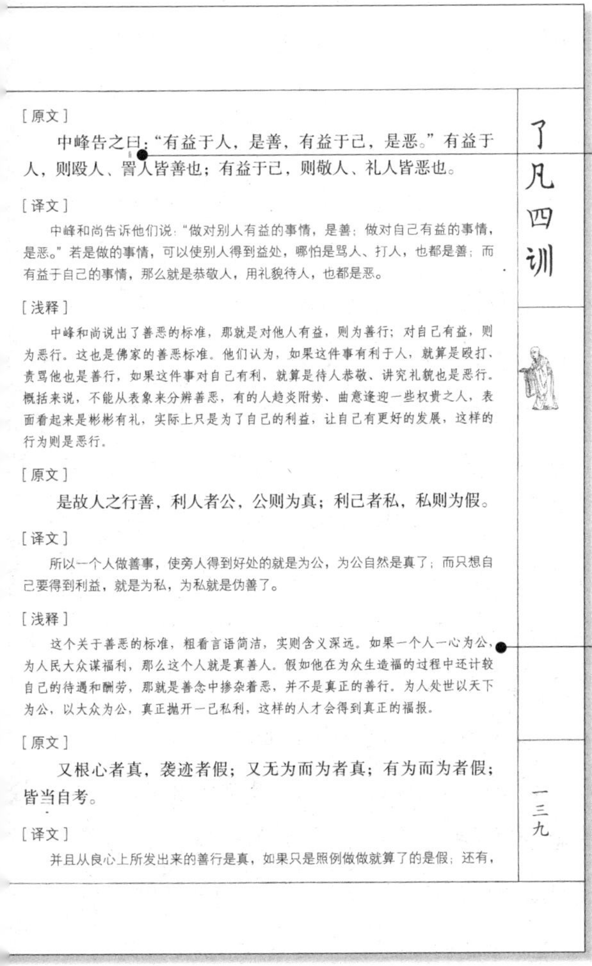

[原文]

中峰告之曰：“有益于人，是善，有益于己，是恶。”有益于人，则殴人、詈人皆善也；有益于己，则敬人、礼人皆恶也。

[译文]

中峰和尚告诉他们说：“做对别人有益的事情，是善；做对自己有益的事情，是恶。”若是做的事情，可以使别人得到益处，哪怕是骂人、打人，也都是善；而有益于自己的事情，那么就是恭敬人，用礼貌待人，也都是恶。

[浅释]

中峰和尚说出了善恶的标准，那就是对他人有益，则为善行；对自己有益，则为恶行。这也是佛家的善恶标准。他们认为，如果这件事有利于人，就算是殴打、责骂他也是善行，如果这件事对自己有利，就算是待人恭敬、讲究礼貌也是恶行。概括来说，不能从表象来分辨善恶，有的人趋炎附势、曲意逢迎一些权贵之人，表面看起来是彬彬有礼，实际上只是为了自己的利益，让自己有更好的发展，这样的行为则是恶行。

[原文]

是故人之行善，利人者公，公则为真；利己者私，私则为假。

[译文]

所以一个人做善事，使旁人得到好处的就是为公，为公自然是真了；而只想自己要得到利益，就是为私，为私就是伪善了。

[浅释]

这个关于善恶的标准，粗看言语简洁，实则含义深远。如果一个人一心为公，为人民大众谋福利，那么这个人就是真善人。假如他在为众生造福的过程中还计较自己的待遇和酬劳，那就是善念中掺杂着恶，并不是真正的善行。为人处世以天下为公，以大众为公，真正抛开一己私利，这样的人才会得到真正的福报。

[原文]

又根心者真，袭迹者假；又无为而为者真；有为而为者假；皆当自考。

[译文]

并且从良心上所发出来的善行是真，如果只是照例做做就算了的是假；还有，

了凡四训

一三九

注 音

- 生僻字随文注音。
- 为方便读者阅读，加深读者记忆，部分疑难字词反复注音。

浅 释

- 解释难点、知识点。
- 对文章思想的总结、梳理、丰富和延展。

总 序

国学是什么？简单说，就是中国人之所以成为中国人的学问。因此，国学不仅包括数千年积累流传下来的经典，比如“四书五经”、《老子》《庄子》《孙子》《史记》《汉书》、唐诗、宋词，也包含研究中国人思维方式、生活方式、行为方式乃至娱乐方式的各种学问。广言之，国学研究的对象不仅包括文献，也包括实物；不仅包括物质文化遗产，也包括非物质文化遗产，如我国各民族的建筑、服饰、饮食、音乐、绘画、医药、戏曲等等。

国学是不断丰富、不断发展的学问。上面说的从“四书五经”到唐诗、宋词就是一个不断丰富发展的过程。近代以来，国学的研究范围还在不断地扩大，比如敦煌学、甲骨学，是随着有关文物的出土而兴起的；比如红学，是随着文学理论和学术风气的发展变化而兴起和发展的。随着时间的推移和学术的进步，必将有更多的学问被纳入国学研究的范围。

数千年来，中国人做学问形成了自己独特的理论和方法，比如思想理论、史学理论、文学理论，以及训诂学、考据学、音韵学等等。但这些理论和方法并不是一成不变的。比如，在史学研究领域，由于地下文物的出土，王国维等人提出了以地下文物与传世文献相补充互证的“二重证据法”。近代以来，西风劲吹。国人主动借鉴西方学术研究的理论和方法，研究中国学问。王国维借鉴尼采的哲学理论研究中国的文学戏剧，胡适以杜威的实验主义研究中国的“国故”。国学从来没有拒绝外国学问的融合，佛教传入中国后，经过改造，形成了中国独特的佛学、因明学；自明朝末年西学传入中国后，中国的天文学、数学等就已经融入了西学的因素。马克思主义传入中国后，不少人用马克思主义理论研究中国历史文化，它们自然也成为了国学的一部分。因此，国学又是开放的、随时代而进步的。那么，当今我们研究、振兴国学，不允许也不应该倒退，不允许也不应该僵化。

然而，国学又是与西学明显区分的。国学是西学的对应物，是与西学完全不同的学术体系。在近代，西学挟坚船利炮强势进入中国之后，中国人还视自我，对于中国固有之学问的称呼出现了中学、国故学、国粹、国学这样的名称。面对“帝国主义”的强大，中国人自愧不如，一方面拼命地学习、引进西学，另一方面拼命地贬低、抛弃国学。虽然也有一些人，如张之洞为保护中华文化之根本，提出“中学为体，西学为用”，如胡适，提出“整理国故”，以“再造文明”“建立民族自信心”，但其声音终被时代所淹没。国学一再被严重曲解和轻视，造成了中国历史文化的大断裂。也许，这一历史过程是必然的。但回顾过去，中国在走向独立富强的过程中，国学所付出的代价实在太大、太惨重了。

新中国成立后，饱受屈辱的中国人从此站立了起来，民族自信心大大加强，但没有能够及时认识到国学在新时代的重要性，甚至仅存的一点点国学遗产也进一步成为被抛弃的对象。改革开放三十年之后，走向富强的国人终于幡然醒悟，保护和振兴国学逐渐成为全民的共识。一个强大的自立于世界民族之林的国家，必然要有与之相匹配的伟大的民族文化。中国人，从领导者、学术界到普通百姓，都在重新发现国学的现代价值。同时，在走向全球化的进程中，东西方各国也把目光投向了中国。中国学问，中国的一切都在被重新评价。中国不仅为了自身的建设和发展需要从传统文化中汲取智慧，而且也面临着以优秀的中华文化向全人类贡献智慧的责任和挑战。

那么，这套经典传家丛书的编纂就是可喜的，编纂者的初衷和努力就是可敬的。希望这套丛书能发挥点滴作用，如同涓涓细水与千百万有志者的努力一道汇成大潮，去迎接中华民族的伟大复兴！

是为序。

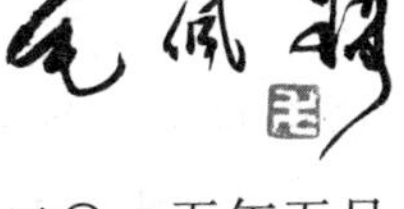

二〇一五年五月

前言

人们生活在同一个世界上，但命运却不尽相同：有人一生平安、颐养天年；有人却天灾人祸、年少夭折；有人大富大贵、多子多孙；有人却贫困潦倒、膝下无人……世事难料，难道真是冥冥之中自有天意？

很多人都相信天意，相信“生死由命，富贵在天”，“人强，强不过命”，于是这些人得过且过，一旦遇到什么不如意的事情，就开始怨天尤人，顶多也是“尽人事，安天命”。但是天命是什么，明天会发生什么，我们怎么会知道？即使知道了，如果天注定如此，无法改变，那么知道与不知道又有什么区别？人人都想事事如意，但人生却总是不如意十之八九，难道这些不如意真的是天定的，是我们无法避免和摆脱的？难道我们在命运面前真的只是待宰的羔羊？

明代的袁了凡先生起先也是坚信“进退有命，迟速有时，是不能改变的”，于是他变得澹然无求，“三天不起一个妄念”。云谷禅师大笑他是标准的凡夫俗子，说：“人未能无心，终为阴阳所缚，安得无数？但惟凡人有数；极善之人，数固拘他不定；极恶之人，数亦拘他不定。汝二十年来，被他算定，不曾转动一毫，岂非是凡夫？”在云谷禅师的点拨之下，了凡先生改变了自己听天由命的人生态度，不再安于现状，他开始了自己创造命运的历程。他成功了，他不仅登科及第、喜添贵子，还活到了七十四岁的高龄。

了凡先生用自己的亲身实践向人们证明，命运是掌握在自己手里的，正所谓“有志于功名者，必得功名；有志于富贵者，必得富贵。人之有志，如树之有根，立定此志，须念念谦虚，尘尘方便，自然感动天地，而造福由我”。了凡先生总结了自己一生的经验和教训，结合佛、儒、道三家思想精髓，写就了这本探求立命之学的训子之书。他“命自我立，福自我求”的思想，影响了后人数百年之久，他的《了凡四训》被誉为东方第一励志奇书，清代曾国藩就力主子孙必读此书。

正是因为如此，我们精心校订了这本《了凡四训》。为了保证书中内容的准确性，每部作品除收录了原文外，还配有注音和译文。注音参考各经典版本，力求精准。尤其是现代不常用的词语，都会结合当时的时代背景，加以注音。译文力求以信达雅为原则，保留文章原有的行文风格，并结合现代读者的审美，用优美的白话再现原文的流畅。书中还配有浅释，对作品进行了全方位的解析，准确全面的解读，使读者更加深刻地体味作品的内涵。

为丰富本书内容，我们还为本书配有精美的古版画。这些古版画，力求与文本一一配合，以图释文，通过精美画面来延伸文章的意义，让读者在品读文章的同时，还能够结合插图，加深印象，收到一种双重的审美效果。

此外，为增加本书的丰富性，还附有节本《安士全书》。《安士全书》为清朝周安士先生所著，包括《文昌帝君阴骘文广义节录》《万善先资集》《欲海回狂》《西归直指》四篇，被号称中国净土宗十三祖的民国高僧印光法师称为“善世第一奇书”。此书与《了凡四训》一起，作为劝诫世人的范本，广为流传。

在命运面前，如果你还在迷失彷徨，还在怨天尤人，甚至是无奈绝望，为什么不看看这本能够让你心目豁开，信心勇气倍增的书呢？如果你想得到福寿、康宁、财富和升迁，却又没有获取之道，那为什么不学学这位成功者的方式方法呢？了凡先生用富有感染力和警戒性的语言，阐明一切福祸由人掌握的道理，鼓励人们向善立身、慎独立品，这是一笔珍贵的智慧的财富。即使你暂时领悟不到书中人生的智慧，相信此书也定能够使你获得片刻心灵的安宁。

崇賢書院

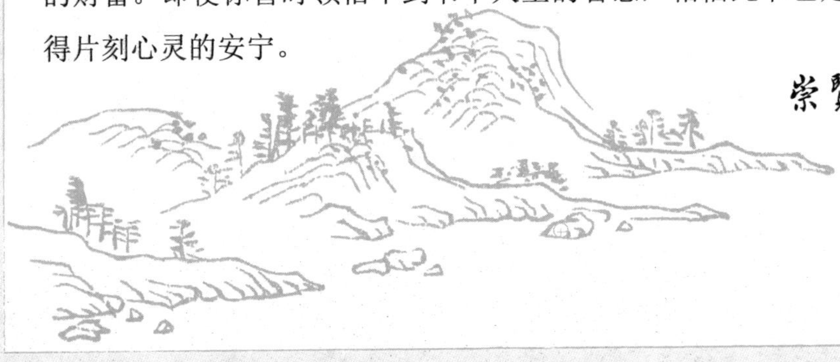

目　录

了凡四训

附录：安士全书

了凡四训

第一训　立命之学

第一篇，首讲“安身立命之学”。“立”即建立之意，“立命”就是说人要自己创造并掌握自己的命运，摆脱命运的束缚。“立命之学”，就是创造并掌控自我命运的学问与道理。本篇了凡先生将自己亲历及亲见的一些改造命运的事迹，告诉儿子，要他勇于摆脱命运的束缚，以积极的心态对待人生命运。虽然前生造因决定人生气数，但此生心性可以改变命运。要竭力去做种种善事，不可以做坏事，如此便可以获得快乐美满的人生。

[原文]

余童年丧父，老母命弃举业学医，谓可以养生，可以济人，且习一艺以成名，尔父夙（sù）心也。

[译文]

我童年的时候父亲就去世了，母亲要我放弃学业，不要去考功名，改学医，并且说：学医可以赚钱养活家人，也可以救济别人。并且医术学得精，可以成为名医博得声名，这是你父亲一向的心愿。

[浅释]

了凡先生讲述自己很小的时候就失去了父亲，与母亲相依为命。为了维持生计，母亲叫他放弃科举仕进之路，转而学习医术。

选择不同的行业便有迥异的人生，因此，人生对于行业的选择是十分重要的。在古代有“不为良相，便为良医”之说。在古代读书人的心中，位列朝班与悬壶济世都是拯济黎民，多少有点相通之处，是同样受到推崇的两种职业。

参加科举考试，求取功名，进而步入仕途，指点江山当然是当时读书人的终极目标。但科举入仕并不是一件容易的事。多少读书人皓首穷经，难圆仕进之梦。而学习医学，自己掌握一技之长，不仅可以养家糊口，还能治病救人，因此也是很不错的行业。由于了凡先生父亲的离世，家庭趋于困顿，从生存的角度出发，学医不失为一个相对不错的选择。更何况，成为一个医术精湛的名医，博得声名也恰恰是父亲一直以来的心愿。于是了凡先生听从母亲的教诲，放弃了仕途功名，转而学医。

[原文]

后余在慈云寺，遇一老者，修髯（rán）伟貌，飘飘若仙，余敬礼之。

语余曰："子仕路中人也，明年即进学，何不读书？"余告以故，并叩老者姓氏里居。曰："吾姓孔，云南人也。得邵(shào)子皇极数正传。数该传汝。"余引之归，告母，母曰："善待之。"试其数，纤悉皆验。

［译文］

后来我在慈云寺，碰到了一位老人，相貌非凡，一脸长须，看起来飘然若仙，我就很恭敬地向他行礼。这位老人向我说："你是官场中的人，明年就可以去参加考试，并考中秀才，为何不读书呢？"我就把母亲叫我放弃读书去学医的缘故告诉他。并且请问老人的姓名，是哪里人，家住何处；老人回答我说："我姓孔，是云南人，宋朝邵康节先生所精通的皇极数，我得到他的真传。照注定的数来讲，我应该把这个皇极数传给你。"因此，我就领了这位老人到我家，并将情形告诉母亲。母亲要我"好好地待他"。试试这位先生的推算，究竟灵不灵，结果孔先生所推算的，虽然是很小的事情，但是都非常的灵验。

［浅释］

在人生的道路上，总会有一些人或事，他们会令你的人生产生巨大的转折变化。这里了凡先生讲述的是改变他命运的机缘巧合之事。了凡先生在慈云寺遇到一位长者。而这位长者并非寻常之人。正所谓"异人必有异相"，首先是相貌的不同凡俗。这位长者"修髯伟貌"。古时候以长髯为美，长着修长的胡须，说明此人仪容不俗。不仅如此，老者还相貌庄严魁伟，看起来颇有些仙风道骨。因而了凡先生自然不敢怠慢，对他恭敬有加。

老人一开口，就语出惊人。老人对了凡先生的未来进行了预测，认为他将来必定是官场中人，并且"明年即进学"。"进学"就是考上了秀才，被派遣到县立的学校去读书。老人推测了凡先生命中注定会走仕途之路，官运亨通，而此时他却不去读书以求取功名。这是很令人费解的。于是老人问起原因。

老人不仅相貌清奇，语出惊人，他还有个不小的来头。即他是宋朝邵康节皇极数的传人。什么是皇极数？这得从邵康节说起。邵康节，本名邵雍，谥康节。他是宋朝相当有名的占卜术士，在对传统《易经》继承的基础上，进行了改进与创造，曾经发明了"梅花易数"的占卜方法。他曾留下了"二鹊闹梅""马踏牡丹"等占卜佳话。《皇极数》正是邵雍著作的《皇极经世书》。此书见于《四库全书》，是一部关于推算的巨著，它以《易经》理论为基础，从数理上来推断吉凶祸福，是十分艰深的学问。

孔老先生精通皇极数，能够预测了凡先生的前途命运，同时也知道，命中注定皇极数要传给了凡先生。这是孔老先生和了凡先生命定的缘分。

宝志神奇

宝志和尚很神奇，他与人交谈，说的一些莫名其妙的话都能一一应验；他写的诗，也都像谶言。人们都对自己的命运感到好奇，都想预知未来，但是人的命运真的是一定的吗？真的是“冥冥之中，自有天意”吗？了凡先生在此章借云谷禅师之口讲了“安身立命之学”，教人们如何改变命运，正是“君子不言命，养性即所以立命；亦不言天，尽人自可以回天”。

这段话透露出一个观点，即每一个人，甚至每一件事都是命中注定或者说命运安排好的。而这定数，也就是佛法中所宣扬的因缘果报。由于一切都有定数，我们就面对顺境和逆境的时候就不必欢喜悲伤了，要始终保持一颗平常心，因为全部都是命定的。但是一切偶然的背后都存在一定的必然性。了凡先生年纪轻轻的时候，便有如此奇遇，也与他的个人修为有很大关系。了凡先生在对待陌生长者的时候表现出来的谦恭有礼，母亲礼貌而周到地善待老人，都对此次奇遇的发生和发展具有促进作用。正是由于了凡先生遇见长者时的“敬礼之”，才有后来的相互对话。若不是母亲的“善待之”，不试验老者的术数，对老者的信任更无从谈起，也就不会影响到了凡先生的仕途命运。这正是本章所论的“命自我立”。

［原文］

余遂启读书之念。谋之表兄沈称，言：“郁海谷先生，在沈友夫家开馆，我送汝寄学甚便。”余遂礼郁为师。

［译文］

我于是有了读书的念想。我和我的表哥沈称商量，表哥说：“我的好朋友郁海谷先生在沈友夫家里设有学堂，收学生读书。我送你去他那里寄宿读书，非常方便。”于是我便拜了郁海谷先生为老师。

［浅释］

这里讲了凡先生因为听了孔老先生的话，燃起了读书求仕的念头，打算放弃学医的计划，向着进入官场这一目标努力。因为父亲早逝，家中只有寡母，了凡先生只得自行与表哥商量。

在我国古代，私塾为培养人才、传递文化做出了很大的贡献。由于我国古代社会并没有中、小学等教育机构，男子读书的途径是进入私塾，然后学业有成才可考入国家设立的大学机构——太学，明清时期称作“国子监”。学子考试合格就会被任命为政府官吏。

私塾作为开设于家庭、宗族或乡村内部的民间教育机构，规模都比较小，往往只有一个老师，二三十个学生。沈友夫应当就是当地相对有经济实力的人家，能够请得起教师，开得起私塾。而表哥的朋友郁海谷，正是在这样的人家里教授其宗族子弟。古时候，男子入私塾学习并不需要专门的入学考试。通常情况下，只要征得教师的同意就可以了。因而了凡先生顺利地拜郁海谷为师，开始了自己的学习。

［原文］

孔为余起数：县考童生，当十四名；府考七十一名，提学考

第九名。明年赴考，三处名数皆合。

[译文]

孔先生替我推算我命里所注定的数，他说：在你没有取得功名做童生时，县考应该考第十四名，府考应该考第七十一名，提学考应该考第九名。到了第二年，果然三处的考试，所考的名次和孔先生所推算的完全相符。

[浅释]

明清时代，考取秀才需要经过县、府、省三级考试。通过了县考才有资格参加上一级的府试；府试通过了才有资格参加由提学负责的省考。三处考试全部通过了，进入府学、州学或县学的，称为进学，也就是俗称的秀才。

孔老先生为了凡先生推算了未来进学的命运，断定他必然能够考取秀才，甚至将每一级考试中所考取的名次都详细地推算了出来：县考十四名，府考七十一名，提学考第九名。这是相当神奇的。更为令人惊叹的是第二年了凡先生参加考试的时候，孔老先生的推断竟然一一应验了。这更令了凡先生深信人生命运都是注定的。

[原文]

复为卜终身休咎(jiù)，言：某年考第几名，某年当补廪(lǐn)，某年当贡。贡后某年，当选四川一大尹，在任三年半，即宜告归。五十三岁八月十四日丑时，当终于正寝，惜无子。余备录而谨记之。

[译文]

孔先生又替我推算终生的吉凶祸福，他说：哪一年考取第几名，哪一年应当补廪生，哪一年应当做贡生。等到贡生出贡后，在某一年，应当选为四川省的一个县长，做县长三年半后，便该辞职回家乡。到了五十三岁那年八月十四日的丑时，就应该寿终正寝，可惜你命中没有儿子。这些话我都一一地记录起来，并且牢记在心中。

[浅释]

明清时期，科举考试制度是很复杂的，从童生到生员，也就是秀才，需要经过三次考试并且全部合格才行。但到了秀才这一级别，成为府、州、县中的生员，科举之路才刚刚走了一小半。生员除去日常学习要参加岁考的考核之外，还可以参加乡试。在明清时期，乡试每三年才举行一次，机会很是难得。生员参加乡试考中者，就成为举人。举人又要参加在京城每三年举行一次的会试。我们经常听到的所

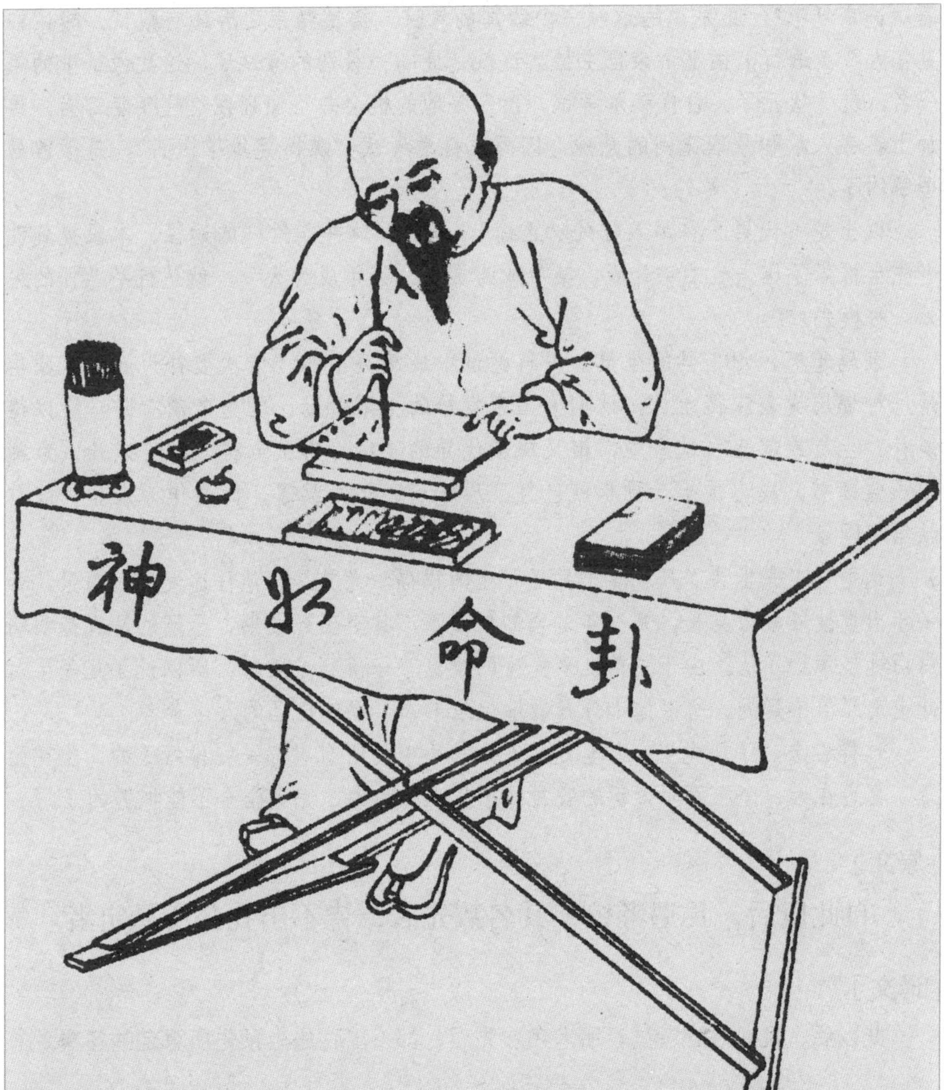

算命先生

孔先生替了凡推算了他终生的吉凶祸福。孔先生推算的这些，在日后全部应验了，这让了凡更加坚信命由天定，从此他对一切都看淡了，不再追求任何事情了。我们很多人不也都是这样子吗？相信命运，相信运气，碰到不好的事情就无可奈何、怨天尤人。在这个世界上，是有好多事情不是个人能够决定的，人的命好像真有一定的“定数”，但是别忘了，“定数”之外还有一个“变数”。我们应该把握好这个变数，把命运掌握在自己手中。看图中的算命先生，如果你认为他随便一画，便能决定你一生的命运，岂不可笑？

谓“进京赶考”，正是说的这样一个级别的考试。会试结束之后还有殿试。殿试在皇宫大殿上进行，由皇帝亲自主持。这就是最高一级别的考试了，这次考试中的第一名，就是状元了。古代参加考试，出人头地的机会并不像现在这样年年都有，再加上参考人数和录取比例的悬殊，因而说科举考试“赚得英雄尽白头”，是很容易理解的了。

以上是古代男子科举入仕的“正途”，当然，这并非唯一的途径。本段提到孔老先生推算了凡先生某年补廪，某年成为贡生，某年成为大尹，就是科举入仕的另外一种模式。

隶属于府、州、县的生员，岁科两试中成绩突出的，依次被补为廪生。廪生是一种资历比较深得生员，他们有国家发给的生活补助，因为名额有限，所以得候补。生员或廪生乡试未中，但又成绩优异的，经过考试选拔，就可以升入京师国子监读书，成为贡生。贡生就已经不属于府、州、县了，而是作为人才，被贡献给了国家。

这里孔老先生为了凡先生推算了一生的祸福，尤其是将他仕途发展的前景，哪一年出贡被任命为县长，哪一年适合卸任归隐，甚至生死之期，子嗣的情况都明明白白地展示给了他。由于先前孔老先生的推算一一得到了应验，所以说了凡先生对此也是深信不疑的。所以他十分恭敬地记录下来，以作自己的人生参考。

这样看来，了凡先生，甚至是所有人一生中的所有事都是安排好了的。生死由命，富贵在天，个人面对命运的安排几乎是无能为力，完完全全不能把握的了。

[原文]

自此以后，凡遇考校，其名数先后，皆不出孔公所悬定者。

[译文]

此以后，凡是碰到考试，所考名次先后，都不出孔先生预先所算定的名次。

[浅释]

孔老先生果然是神机妙算，如仙人般洞明一切。之后的所有考试，了凡先生取得的名次与孔老先生的预算分毫不差。命运对于了凡先生来说已经没有什么悬念了。

[原文]

独算余食廪(lǐn)米，九十一石五斗当出贡。及食米七十一石，屠宗师即批准补贡。余窃疑之。

[译文]

唯独算我做廪生所应领的米，领到九十一石五斗的时候才能被批准补为贡生。

哪里知道我吃到七十一石米的时候，屠宗师就批准我补贡生。我私下就怀疑孔先生所推算的，有些不灵了。

［浅释］

虽然孔老先生的预言一直顺利地得到印证，但还是在一件事上出现了差错。孔老先生算定了凡先生得领取廪米，直至九十一石五斗的时候，才能够被批准做贡生，从而将廪生的资格让给下一位生员。然而事情的发展第一次偏离了既定命运。在了凡先生仅仅领取了七十一石廪米的时候，屠宗师就已经批准了他升为贡生。如此一来，了凡先生私下里产生了怀疑。孔先生这一点算错了。

［原文］

后，果为署印杨公所驳，直至丁卯年，殷秋溟(míng)宗师见余场中备卷，叹曰："五策即五篇奏议也，岂可使博洽淹贯之儒，老于窗下乎？"遂依县申文准贡，连前食米计之，实九十一石五斗也。余因此益信进退有命，迟速有时，澹(dàn)然无求矣。

［译文］

后来，果然被另外一位代理的学台杨宗师驳回，不准我补贡生，直到丁卯年，殷秋溟宗师看见我在考场中的"备选试卷"没有考中，替我惋惜，并且慨叹道："这本卷子所做的五篇策，竟如同上给皇帝的奏折一样；像这样有大学问的读书人，怎么可以让他埋没到老呢？"于是他依准县学的申请文书补我为贡生。经过这番的波折，我又多吃了一段时间的廪米，算起来连前所吃的七十一石，恰好补足，总计是九十一石五斗。我因为经受了这番波折，就更加相信：一个人的进退浮沉，都是命中注定，而走运的迟或早，也都有一定的时候，所以把一切都看得淡然，不去追求了。

［浅释］

然而，正当了凡先生对孔老先生心存怀疑之时，事情发生了转变。虽然屠宗师批准了凡先生补贡，此次却没有成功。因为这里出现了一个人物妨碍了了凡先生的提升。杨署印作为代理官员取代了屠先生的位置。由于他并不认同屠先生的观点，所以他驳回了了凡先生补贡一事。直至了凡先生廪米领到了九十一石五斗的时候，殷秋溟宗师发现了了凡先生才识过人，为他申请补贡了。这再一次印证了孔老先生的推断。事情就这样充满戏剧性地又回归了命运所安排好的途径之中。这一次，了凡先生已经是彻底地为孔老先生的神机妙算所折服，也完全相信了命由天定。

不过从这里我们可以获得很多启示。了凡先生是很有才识的一个人。屠先生对

香山舍宅

了凡先生的荣辱生死被孔先生算定之后，他就再也没有了任何妄想，甚至达到了与云谷禅师对坐三日，不见起一妄念的程度。云谷禅师见他执迷不悟，便以佛法育之，使他茅塞顿开，从此虔诚信佛。在古代，有好多人半路信佛，并达到很虔诚的程度，比如唐代白居易。白居易晚年信佛，专心念经，不吃荤食，还捐出自己的住宅作为寺院，取名为香山寺。有人误传白居易求仙时，他为了表明自己只信佛教不信道教，还写了一首诗明志：“吾学真空不学仙，恐君此语是虚传。海上不是居吾处，归则须归极乐天。”

他大力推荐。殷秋溟宗师在翻阅了了凡先生当年的考卷之后，更是大加赞赏，称扬他的文章为评点天下的奏议，称赞他学识广博而又文思敏捷。而如此有学识有见解的人才，却在第一次被提升为贡生的时候，因为杨先生的不同意见而失败了。这就是说一个人空有才能是不行的，还必须有命。命运主宰着一切。命、时、因缘都是有定数的。虽然命中注定有这样的成就，但时机未到，因缘不成熟，也不会发生。直到殷秋溟先生的出现，他恰好去翻阅了落第考生的试卷，恰好发现了了凡先生的才能。了凡先生的因缘才算成熟，才得以提升，不至于终老于窗下。

一个人清楚地知道自己人生的每一步走向，不知应当该喜该悲。应当说对于未来的未知和希望，是推动人积极追求，努力向前的动力。既然一切祸福都被安排好了，对于自己的未来也已经是明明白白，清清楚楚，并且自己无法左右。面对如此清晰而确凿的宿命，正所谓“命里有时终须有，命里无时莫强求”，了凡先生必然会失去前行的动力，于是开始无欲无求，心态也开始变得与世无争。

以上所讲皆是定数。了凡先生明白了人生有定数，一切都是命运的安排，却不明白除去定数之外，还有着一个相对的变数。即使是注定的命运，也还是可以掌握在自己的手中，有所改变的。以下文字主要谈论人生之中的变数，谈论掌握改变命运的理论方法。遵从立命的理论方法去做，一切皆有可能。

［原文］

贡入燕都，留京一年，终日静坐，不阅文字。

［译文］

等我当选了“贡生”，按照规定，要到京城的国子监去读书，所以我在京城里住了一年，一天到晚，静坐不动，不说话，也不转动念头，凡是文字，一概都不看。

［浅释］

由于贡生已经不隶属于府、州、县，而隶属于国家，必须到京城的国子监去读书。于是了凡先生来到了“燕都”，也就是现在的北京。明代首都在北京，由于古时北京曾是燕国都城，所以称作“燕都”。

在京城的一年，了凡先生完全陷入了无所事事的状态。他不再读书，整日静坐。“静坐”是佛家、道家以及儒家所共同推崇的一种修行方式。通过“静坐”淡泊心性，了悟本源。由于了凡先生完全清楚自己的命运走向，明白人为地去追求是徒劳无功的，于是他能够彻底地静下来，变得无欲无求。

［原文］

己巳归，游南雍，未入监，先访云谷，会禅师于栖霞山中，对坐一室，凡三昼夜不瞑目。

[译文]

到了己巳年，回到南京的国子监读书，在没有进国子监以前，先到栖霞山去拜见云谷禅师，他是一位得道的高僧，我同禅师面对面，坐在一间禅房里，三天三夜连眼睛都没有闭。

[浅释]

一年之后，了凡先生回到南京，准备进入设立在南京的国子监。此时的了凡先生对读书已经完全没有兴趣了。南京不同于北京，那里襟江带河，依山傍水，风景十分秀丽。“六朝佳丽地，金陵帝王州”，南京更是人杰地灵，高人云集。在这里的栖霞山上，有一位得道高僧，就是云谷禅师。了凡先生不等入学，就先去拜访了他。不同于前文中与孔先生的偶遇，这一次，了凡先生则是主动探访云谷禅师。可见了凡先生一年的静心打坐，无欲无求的气场令他趋近于佛法。

一个对于命运了如指掌的人，已经是心如死水一般，完全没有任何念想。因而他前去拜访得道高僧，能够连续三个日夜不眠不休，不言不语。乍看上去，似乎已经参透了一切，仿佛有着高深的道行。实际上，了凡先生只是由于知晓了自己的生平命运，而心如死灰，并且也经历了一年之久的静坐修行，因而可以如此。

[原文]

云谷问曰：“凡人所以不得作圣者，只为妄念相缠耳。汝坐三日，不见起一妄念，何也？”

[译文]

云谷禅师问我说：“凡人，所以不能够成为圣人，只因为妄念在其心中不断地缠来缠去。而你静坐三天，我不曾看见你起一个妄念，这是什么缘故呢？”

[浅释]

佛教认为唯有圣人才能够对万事万物洞明真相，对于其因果了然于心。普通凡俗之人，往往由于虚妄不实的心念迷住心性，执着于妄念，从而生出错误思考和心念，因而不能成佛成圣。若能远离，则可以入觉悟境界。云谷禅师看到了凡先生有如此定力，觉得他一定具有相当高的悟性，因而十分诧异地开口询问他为何竟然心无念想。

[原文]

余曰：“吾为孔先生算定，荣辱生死，皆有定数，即要妄想，亦无可妄想。”云谷笑曰：“我待汝是豪杰，原来只是凡夫。”

［译文］

我说："我的命被孔先生算定了，何时得意，何时失意，何时生，何时死，都有个定数，没有办法改变，就是要胡思乱想要得到什么好处，也是白想；所以就老实不想，心里也就没有什么妄念了。"云谷禅师笑道："我本来认为你是一个了不得的豪杰，哪里知道，你原来只是一个庸庸碌碌的凡夫俗子。"

［浅释］

了凡先生并非由于大彻大悟才如此心无妄念。他不过是由于孔老先生算出了命运，了解了一切皆有定数之理，知道想也是空想，积极追求也是徒劳，才如此无欲无求，任由命运安排自己的人生。实际上，了凡先生的确并非豪杰之士，他困在生命的安排之中，得不到半点自在。因此云谷禅师说，了凡先生只是个凡夫。他虽然可以三天三夜不动妄念，却并没有参悟人生。

［原文］

问其故，曰："人未能无心，终为阴阳所缚，安得无数？但惟凡人有数，极善之人，数固拘他不定；极恶之人，数亦拘他不定。汝二十年来，被他算定，不曾转动一毫，岂非是凡夫？"

［译文］

我听了之后不明白，便请问他此话怎讲？云谷禅师说道："一个平常人，不能说没有胡思乱想的那颗意识心；既然有这一颗一刻不停地妄心在，那就要被阴阳气数束缚了；既被阴阳气数束缚，怎么可说没有数？虽说数一定有，但是只有平常人，才会被数所束缚住，若是一个极善的人，数就拘不住他了，因为极善的人，尽管本来他的命数里注定吃苦；但是他做了极大的善事，这大善事的力量，就可以使苦变成乐，贫贱短命变成富贵长寿；而极恶的人，数也拘他不住，因为极恶的人，尽管他本来命中注定要享福，但是他如果做了极大的恶事，这大恶事的力量，就可以使福变成祸，富贵长寿变成为贫贱短命。你二十年来的命都被孔先生算定了，不曾把数转动一分一毫，反而使数把你给拘住了，一个人会被数拘住，就是凡夫。这样看来，你不是凡夫，是什么呢？"

［浅释］

云谷禅师的这一番话，讲的就是命运的定数与变数。

人生的确是有既定的命运。普通的凡俗之人，由于纠缠于妄想之心，就会沦落在定数之中，按照既定的命运走完一生。即使明白了自己注定的未来，他们也并不了解人生之道，只是按部就班的生活。了凡先生正是这样的凡俗之人。他并非毫无妄念，自命运被算定二十年来，他始终执着于“不想”，而并非真正的大彻大悟。因而他被拘系于定数之中，不能有丝毫的动弹，也没有给自己的命运带来一丁点的改变，一直按照既定命运走来，所以说了凡先生只是凡夫。

人生之中的定数并不是对所有人都起作用的。定数之中也存在变数。只有凡夫是这样遵循命运的安排，没有妄念的人，是可以超越命运的。大善之人和大恶之人也都能够摆脱注定的命运。大善之人，随着他们的行善，可以积累自己的德行，其福报就会到来，因而他们的命运并不遵循定数。大恶之人，他们日益造恶，会使他们原本旧有的福德受到折损，所以他们的人生也会偏离既定的命运。

[原文]

余问曰：“然则数可逃乎？”曰：“命由我作，福自己求。诗书所称，的为明训。我教典中说：求富贵得富贵，求男女得男女，求长寿得长寿。夫妄语乃释迦大戒，诸佛菩萨，岂诳（kuáng）语欺人？”

[译文]

我问云谷禅师说：“照你说来，究竟这个数，可以逃得过去吗？”禅师说：“命由我自己造，福由我自己求；我造恶就自然折福；我修善，就自然得福。从前各种诗书中所说的，实在是的的确确，明明白白的好教训。我们佛经里说：一个人要求富贵就得富贵，要求儿女就得儿女，要求长寿就得长寿。要知道说谎是佛家的大戒，哪有诸佛菩萨还会乱说假话，欺骗人的呢？”

[浅释]

在了凡先生看来，命运是定数，已经被孔老先生算定，没法有任何主观能动性。所以在听了云谷禅师的一番话之后，了凡先生产生了疑惑。命运难道是可以超越的吗？的确，因为定数之外还有变数。了凡先生并不知道掌握在自己手中的变数，能够改变既定的命运。

云谷禅师说“命由我作，福自己求”。这就将了凡先生的命运观引入了更深一层，指出命运是由自己掌握，自己创造的。福报也都是自己求来的。云谷禅师的这番话并不是否认“人生有定数”的说法。人生的确有既定命运。但是并不等于人们在这既定的命运面前无能为力。因为定数之外，还有变数。这个变数，由自己的作为带来，推动。这是了凡先生原本不了解的。从这里可以看出来，佛家讲求因果，所奉行的命运观并非宿命。相反，佛家提倡创命论。前途命运可以由自己亲手创造。不仅仅是佛家，儒家也认同“命由我作，福自己求”的理论。《诗经》之中，就有“无念尔祖，聿修厥德。永言配命，自求多福”的话，讲的也是这个道理。

佛家向来有“出家人不打诳语”的说法。《金刚经》中也有“须菩提，如来是真语者、实语者、如语者、不狂语者、不异语者”的教条。而妄语正是佛家大戒。由此可见，佛教典中所讲的“求富贵得富贵，求男女得男女，求长寿得长寿”必然是真实不虚的明训。如此看来，似乎佛门之中能够“有求必应”。这就使得佛教带上了迷信的色彩。实际上这段话并不能简单地理解为只要开口请求，必然可以满足心愿。章嘉大师对佛门的“有求必应”进行了很好的解释。在佛门之中求，想到达到“有求必应”，就一定得懂理论，掌握方法，而不是盲目地祈求。求福，一定要先消除业障。要通过弃恶向善，进行自我修炼，广种善因，必然能够多收善果，内心的愿望，不论大小，也就全部可以实现，甚至求佛也可以成佛。

了凡先生只是凡夫俗子，他所求的无非凡俗世间的长寿多福。因此，云谷禅师告诉他：佛门之中，只要掌握了正确的理论方法，自己积极地改造命运，即使命中没有的这些，也是可以求得富贵、子孙和长寿的。

［原文］

余进曰：“孟子言：求则得之，是求在我者也。道德仁义，可以力求；功名富贵，如何求得？”

［译文］

我听了以后，心里还是不明白，又进一步问说：“孟子曾说：凡是求起来，就可以得到的，这是说在我心里可以做得到的事情。若是不在我心里的事，那么怎能一定求得到呢？譬如说道德仁义，那全是在我心里的，我立志要做一个有道德仁义的人，自然我就能成为一个有道德仁义的人，这是我可以尽力去求的；若是功名富贵，那是不在我心里头的，是在我身外的，要别人肯给我，我才可以得到，倘若旁人不肯给我，我就没法子得到，那么我要怎样才可以求到呢？”

［浅释］

了凡先生这里所提到的是儒家思孟学派的主要修行方式。《孟子·尽心上》中提到“求则得之，舍则失之。是求有益于得也，求在我者也。求之有道，得之有命，是求无益于得也，求在外者也。”孟子的这段话认为假使我所求得的对象，在于我的内心，积极追求是可以获得的，但假若“求在外者”，虽然有一定的方式，积极探求，但能否获得在于命运。命中有的，自然可得，命中没有的，求也无济于事。

了凡先生于是就认为：道德仁义之类，是自己内心所追求的，也是自身可以拥有的。但是富贵荣华，则全部是身外之物，假使命中没有，虽然积极追求，也是无法得到的。了凡先生的这一观点，依然是传统的宿命论。在他的眼中，所追求的事物，得到与否，全部屈从于命运的安排。殊不知命中既定所有的一切，全部是前生

"欲穷千里目，更上一层楼"

"欲穷千里目，更上一层楼"，是唐代诗人王之涣的名句，寓意着要想看得更加清楚明白，就必须站得更高。了凡先生能静坐三天不起一个妄念，乍一看会让人觉得他是位了不起的豪杰，了凡先生也认为自己是对的，但比常人更加懂得命运的云谷禅师却能看得更明白：了凡不过是个标准的凡夫。在云谷禅师的教导之下，了凡终于不甘于命运，开始了创造自己命运的历程。我们个人的经验和认识在某段时间是一定的，但我们不能永远只保持一个水平，只有不断地提高进取，才能获得改变和成绩。

所造的因，在这一生应得的果报。今生的努力，就会形成一个变数。只要努力修行造福因，这个变数，就使得一切内心的期待都能够求得到。

［原文］

云谷曰："孟子之言不错，汝自错解耳。汝不见六祖说，一切福田，不离方寸，从心而觅，感无不通。

［译文］

云谷禅师说："孟子的话不错，但是你解释错了。你没见六祖慧能大师说：'所有各种的福田，都决定在各人的心里，福离不开心，心外没有福田可寻，所以种福种祸，全在自己的内心，只要从心里去求福，没有感应不到的！'

［浅释］

云谷禅师指出，孟子的话并没有错，而是了凡先生会错了意，理解上有了偏差。偏差在哪里呢？孟子说："求则得之，舍则失之。是求有益于得也，求在我者也。"道德仁义，是内心追求的，可以获得，富贵荣华虽然是事相，未尝不是内心所追求的，所以也可以获得。因为六祖曾经说过："一切福田，不离方寸，从心而觅，感无不通。"六祖认为一切福田，皆在于自己的内心，向内心探求寻觅，没有什么是感应不到的。向内心寻觅，不仅可以获得内在修养，也能够得到外在的价值。

这句话出自《六祖坛经》。《六祖坛经》是佛门第六代祖师惠能所著。六祖惠能以及他的著作，在中国佛教发展历史上具有里程碑式的意义。六祖将自己修行中的内心体验载录下来，将原始佛教中的抽象本体转换成了便于中国人理解和参悟的心性。正是他的这一大改革，使得禅宗成为中国隋唐之后最具影响力的佛家宗派。

［原文］

"求在我，不独得道德仁义，亦得功名富贵；内外双得，是求有益于得也。

［译文］

"能向自己心里去求，那就不只是心内的道德仁义可以求得，就是身外的功名富贵也可以求到，所以叫作内外双得；换句话说，为了种福田而求仁、求义、求福、求禄，是必有所得的，求对于得到是有帮助的。

［浅释］

这里讲了一个非常重要的道理。无论是内求，还是外求，全部得向内心求取。

反过来说，向内心求取，不仅可以获得内在的仁义道德，也能够得到外在的功名富贵。这样的求取才是正确的探求，是对于获得大有助益的。从这一方面来说，学佛并不是限制人外在享受的消极行为，他也是具有现实好处的行为。

[原文]

“若不反躬内省，而徒向外驰求，则求之有道，而得之有命矣。内外双失，故无益。”

[译文]

“所以一个人，若不能自己检讨反省，而只是盲目地向外面追求名利福寿；但得到得不到，还是听天由命，自己毫无把握。这就合了孟子所说，求之有道，得之有命的两句话了。要知道纵然得到，究竟还是命里本来就有的，并不是自己求的效验，所以可以求到的，才去求，求不到的，就不必去乱求。倘若你一定要求，那不但身外的功名富贵求不到，而且因为过分的乱求，过分的贪得，为求而不择手段，那就把心里本来有的道德仁义，也都失掉了，那岂不是内外双失么？所以乱求是毫无益处的。”

[浅释]

云谷禅师这里是说，“反躬内省”是进行探求的唯一正确途径，即向内心去寻觅。无论是求内在的德行，还是求外在的富贵，都必须在自我的内心之中进行自我省察。通过内心的自我反省，来求得进步。相反，假如不从内心去探求，而盲目地向外在去追求，则有求得与求不得之分，更有内外双失的后果。

求得与求不得的分别，源自于人生之中的定数。向外而非向内心去积极追求，高官厚禄，或者荣华富贵，或者其他，假使得到了，也只是因为命中本来注定就有的，而并不是求来的。它们属于命运之中的定数。假使得不到，是因为命中本来就没有，再加上求取的方式是完全错误的，所以结果就是得不到的。

求取的方式错误，不仅仅是所求无所得，更可能导致内外双失的后果。人在人世间往来求索，因为一时的贪念，在盲目追求中就会迷失自我，迷失原本清净的心性。或者被外界形形色色的欲求扰得方寸大乱，或因为求而不得，导致内心悲观绝望，这样不仅外部欲求得不到满足，就连内心的宁静也失去了，更谈不上向内心求索。

[原文]

因问：“孔公算汝终身若何？”余以实告。云谷曰：“汝自揣应得科第否？应生子否？”

［译文］

云谷禅师接着再问我说："孔先生算你终身的命运如何？"我就把孔先生算我，某年考得怎么样，某年有官做，多少岁就要死的话详详细细地告诉了他。云谷禅师说："你自己想想，你应该考得功名么？应该有儿子么？"

［浅释］

云谷禅师问起了了凡先生被算定的命运，了凡先生一一奉告。孔老先生为了凡先生算定了命运，二十年来，了凡先生始终不曾反思过有没有什么不妥之处，也从来没有怀疑过自己的人生是不是有缺憾，是不是可以更完美。因为在他的心目中，命运是定数，自己只是按照既定的命运，按部就班地走下去。

云谷禅师接着指引了凡先生自己反观自己的命运，是否认为应当如此。科第与子嗣是了凡先生最为关注的两个问题。云谷禅师如此一问，使得了凡先生第一次有了对于自我命运的审视。二十年来，他始终对于自己的命运不闻不问，无欲无求，任由命运延展下去，这一次，在云谷禅师的指引下，他从内心开始反思。

［原文］

余追省良久，曰："不应也。科第中人，有福相。余福薄，又不能积功累行，以基厚福。兼不耐烦剧，不能容人。时或以才智盖人，直心直行，轻言妄谈。凡此皆薄福之相也，岂宜科第哉！"

［译文］

我反省过去的所作所为，想了很久才说："我不应该考得功名，也不应该有儿子。因为有功名的人，大多有福相。我的相薄，所以福也薄，又不能积功德积善行，成立厚福的根基。别人有些不对的地方，也不能包容。有时候我还自尊自大，认为自己的才干、智力盖过别人。心里想怎样就怎么做，随便乱谈乱讲。像这样种种举动，都是薄福的相，怎么能考得功名呢！"

［浅释］

由于云谷禅师的提点，了凡先生开始认真地进行自我反省。应该说，他对于自己看的还是非常透彻的，他清楚地知道自己的缺点与不足。此外，了凡先生还是个诚实的人。他对于自己的不足之处毫不遮挡隐瞒，而是开诚布公地告诉了云谷禅师。中国有句成语叫作"讳疾忌医"。假如你不肯诚实地描述自己的情况，也不能奢求他人对你的救赎一步到位。所以说了凡先生难能可贵的一点就是，能够做到心地坦承，这是他能够立命的基础。只有他自己诚心相对，云谷禅师才能够针对他的不足之处，为他指点迷津。

观鱼图

“水至清则无鱼，人至察则无徒”，意思是：水太清澈，鱼就无法生存了；对人要求太严格，就没有伙伴了。在云谷禅师的教导之下，了凡先生自我反省，才知道自己没有儿子是有原因的。原因之一就是：“水之清者常无鱼”，了凡过分的喜欢洁净，甚至到了不近人情的地步，这成为他没有儿子的首要原因。

科第之人，类有福相。这就是说为官之人，要有福相，首先自己要有福。官员有福了，那么就能够把他的福带给他所统辖的百姓。官职越高，所要求的福越大，因为他们所担的责任也越大。这里所说的“福”，并不是“作威作福”之福。佛教经典《无常经》中，佛曰:“世事无相，相由心生”。这就是说要有一定的德行，有宽广的胸怀，为人民谋福利的心。

所谓“相由心生”，就是说人通过自我修行，积德行善，可以改变自己的相。唐朝裴度的故事正是实例。据说裴度少年时期，曾经穷困不堪，面露饥饿而死的凶相，经大师劝勉，开始行善积福，后来面相变为福相，有宰相之风。了凡先生说自己没有福相，并且又不能积累德行，不肯修福，所以没有福相，无法为百姓谋福，因而做不了官员。

了凡先生的没有福相，具体体现在以下几个方面：一，就是性情急躁；二，没有宽容的心；三，不能够服人，性情耿直；四，言谈举止轻薄不谨慎。这几个方面是相辅相成的，互相联系的。正是因为性情急躁，所以不够老成持重，经常不耐烦，必然导致没有容人之心，言语往往直来直往，往往不能令人折服，说话不压重，所以无法领导别人，没有做官的样子。

［原文］

地之秽(huì)者多生物，水之清者常无鱼。余好洁，宜无子者一。和气能育万物，余善怒，宜无子者二。爱为生生之本，忍为不育之根；余矜(jīn)惜名节，常不能舍己救人，宜无子者三。多言耗气，宜无子者四。喜饮铄(shuò)精，宜无子者五。好彻夜长坐，而不知葆元毓(yù)神，宜无子者六。其余过恶尚多，不能悉数。

［译文］

喜欢干净，本是好事；但是不可过分，过分就成怪脾气了。所以说越是不清洁的地方，越会多生出东西来；相反的，很清洁的水反而养不住鱼。我过分地喜欢清洁，就变得不近人情，这是我没有儿子的第一种缘故。天地间，要靠温和的日光，和风细雨的滋润，才能生长万物。我常常生气发火，没有一点和育之气，怎么会生儿子呢？这是我没有儿子的第二种缘故。仁爱，是生生的根本，若是心怀残忍，没有慈悲，就像果子没有果仁一样，怎么会长出果树呢？所以说，忍是不会生养的根；我只知道爱惜自己的名节，不肯牺牲自己，去成全别人，积些功德，这是我没有儿子的第三种缘故。说话太多容易伤气，我又多话，伤了气，因此身体很不好，哪里会有儿子呢？这是我没有儿子的第四种缘故。人全靠精气神三种才能活命；我爱喝酒，酒又容易消散精神；一个人精力不足，就算生了儿子，也是不长寿的，这是我没有

儿子的第五种缘故。一个人白天不该睡觉，晚上又不该不睡觉；我常喜欢整夜长坐，不肯睡，不晓得保养元气精神，这是我没有儿子的第六种缘故。其他还有许多的过失，说也说不完呢！

[浅释]

这一段，了凡先生反思了自己没有儿子的原因。从这段话来看，了凡先生对于自己有着相当清晰的认识。

大地是博杂的，泥土是污秽的。但是正是由于它的不干净，才会孕育出东西来。《汉书·东方朔传》中载："水至清则无鱼，人至察则无徒。"水过于清澈，就失去了荫蔽鱼儿的能力，所以很少有鱼能在这样的水中存活。人过于责备求全，就很少有人能够形影相随。并不是说水清，人察不好，这里讲的是个"度"的问题。爱好干净是良好的习惯，但是超过了一定的度，就会走向相反的方向。正所谓"过犹不及"。了凡先生爱好干净，但是却超越了一定的程度，变成了不好的习惯。对于脏乱的完全不能忍受，是他没有儿子的第一个因素。

所谓"家和万事兴"。近年来"和"的理念，得到了很大的提倡。"和"是我国传统文化的重要范畴，和气可以化育万物。了凡先生脾气暴躁易发怒，这是与"和"相背离的。因而这是导致他没有儿子的第二个因素。

了凡先生虽然懂得仁爱能够相互传递，促进发展，但他却为人刻薄。为了保持自己的名节不受损害，他不肯对其他人施以援手，这是他没有儿子的第三个因素。

以上三条结论，是了凡先生对于自己内心的反省。他自认为存心不够端正，主要体现在以上三点。后三条结论，则是从生理的角度进行分析，阐明自己无子的缘故。

"多言伤气"的养生理论，是由药圣孙思邈提出来的。《论语》中有："君子敏于行，而讷于言"的话。民谚中也有"宁做蚂蚁腿，勿学麻雀嘴"的说法。少言语，不仅是一个重要的养生原则，更是一种修养。了凡先生爱说话，喜欢评论是非，这对于内气的养护是非常不宜的，所以这是他没有儿子的第四个因素。

我国具有悠久的酒文化。古往今来，很多仁人志士都是酒中豪杰。少量饮酒的确可以带来美好的精神体验，但过度饮酒，就会伤及身体。佛家五戒之一就有戒酒。了凡先生沉迷于饮酒，伤及精神元气。这是他没有儿子的第五个因素。

睡眠可以使人的身体和大脑的到休息和恢复。终日静坐，身体和大脑没有机会获得修整，长此以往，必然导致身体状况下降。如此不用心保养身体，正是他没有儿子的第六个因素。

从这里看来，了凡先生是非常诚实的，并且也是非常有慧根的。经过云谷禅师这样一提点，他能够马上沉下心去思虑自身的问题，也能够很清晰地找出自己的不足之处，正所谓诚心"忏悔"。这是他掌握自己命运，改变自己命运所迈出的最基

本，最开始的一小步。

佛门之中所讲的“命运”是可以改变的，佛门之中是“有求必应”的。不过，这里的“求”必须要讲究方式方法，并不是单纯的烧香跪拜，祷告祈愿。一定要向内心去探求。首先要自我反省，找到自己的不足之处，然后一件件改过，再诚心积福，才能够达到内外双得。

［原文］

云谷曰：“岂惟科第哉？世间享千金之产者，定是千金人物；享百金之产者，定是百金人物；应饿死者，定是饿死人物！天不过因材而笃（dǔ），几曾加纤毫意思。即如生子，有百世之德者，定有百世子孙保之；有十世之德者，定有十世子孙保之；有三世二世之德者，定有三世二世子孙保之。其斩焉无后者，德至薄也。

［译文］

云谷禅师说：“岂止是功名如此？这个世上能够拥有千金产业的，一定是享有千金福报的人；能够拥有一百金产业的，一定是享有一百金福报的人；应该饿死的，一定是应该受饿死报应的人！比如说善人积德，上天就加多他应受的福；恶人造孽，上天就加多他应得的祸。上天不过以他所做的善恶业因，而给他相对应的果报，并没有加入一丝一毫其他的意思。譬如子孙繁衍，也是看积累下来的善恶业因。譬如一个人，积了一百代的功德，就一定有一百代的子孙，来保住他的福；积了十代的功德，就一定有十代的子孙，来保住他的福；积了三代或者两代的功德，就一定有三代或者两代的子孙，来保住他的福。至于那些只享了一代的福，到了下一代，就绝后的人，那是他功德极薄的缘故。

［浅释］

云谷禅师的这一段话主要讲佛家所宣扬的“因果”之说。因果论是佛陀智慧的结晶，是佛陀透视一切事物的本质，而归纳出来的万物发展规律。佛教《三世因果经》认为人的命运由自己造就，并非由不可控的力量掌握。此外，还指出了造好命的方式方法，申述了行善积德与行凶作恶都会获得因果报应的规律。积德行善即得福报，作恶行凶就会得祸报。以此引导人们向善做好事，积累福报。

俗语“善有善报，恶有恶报，不是不报，时候未到”所体现的也是佛家“因果报应”观念中的一个方面。佛家认为善恶皆有报应，不过方式不同。《涅槃经》认为“业有三报，一现报，现作善恶之报，现受苦乐之报；二生报，或前生作业今生报，或今生作业来生报；三速报，眼前作业，目下受报”因而祖上积累了德行，也会泽及子孙，同样祖宗积累了罪行，也会殃及后世。有一副对联说的就是这个观念：

浅释“谏鼓谤木”

云谷禅师指出了了凡先生的过失之处，并要求他把自己的错误之处改得干干净净。了凡先生接受了云谷禅师的批评和建议，痛改前非，后来他不仅长寿，还得到儿子。在了凡先生看来，改过是为善的前提，他于第二章还仔细讲了改过之法。要想改过，首先应听取别人的意见和建议。图为帝尧虚己受言，纳谏改过的故事。帝尧特设一鼓于门外，只要有人想提出批评或建议就可以击鼓，只要合理帝尧一定虚心接受，这使得天下太平。

为善必昌，为善不昌，祖有余殃，殃尽必昌；为恶必殃，为恶不殃，祖有余福，福尽必殃。

云谷禅师这里所讲的正是“善恶皆有报应”，并且报应并不限于今世今生。佛家认为上天并不是人生命运的主宰者，而是人各自善恶报应的执行者。人命运之中的一切福与祸都是人自己招致的，并非上天安排。世代为善，必然积累福报；天天作恶，也必然招致祸端。

科举功名如此，富贵荣华也是如此。佛家认为，今生的大富大贵，必然由于前生积累了很大福报，而非天意安排。善因积累的多，所得福报就大，善因积累的小，所得福报就小。上天是十分公正的在执行这样的法则。同样的道理今生的贫穷落魄也必然由于前生积福太薄。明白了这样的因果关系，就会知道，福寿、功名、子嗣，并不是能够求来的，而是前生积累善因的福报。所以，如果想要求得福寿、功名与子嗣，必须从现在开始，改过自新，广种善因。

佛家主张积德行善，这样可以抵消业障。佛家认为认真反省改过就是最大的善行。这与古语所说的“人非圣贤，孰能无过，过而能改，善莫大焉”有异曲同工之妙。云谷禅师指导了凡先生认真反省，正是引导他“知错”的一个过程，这同样是一种修行。既然已经知道自己的错处，积极改过，便是积累善因。

[原文]

“汝今既知非，将向来不发科第，及不生子之相，尽情改刷。务要积德，务要包荒，务要和爱，务要惜精神。

[译文]

“你既然知道自己的短处，那就应该把你一向不能得到功名，和没有儿子的种种福薄之相，尽心尽力改得干干净净。一定要积德，一定要替人包含一切，一定要对人和气慈悲，而且要爱惜自己的精神。

[浅释]

这里，云谷禅师针对了凡先生所“忏悔”的过错，一一指出改过之方。云谷禅师首先提到了改变得不到功名，没有儿子的“福薄之相”。由于了凡先生不积德行，没有容人之心，刻薄待人，不爱惜自己的精神元气，因此看起来一副“福薄之相”。按照佛家因果理论来看，了凡先生不能获得科举功名，没有儿子，或许由于前生积福不够，或许因为今生不修德行。不管怎样，解决的办法，只有一个。就是从现在开始，诚心改过，开始种下善因，积累福报。所谓改过，就是要将之前的种种彻底转变过来。

了凡先生之前不肯修福，云谷禅师告诉他，现在要注意积累德行。积德与行善是相辅相成，形影不离的。多行善事，便积累了德行。行善的方式千千万万，善行之举也是有大有小。前边说过“过而能改，善莫大焉”。因而，在日常生活中，针对自己的缺点与不足，潜心改过，便是一件大善事，也就积累了德行。

了凡先生之前没有容人之心，云谷禅师就教育他一定要有容人之量，宽容待人。睚眦必报的狭小肚量，必然会引起内心的失衡，这是不利于内心的修持的。宽容是一种良好的心态，它是心理养生的重要因素。以宽容之心对待万事万物，不落入斤斤计较的焦虑之中，便可以获得澄明广阔的内心世界，如此心性得以修持。

要拥有和气慈悲的待人态度。地藏菩萨所说的“我不入地狱，谁入地狱”，就是以慈悲、怜悯众生之心来普度众生。和气乃是可以招致吉利的祥瑞之气。待人以和气慈悲之心，渐渐便可以宽宏大度，有容人之量。与周围的人和睦相处。丢弃刻薄自私的意念，展现一片爱心，向需要帮助的人施以援手，便也是积德行善事。

云谷禅师所说的最后一条，便是爱惜自己的精神。精神是相对于形骸而言的，它是构成人生命的一种特殊存在。没有精神，便失去了健康的躯体。了凡先生终日静坐，不注意保养自己的精神，从而导致自己身体孱弱。这也是导致他“福薄之相”的重要原因。所以说除去内心德行的修养之外，还有注意保养自己的精神，不能喝酒熬夜。

命运掌握在自己的手中。改造命运全得依赖自己的努力。必须得自己痛心改过，一一扫除积习，一一拔去病根。云谷禅师告诫了凡先生，必定得按照自己的不足，对症下药，逐一改过。

[原文]

“从前种种，譬如昨日死；从后种种，譬如今日生；此义理再生之身。

[译文]

“从前的一切一切，譬如昨日，已经死了；以后的一切一切，譬如今日，刚刚出生；能够做到这样，就是你重新再生了一个义理道德的生命了。

[浅释]

时光是不可逆转的，要有一颗平常心。过去的事情就让他过去，不要心存悔意。佛法讲放下。放下，就是放下了。回过头去再想也是无济于事的。过去之事是无可挽回的。所有疑惑、追悔的行为都是在自寻烦恼。因此佛法并不倡导我们总是追思过去。最重要的是把握现在，活在当下。最为明智的方式就是从现在开始诚心改过，为未来修福。从现在起，每天都反思内心、积极改过，一直到无过可改，便达到了成功的境地。

以现在为界限，以往的过错，善与不善，都让它成为过去，因为已经是既定事实，就像昨天一样，再也回不去了。所以不必执着于以往。将现时当下，作为一个起点，仿佛是今日初生，从此每日诚心改过，行善积德，便重新获得了一个义理道德的生命。这个生命是与血肉之身相分别的，它是能够与义理相应的生命。

［原文］

“夫血肉之身，尚然有数，义理之身，岂不能格天！

［译文］

“我们这个血肉之躯，尚且还有一定的数；而义理的、道德的生命，哪有不能感动上天的道理？

［浅释］

云谷禅师这里讲身是有分别的。血肉之身和义理之身是不同的。血肉之身是堕落在数中的，而义理之身则能够超越命数。造成血肉之身和义理之身如此差距的根本原因，在于心。心即心地。普通人的心地始终难逃妄念，总是执着于各种利益，于是必然沦入命数之中。佛法讲妄想、分别与执着。内心无法逃脱这些，血肉之身必然会沦入命数，因而也就可以推算，能够预知。将先前不善的意识、行为改变过来，于是就塑造出了义理之身。义理之身拥有的是觉悟之心，如此便可以，感通于天，超越命数，不落数量之中。

有一句俗语叫作“精诚所至，金石为开”，讲的是汉朝名将李广射虎的事，印证的便是精诚之心，能够感通于天的道理。李广将路边石头当作了老虎，于是弯弓搭箭，奋力射去。第二天前去一看，竟然是块大石，箭深深地没入了石头中。他十分惊讶，没想到自己的力量如此之大。再弯弓搭箭去射的时候，却怎么也射不进去了。

《华严经》讲“事事无碍”，首先得有“事事无碍”之心，只有内心澄明清净，毫无挂碍，无所畏惧，那么便可以做到事事无碍。如果内心全是牵绊，那么便遇事都成障碍。所以说人得有真诚之心，毫无妄念，便可以感通上天。

关于鸠摩罗什大师，也有一个小故事，讲的便是这个道理。鸠摩罗什大师还是个七岁的小孩时，有一天来到了庙中，见到有人拜佛，他就跟着拜，见到人家烧香，他也跟着前去烧香。这时候，他看到佛前有一个特别大的鼎炉。鼎炉特别重，足足有一百斤，就是二十多岁的大小伙子也举不起来的。但是鸠摩罗什不假思索，毫不费力地将它举了起来。这时，小小的鸠摩罗什忽然意识到自己才是个七岁的小孩子，怎么会举得起这样重的鼎呢。这样一想，手中的鼎就变得十分沉

李广冥山射虎

汉朝名将李广，误把大石当虎，把箭射入大石很深，之后再射便怎么也射不进去了。李广之所以能把大石射穿是因为他“精诚所至”的缘故。人们在做事情时常常会在潜意识中给自己一些限制，比如认为大石是绝对不可能射穿的，殊不知正是这些限制阻碍了自己的成功，人的潜能有多深谁能知道呢，我们怎么能用常理把它限制住呢？一个人真诚到没有一丝妄念，一心只做一件事，总会收到自己意料之外的效果，这正是所谓的“精诚所至，金石为开”。

重了，再也拿不动了。于是鼎摔在了地上。于是鸠摩罗什一下子悟了。他悟出来一切皆由心造。当他没有分别心时，大鼎重却不重，万物皆被我用。一旦有了分别心，便失去了真智慧。

因而，觉悟的心是最重要的，它可以带领义理之身逃脱命数的安排，改变人生的命运。

［原文］

“太甲曰：‘天作孽，犹可违；自作孽，不可活。’

［译文］

“《尚书·太甲篇》上面说道：‘上天降给你的灾害，尚且可以避开；而自己若是作了孽，就要受到报应，是完全不能逃脱的。’

［浅释］

《尚书》是我国现存的最早的史书，汇编了多种体裁的文献，包括《虞书》《夏书》《商书》和《周书》几个部分。其中，《商书》中的“太甲篇”记载了商朝君王太甲和伊尹的一些事迹。太甲继承王位之后，不遵守汤的礼法，暴虐乱德。当时辅佐君王的伊尹将他放逐到桐宫。在桐宫的三年中，太甲接受了沉痛的教训，自责悔过，伊尹又将他接回了都城，让他重新当政。悔过自新的太甲能够修德，诸侯全部归顺于他，百姓也能够安居乐业。

痛定思痛的太甲，感激伊尹的教诲，说出了“天作孽，犹可违；自作孽，不可活”的话。“天作孽，犹可违”，结合云谷禅师所讲的命运理论，可以理解前生造因。上天所注定的不善是能够改变的。虽然由于前世所造的恶，导致今生必然遭受的困厄，这是命运之中的定数。但是，面对这样的命运我们并不是无能为力的，我们可以通过修善积德就能够扭转局面。因为定数之外，还有一个变数，命运是可以被自己掌握并改变的，也就是佛家所认为的“命由己造”。

佛经中讲“因果通三世”。今生的果报，是前生种下的因，今生的修行，是为来世种因。前生种善因，今生便得善果。前生种恶因，今生便得恶果。今生种善因，来世得善果，今生种恶因，来世得恶果。如果今生修的善因或恶因积累太多，就会在今世获得果报，就是俗话说的“现世报”。

“自作孽，不可活”，这里谈的是今生。在今生之中，自己种下恶因，作恶多端，不积极地积德行善，没有悔过之心，不仅没有将前生恶因消除，却又积累了新的恶因，必然会带来祸报。这种祸报无论如何都会到来的，是逃也逃不掉的。

佛门之中讲究“因缘”。“因”即前生今世所种下的善因与恶因。因作为过去既定的事实，是没办法改变的，它们累积起来，成为今生果报的根据。种善因得善果，种恶因得恶果。这也就是命运之中的定数。为什么说命运是可以改变的呢？这是因为定数之外还有变数，除去“因”之外，还有“缘”。“缘”是善恶成长形成的关键，

我们改变命运的根本所在。即使前世中作恶，种下了恶因，此生开始改过，斩断恶缘，便有善，便有善因，便有善果。如果前世之中广种善因，此生却开始作恶，斩断善缘，于是有恶缘便有恶因，便有恶果。

因此说来，了凡先生如果从现在开始，努力改过自新，便是斩断了恶缘，从此开始积累善因，长此以往，便得善的果报。

[原文]

“《诗》云：‘永言配命，自求多福。’

[译文]

“《诗经》上也讲：‘人应该时常想到自己的所作所为，合不合天道。很多福报，不用求，自然就会有了。因此，求祸求福，全在自己。’

[浅释]

《诗经·大雅·文王》中有“永言配命，自求多福”的句子。结合佛门之中的命运观，这句话也可以理解为常常自我反省，能够改变命运。

中国古代哲学中将天作为最高主宰，认为天可以致命于人，掌控人类命运。佛教中则认为“命由己造”。上天并不能决定人的命运，而是按照一定的法则，如因果报应等，掌管人类自造的命运。人一定要遵循万事万物的变化法则，才能够适得其所。

“永言配命”就是说一定要常常自我反省，反省自己的所作所为，检查它们是否符合天道。自我反省是很好的一个修行方式。孔子的弟子，曾参也曾经说过：“吾日三省吾身，为人谋而不忠乎？与朋友交而不信乎？传不习乎？”每个人只要勤勉地终日反省自己，检查自己的言行是否与天道相顺应，就能够使得自己的内心因顺应天道，而感通于天。佛门之中每日的早晚课诵正是基于此的一种自省的形式。早课的用意在于提醒自己。接下来的一天中，待人接物、为人处世一定要谨记佛陀教诲。晚课则更注重反省。反思自己这一天之中，为人处世的对错。

“自求多福”，也就是说“多福”是靠自己求来的。人命运之中的变数部分，由自己掌握。可以通过自己的改过自新，斩断恶缘，多做善事，积累福因，以求得福报。

[原文]

“孔先生算汝不登科第，不生子者，此天作之孽，犹可得而违。汝今扩充德性，力行善事，多积阴德。此自己所作之福也，安得而不受享乎？

［译文］

“孔先生算你，不得功名，命中无子，虽然说是上天注定，但是还是可以改变。你只要将本来就有的道德天性，扩充起来，尽量多做一些善事，多积一些阴德。这是你自己所造的福，别人要抢也抢不去，哪有可能享受不到呢？

［浅释］

云谷禅师针对了凡先生的命运，进行了具体地指教。孔老先生为了凡先生所算定的命运中显示他今生不能考取功名，也命中注定他不会有儿子。云谷禅师指出，这些全是天作之孽，是命中注定的，是命运里头的定数。因为了凡先生前世曾经造下恶业，于是报应在今生之中，就是不能仕进，没有儿子，是了凡先生的福分太薄了。既定的这个命运的确存在，但并不意味着了凡先生无能为力。他可以通过积德行善来缔造善业，改变常数，改变自己的命运。

接着云谷禅师就详细地指出了改造命运的方式方法。首先便是扩充德性。什么是德性，就是上天所赋予的人的道德本性，是人的真诚之心。前边也说到了，改过修善必须要从心而求，从心地上探求。这是修行改过的不二法门，是改造命运的唯一途径。从心而求，便可以内外双得，从外面求，便会内外双失。

现实生活之中，存在着这样的一个职业——看风水，甚至成为一门学问。因为经过改变风水，常常有应验了的，生活中相对应的方面发生了改观，于是人们便笃信风水术。实际上，通过改变风水而得到的，其实是前世修下的善因，今生应得的果报，是你命里头本来就应该有的。风水术并不能改变命运之中的变数，也就是说并不能改变命运。它所带来的，依然是命运中的定数。

接着云谷禅师指出了从心而求，修行改过的具体行动。要使得自己的德性得以扩充，就要一生多造善业。这就是说“因缘”之“缘”。多做善事，便可以斩断恶缘，这样就可以使得上天所赋予我们的本真之心，道德本性得到了充分的发挥。

光是多做善事，还不够，还要积累阴德。做善事有很多种方式，但并不要求得别人的知道与赞扬，这样阴德便会积累起来。现实生活中，有很多人，为了名利而做善事。经常会看到有这样的人，做了好事，一定要对方借助媒体来对自己进行表扬，贪求一点好名望。又或者有些人捡了钱包，送还失主，这本来是很好的事，但是，他一定得要求有点回报，给点好处，贪图蝇头小利。这些人，做了善事，立刻便要求回报。他们所得到的那一点点名或利，便是他们种下善因，所得到的果报。实际上对修行改过，改造命运，没有一点帮助。所谓“善欲人见，不是真善。”这样的善行并不能积累善业，不能够积累阴德。所以做了好事，一定不要求得人知道，这样才可以为自己造福。

云谷禅师告诉了凡先生，你自己造了善业，必然都会有善果报应在你的身上。这是必然的，谁也取不走。如果善业积累的多了，不用等到来世，今生就可以获得很多好处。所以说修善可以使得自己的命运得以改善。了凡先生后半生命运的改观，正是这个道理。

［原文］

“《易》为君子谋，趋吉避凶；若言天命有常，吉何可趋，凶何可避？

［译文］

“《易经》上也有为一些宅心仁厚、有道德的人打算，要往吉祥的那一方去，要避开凶险的人、凶险的事、凶险的地方。如果说命运是一定不能改变的，那么吉祥又何处可以趋，凶险又哪里可以避免呢？

［浅释］

《易经》是我国最古老的一部关于占卜的著作。据传说是由伏羲氏与周文王共同总结概括出来的。司马迁的《报任安书》中就有“文王拘而演周易”的话。《周易》共分六十四卦，记载着一些对于未来事态发展预测的理论，包含着十分渊深的哲理，从中可以推演出过去和未来的所有事情。自古以来就是帝王之学，是政治家、军事家以及商人的必修之术。这样一本哲学著作，从古至今，始终被大量学者关注和研究。前文提到的孔老先生以及传授皇极数给孔老先生的邵子，他们所掌握的推算之术，都来源于《周易》。邵康节正是在学习易经的基础上，又结合了易学中的“象学”，而创造出了《皇极经世书》。“皇极数”其实正是易经之术。邵子乃至孔老先生所掌握的易经之术，的确可以推算人的未来命运。但是，他们所推算出来的命运，正是命运之中的定数。

《易经》可以推算人命运之中的定数，但是却无法预测人命运中的变数。但《易经》也承认命运之中变数的存在。因为《易经》中有“趋吉避凶”的话。人在日常生活中行善积德，便为自己的命运增加善业，作恶行凶便为自己积累恶业。善业与恶业的积累并不一定是多大的事件，一个善的念头出现，一个恶的念头出现，命运中的变数都会有变化。所以当日常生活中的这些加减变化并不明显的时候，对于人生命运的改变也是很有限的。因此命运可以被推算出来。正如孔老先生可以为了凡先生算准命运。因为了凡先生内心无欲无求，自己无所作为，只是顺应命运的安排，所以能够二十多年始终不偏离命运的基本轨道。

《易经》说“趋吉避凶”，就是教导人们命运是可以改变的。吉利是可以自己争取的。如果广种善业，斩断恶缘，便可广增善果，人生的命运便可以获得较大的变化，所以就可以趋向于吉祥，避免灾祸。了凡先生笃信孔老先生的命运之说，也就是《易经》所算定的命运。这里，云谷禅师以了凡先生所信奉的《易经》为基础，借助《易经》中的理论来劝导了凡先生，使得他逐渐领悟命运可以被自己掌握，可以改变的道理。

［原文］

“开章第一义，便说积善之家，必有余庆。汝信得及否？”

［译文］

“《易经》开头第一章就说：经常行善的家庭，必定会有很多的福报，传给子孙；这个道理，你真的能够相信吗？”

［浅释］

从这里可以看出来，《易经》所认可的命运之说也是包含了定数与变数的。所谓“积善之家，必有余庆”，就说明了命运的定数之外，还有变数存在。这里的表述就是在讲变数，是《易经》认可“命数可以改变”这一论点的重要依据。《易经》也认为经常积德行善的家庭之中，必然会积累福报。虽然《易经》中所认可的善恶报应涉及的是家族的兴衰，这与佛门所宣扬的自作自受是完全不同的，但这些关于改变命运的观点与佛家所倡导的“命运掌握在自己手中”的观点是不谋而合的。因而净空法师认为虽然现在《易经》沦为看相、算命、看风水的书，但它实际上是一部能够指导人生幸福、世界安定和平的哲理书。从这一点来看，也是不无道理的。

云谷禅师追问了凡先生，《易经》之中也曾提到命数可以改变，这个道理，你能够相信吗？

［原文］

余信其言。

［译文］

我相信云谷禅师的话。

［浅释］

在见到云谷禅师之前，了凡先生的人生态度是相当消极的。在被孔老先生算定命运之后，他对于自己的人生放任自流，完全无所作为，任由其发展变化。这是因为了凡先生对于人生命运完全没有开悟。正如云谷禅师所说，他是彻头彻尾的凡夫俗子。了凡先生对于命运的懵懂无知，恰恰造成了他对于孔老先生的盲目崇拜，对既定命运的随意放逐。试想，一个对于自己未来命运走势了如指掌的人，还怎么能够燃起生活的热情？所以了凡先生是清心寡欲，无所追求的，因为在他的内心之中认定，命运是既定的现实，个人是无法支配改变的。若不是云谷禅师

的提点，了凡先生很难意识到自己的错误。这里云谷禅师的一番话，醍醐灌顶，当头棒喝，唤醒了了凡先生对于命运的理解。可以说，云谷禅师对于了凡先生的点化，成就了了凡先生后续的人生，对于了凡先生命运的彻底改变，起到了相当大的作用。

了凡先生对于云谷禅师的话深信不疑。这也是他能够改变命运的根本。首先，一定要虚怀若谷，听得进去别人的意见。这样别人的话才能对自己的为人处世，人生命运有所指导。了凡先生遇到云谷禅师，这是一段善缘，是他命中注定所要遭遇的人或事。但是，这还需要了凡先生有一定的善根。若非了凡先生善根深厚，虚心求教，他就不能够认真聆听云谷禅师的教诲。其次，还得力于了凡先生内心非凡的领悟力。若不是了凡先生悟性极高，云谷禅师的话也不会在他的心中产生影响，不会很快地被他认可。因而，了凡先生也就不能很快地意识到自己之前在人生态度和处世原则上的极大的偏颇。

[原文]

拜而受教。因将往日之罪，佛前尽情发露，为疏一通。先求登科，誓行善事三千条，以报天地祖宗之德。

[译文]

我向他拜谢，接受他的指教。同时把从前所做的错事，所犯的罪恶，不论大小轻重，到佛前去，全部说出来。并且做了一篇文字，先祈求能得到功名，还发誓要做三千件的善事，来报答天地祖先生我的大恩大德。

[浅释]

这里了凡先生的举动便是诚心忏悔。“忏悔”本是佛门的一种宗教仪式。出家人每半个月集合进行诵戒，犯戒者陈述自己的过错，进行悔罪祈福。后来，“忏悔”便演变成一种很好的修行方式。《六祖坛经·忏悔品》中说：“忏者，忏其前愆。从前所有恶业，愚迷骄诳嫉妒等罪，悉皆尽忏，永不复起，是名为忏。悔者，悔其后过。从今以后，所有恶业，愚迷骄诳嫉妒等罪，今已觉悟，悉皆永断，更不复作，是名为悔，故称忏悔。”从这里可以看到“忏悔”实际上是包含两个方面的。

首先是“忏”。忏是一个坦白承认的过程。它是将先前所犯的过错，造的恶业，在佛前一一坦承。这是一种内心释放的过程。改过的基础，首先应当先意识到自己的过错，敢于承认自己的过错。坦承了自己的罪过，接着便是“悔”。这里“悔”是一个内心反思的过程。对于自己先前犯下的过错，造的恶业，先是坦白地陈述出来，接着内心反思以生出改悔之心，从此断绝作恶的念头。“忏悔”实际上是符合

慧达改过

了凡在云谷禅师点拨之下，将往日之罪在佛前尽情发露，开始自己自新之路。图中慧达改过与之有异曲同工之妙。刘萨诃以屠业为生，专门杀生，暴病而死。其灵魂到地狱门前，遇到观世音菩萨，在菩萨点拨之下还阳界并痛改前非，最后免下地狱，并在安仁寺出家改名慧达。佛家讲“放下屠刀，立地成佛。孽海茫茫，回头是岸”。人非圣贤，孰能无过，不怕人犯错，怕的是犯了错却不知悔改。犯了错不认错，还要加以粉饰，这样错误越来越重，下次碰到同样的事还会犯错。相反知错便改，不仅使自己的心得到安宁，这种宝贵的经验也会成为自己的立世之本。

逻辑的两个连续的动作。只有“忏”而没有“悔”，并不是一个完整的诚心悔过。仅仅是坦白陈述自己的过失过错，并不能杜绝今后的继续犯错，因而对于命运的改观是毫无益处的。

了凡先生将自己的罪过在佛前尽情“发露”，表达的是一种真诚的态度。他将自己有罪过的过往毫不隐瞒地一一告知佛菩萨，是为了向佛菩萨的证明，自己有坚定的信念进行改过。佛家认为行善事不为人知，可以积累阴德，可以得善果。而犯了过错，就一定要说出来，也就是要进行忏悔。隐瞒罪恶，将积累恶业，终得恶报。而将罪过说出来，受到别人的批评、责难，便是消除恶业的过程。《朱子家训》中说“恶恐人知，便是大恶。”了凡先生是真诚的，他的尽情忏悔，便是明智之举。

经历了忏悔的过程，了凡先生开始有改变命运的诉求。他首先向佛发愿“求登科”。这在孔老先生为了凡先生算定的命运中是没有的。这里的求，并非向佛菩萨求，而是“从心而求”。这里了凡先生仅仅是要佛菩萨作为自己竭力行善，改变命运的一个见证。

了凡先生听从了云谷禅师的建议，明白了命运是可以改变的道理，也找到了“从心而求”的改变命运的方式方法，于是开始努力改变命运。他在佛前发下誓言，要行善事三千条，以此来报答天地祖宗的恩德。

［原文］

云谷出功过格示余。

［译文］

云谷禅师听我立誓要做三千件的善事，就拿了功过格给我看。

［浅释］

云谷禅师对于了凡先生的教导是不遗余力，循循善诱的。在指导了凡先生了悟了人生命运的道理之后，听到了凡先生发愿要做三千善事，云谷禅师便为他展示了一种修行的参考模式。“功过格”列举了具体的条目，了凡先生可以清晰地判断自己的功德和过失，通过记录自己的善恶功过，使得每日的修行有一个量化的管理，月末年终等大的时间节点上，进行查考计算，看看自己一段时间以来的修行是否善大于恶，积累了福德。如果恶大于善，就要更加努力地勉励自己多行善事。这样修行起来就能够心里有底，不至于陷入盲目。

［原文］

令所行之事，逐日登记。

［译文］

叫我照着功过格所订的方法去做，所做的事，不论是善是恶，每天都要记在功过格上。

［浅释］

云谷禅师将功过格交给了了凡先生，同时也教给了他使用的方式。功过格中给出了修行的指引，一定要按照功过格所规定的方式去修行，一切行为，无论善恶，一定要有所记录。全部记录在功过格上，做到心中有数。其实，每天将自己的善恶行为一一记录在功过格上的过程，恰恰是一个自我检验反省的过程，在判别自己所作所为是善是恶的过程中，隐含着对于自我行径的深省。

［原文］

善则记数，恶则退除。且教持准提咒，以期必验。

［译文］

善的事情就记在功格下面，恶的事情就记在过格下面；不过做了恶事，还要看恶事的大小，把已经记的功减除。并且还教我念准提咒，更加上了一重佛的力量，希望我所求的事，一定会有效应。

［浅释］

佛门认为人的行为的善恶皆有报应，因而便有“功过格”来辅助修行。“功过格”最初是道教中道士的修行指南。到明朝末年的时候，就已经广泛地存在于社会中了。不仅佛门之中，有弟子依次修行，更有一些读书人也将“功过格”作为自己修身养性的基本参考。“功过格”中提供了善恶行径的参考标准。云谷禅师要求了凡先生参照“功过格”进行自我修持。如果做了善事，就要在功格中填上一笔，累积记数。如果犯了过错，有恶性，则就要在过格中有所记录。因为做恶事积累了恶因，这样就与先前修持所种下的一定量的善因相互抵消了，所以有恶行，则要在相应的功格记录中退除。

功过格在现今社会依然存在，但是由于年代久远，已经出现了多种版本。其中所记载的功过参考也都纷繁多样。虽然社会经历了巨大的变化，时代发生了很大的改变，生活方式与以往也大不相同，很多事项的评判标准都发生了很大的变化，但是自古至今对于真善美的标准没有大的偏颇。因而我们现代人还是可以依据功过格修行的，但是一定要有所选择，有所借鉴，不必盲从。

除去“功过格”之外，云谷禅师还传授给了凡先生“准提咒”。准提咒是毫无功利性的，诵读它可以恢复清静的心态，达到心无妄念。了凡先生要从心而求，期

待获得功名，首先要心无妄念，才能改造自己的命运。“准提”即意为清静。这是一种辅助了凡先生修行的咒语，目的在于引导了凡先生心无尘垢，得清静之心。佛门之中记述的持咒所得的好处，都是以获得了清静之心为基础的。准提咒是佛菩萨修行参悟的智慧结晶，为后世修行提供了捷径。佛门之中认为佛法是无上究竟圆满的智慧，因而诵读经典是十分重要的。

佛教讲究普度众生。云谷禅师对于了凡先生的救赎是十分虔诚的。如此悉心传授各种修行之法，目的就在于帮助了凡先生走出尘世迷惘，了悟人生命运，从而改变命运。

[原文]

语余曰：“符箓(lù)家有云：不会书符，被鬼神笑；此有秘传，只是不动念也。执笔书符，先把万缘放下，一尘不起。从此念头不动处，下一点，谓之混沌(dùn)开基。由此而一笔挥成，更无思虑，此符便灵。

[译文]

云谷禅师又对我说：“有一种画符箓的专家曾说：一个人如果不会画符，是会被鬼神耻笑的；画符有一种秘密的方法传下来，只是不动念头罢了。当执笔画符的时候，不但不可以有不正的念头，就是正当的念头，也要一齐放下。把心打扫得干干净净，没有一丝杂念，因为有了一丝的念头，心就不清净了。到了念头不动，用笔在纸上点一点，这一点就叫混沌开基，因为完整的一道符，都是从这一点开始画起，所以这一点是符的根基所在。从这一点开始一直到画完整个符，若没起一些别的念头，那么这道符，就很灵验。

[浅释]

这里云谷禅师以道家画符箓的秘诀来揭示“不动念头”的道理。画符箓是道家一种基本的法术，因而在道家内部有“不会书符，被鬼神笑”的说法。这里的“不会书符”，并不是简单意义上的不会书写符咒。或许已经对符箓本身的行笔构成了如指掌，但画出来的符箓却没有降妖驱魔，治疗病痛的效果，这也是“不会书符”的。因而，这样的道士是会遭到鬼神耻笑的。道家画符说来很难，其实也很简单。只要掌握了其中的根本原则，就可以画出十分灵验的符箓。而这里的基本技巧，或者说基本法则只有一个，那就是“不动念头”。在画符箓的时候，一定心中澄明清净，毫无杂念。正所谓心诚则灵。在毫无杂念，内心一片澄明的时刻，写出第一笔，便立下了根基，自此开始，一定要保持内心的纤尘不染，将繁复的符咒一气呵成。这样完成的符箓是灵验的。

云谷禅师教授了了凡先生准提咒，又进一步给予他念咒灵验的秘诀。以道家画符为例，佛家念咒也是同样的道理。一定要做到“不动念头”。开口之前，就要将自己内心的繁杂念想挥去，一心清净之后，再开口吐露第一个字。从这个字开始，要保持内心了无杂念，毫无妄想，直至念咒结束。于是便是一次成功的念咒，这咒语也就灵验。

佛教的咒语多种多样，有长有短。短咒语如“阿弥陀佛”，念动它的时候只需要短短的几秒钟，在这么短的时间里保持内心的清净无欲是相对容易的。咒语越长，念动的时候，需要的时间也越长。要在长时间里保持心无妄念，就是很不容易的事了。一念起，便毁了修持，咒语也就不灵验了。但是如果真的能够在相当长的时间里保持心无杂念，必然十分灵验。所以，这里云谷禅师意在告诉了凡先生，念动准提咒的时候，一定要尽力地做到心无旁骛，内心无妄念，这样便可以多得效验，内心所求便可以成真。

[原文]

“凡祈天立命，都要从无思无虑处感格。

[译文]

“不但画符不可夹杂念头，凡是祷告上天，或者是改变命运，都要从没有妄念上去用功夫，这样才能感动上天。

[浅释]

云谷禅师指出，道家画符箓的道理同样适用于内心祈祷。一切对于佛菩萨，鬼神的祈祷，都要从心无妄念开始。无思无虑，便是清静之心。保持内心的虔敬，真诚，才能够将自己内心的期待愿望，传达出去，才能够使上天获得感应。因而，一些大规模的祈祷，首先都要沐浴斋戒。这只是一个外在的形式，这个形式的最终目的在于内心的准备。也就是说，在沐浴斋节的几天里，一定要涤滤自己的内心，修出一个清静之心，以便在祈祷的时候能够做到心无妄念，诚心祈祷。这样祈祷才能够灵验。

佛家讲究一切皆向心中求。心中有佛，佛便在心中。因而内心的虔敬，恭谨，真诚是必不可少的。有一句古话叫作“自助者天助”也是这个道理。首先你的内心要笃信，虔诚，心无杂念。如果你做到了内心的强大，便可以感动到上天和神灵，事情就会向着你内心期待的方向发生转机。

[原文]

“孟子论立命之学，而曰：夭寿不贰。夫夭寿，至贰者也。当其不动念时，孰为夭，孰为寿？

昙鸾烧书

僧人昙鸾大病一场之后，有感于生命的脆弱改学道家长生之术。在印度高僧菩提流支的点拨之下，昙鸾摆脱了生死的困扰。云谷禅师认为“夭寿不贰”，“当其不动念时，孰为夭，孰为寿？”意思是：没有妄念之时，短命和长寿就没有任何区别了。人们都追求长生，但长寿也不过只是稍稍延长生命，如果贪生怕死，还是无法在生与死的苦海中摆脱出来。想要摆脱生死的困扰，首先要安身立命，把与生俱来的贫富，看成没有什么两样。但这并不是让人们无所作为，而是希望人们摆脱生死贫富的困扰之后，心获安宁，然后在生命之中，寻找真正的幸福和乐趣。

[译文]

“孟子讲立命的道理，说道：短命和长寿没有分别。乍听之下会觉得奇怪，因为短命和长寿相反完全不同，怎么说是一样呢？要晓得在一个妄念都没有时，就如同婴儿在胎胞里面的时候，哪晓得短命和长寿的分别呢？等到出了娘胎，渐渐有了知识，就有了分别的心；这时，前生所造的种种善业恶业，都要受报应了，那也就有短命和长寿的分别了。因此，命运是自己造的。

[浅释]

这里云谷禅师提到了孟子“夭寿不贰”的观点。这个观点体现了儒家长寿短命毫无分别的主张，表现的是儒家一种顺应天命，不加分别的无为思想。除去孟子之外，庄子《齐物论》中也曾有过关于“夭寿不贰”的论述。庄子认为“莫寿于殇子，而彭祖为夭”。这句话看起来荒诞不经，实际上体现了一种超脱妄念的辩证思想。

短命与长寿是两种状态，在我们的眼中，它们是截然相反的。然而是什么使得这两种情况对立了起来？夭折好呢还是长寿好呢？怎么样才算是夭折短命？如何又能算作长寿呢？它们的标准是什么？这样的标准又是怎么建立的呢？所有的一切皆是因为我们的内心是有分别的。有分别心，便是有了妄念，也就有了高下的评判。佛法中讲究要“入不二法门”，正是要丢弃分别心，摒除妄念，就能够做到一心清静。以无妄念，无分别的心看待整个世界，整个世界都是毫无分别的。

[原文]

“细分之，丰歉不贰，然后可立贫富之命。穷通不贰，然后可立贵贱之命。

[译文]

“如果把立命这两个字细分来讲，那么富和贫要看得没有两样，不可以富的仗着有钱有势，随便乱来，穷的也不可以自暴自弃去做坏事，尽管穷，仍然应该安分守己的做好人；能够这样，才可以把本来贫穷的命，改变成富贵的命。本来富贵的命，改变成更加富贵，或者是富贵得更长久的命。穷与通，要看的是没有两样，不发达的人，不可因为自己不得志，就不顾一切，随便荒唐；发达的人，也不可仗势欺人，造种种的罪业，越是得意，越是要为善去恶，广种福田。能够这样，才可以把本来穷苦的命，改变成发达的命，本来发达的命，就会更加发达了。

[浅释]

分别之心体现在生活中的很多方面。云谷禅师谈到安身立命，也就涉及了分别心。若无分别之心，也就无所谓富贵，无所谓贫乏，无所谓困厄，无所谓显达。如

慧恭诵经

慧恭三十多年只诵了一卷经《观世音经》。慧远嘲笑他说，“这经连小孩子都会。”慧恭登上法座，唱诵这部经，顿时浓郁异香充满房间，天上响起音乐，飘下芬芳的花朵。慧远顶礼膜拜，慧恭却说：“我只不过静心凝神，虔诚地、坚持不懈地诵经罢了。”人有思维简单、心如止水，也有心思缜密，聪慧过人；但是单纯有单纯的造化，精明也有精明的限制。谁又能说，一心不乱地念一卷经三十多年不是功夫？正如云谷禅师说的，无论念经、念咒还是念佛，念到“持中不持”，再念到“不持中持”，直至念到“念头不动”，“则灵验矣”。

果没有了分别心，这一切也都是毫无差别的。无论富贵与贫贱，都能够自得其乐，没有忧虑烦恼。于是便也就没有了争名逐利，尔虞我诈。社会也就会一派升平安定之象。

当然这里想说明的，并不是人生应当安于现状，不思进取，而是说要有一颗平常无分别的心。人生在世，要清楚自己想要的到底是什么。在逐步实现自己愿望的过程中应该是幸福而快乐的。幸福快乐不等于财富的累积，不等于社会地位的提升，而在于内心知足常乐的幸福感。能够知命，顺应自身命运，便是安身立命。有一个很有名的关于富翁与乞丐的哲理小故事，对此有着很好的诠释。

从前有个大富翁，家财万贯，衣食无忧。有一次，他到一个小岛去度假，看到了一个躺在沙滩上晒太阳的乞丐。富翁内心十分生气。他觉得正是因为乞丐如此懒惰，才导致了他目前贫困的现状。这样想着，富翁决定教训教训乞丐。于是富翁就来到乞丐面前说:“天气这么好，你为什么不出海打鱼呢？”流浪汉瞧了瞧富翁，反问道:“我为什么要出海打鱼呢？”富翁接着说:“打了鱼就可以用来卖钱啊。”流浪汉接着问:“挣钱有什么用呢？”富翁说:“挣了钱，你就可以购买很多东西，等你应有尽有的时候，就可以舒舒服服地躺在这里晒太阳了。”流浪汉听了，懒洋洋地翻了个身，说:“我现在不是已经舒舒服服地躺在这里晒太阳了吗？”这一次，富翁哑口无言。

这里的乞丐，很清楚自己要的是什么。在他的眼中，同样是来到沙滩上晒太阳，富翁与自己是毫无分别的，也就是能够知命，所以他很快乐，很自在地活着。富翁内心有着贫富贵贱的分别，所以他并不明白乞丐的追求，所以他的教训显得有点多余了。

[原文]

“夭寿不贰，然后可立生死之命。人生世间，惟死生为重，曰夭寿，则一切顺逆皆该之矣。

[译文]

“命中长寿的人，不要认为自己有得活，就拼命造孽，作奸犯科，犯邪淫。要晓得长寿得来不易，更应该做好人，才可以保住他的长寿。能够明白这个道理，才可以把本来短的命变成长寿，本来长寿的命，变得更加长寿健康。人生在这个世界上，只有这生与死的关系最为重大，所以短命同了长寿，就是最重大的事情。既然说到这最重大的短命同了长寿，那么此外一切顺境、富有和发达；逆境、贫穷和不发达，都可以包括在内了。短命和长寿，要看得没有两样，不可说我短命；不久就要死了，趁还活着的时候，随便做恶事，糟蹋自己。要晓得既然已生成短命，就更加应该做好人，希望来生不要再短命，一生或许也可以把寿命延长一些！

孟子讲立命的学问，只讲到短命和长寿，并没讲到富和贫，发达和不发达，就是这个道理。

［浅释］

孟子这里仅仅讲到了“夭寿不贰”，并没有涉及贫困富贵，顺境逆境。但是，人生之中，生命是最重要的东西。有了生命，才有一切富贵与贫乏，困厄与显达。如果说连生命的夭折与长寿都能够看得没有二致，那么面对其他的一切顺境逆境都能够做到没有分别心。所以说，谈及“夭寿不贰”，那么“一切顺逆皆该之”。所以，世上唯有“觉者”能够做到安身立命。

［原文］

“至修身以俟(sì)之，乃积德祈天之事。曰修，则身有过恶，皆当治而去之。曰俟，则一毫觊觎，一毫将迎，皆当斩绝之矣。到此地位，直造先天之境，即此便是实学。

［译文］

“孟子所说的‘修身以俟之’这句话，是说自己要时时刻刻修养德行，不要做半点过失罪恶。至于命能不能改变，那是积德的事，求天的事。说到修字，那么身上有一些过失罪恶，就应该像治病一样，把过失罪恶要完全去掉。讲到俟字，则是要等到修的功夫深了，命自然就会变好，不可以有一丝一毫的非分之想，也不可以让心里的念头乱起乱灭，都要完全把它斩掉断绝。能够做到这种地步，已经是达到先天不动念头的境界了。到了这种功夫，那就是世间受用的真正学问。

［浅释］

云谷禅师对于孟子的“修身以俟之”进行了详细的解读。这里涉及了一个量变与质变的关系。如果想要命运得以改变，不仅要勤勉谨慎地修正自己的身心言行，更要有一颗淡泊无功利的心。

修身就是要将自身的过失加以更正。有过错，有恶行，都要像治疗疾病一样，一一对症下药。久已形成的不好的行为习惯都要摒弃，要改变，也就是斩断恶缘，进行自我救赎。如此，便可以广结善缘，广种善因，厚积善果。这是小的质变过程，也是一种量的积累过程。

“俟”就是等待。这里主要强调的是一种心态。我们有了改变恶行，斩断恶缘的举动，不要急功近利，想要立竿见影。改变命运并非一日之功。它需要年深日久的积累，只有量的积累达到了一定的程度，才可以引起命运质的变化。因此要有耐得住寂寞的心。能够静心等待命运改变之结果的出现。

觊觎之心，便是非分期盼善果的心。一旦有了改恶扬善的举动，就开始在心中期盼得到善果，这是一种功利之心，是有执着妄念的心。有了这一妄念，便为自己修身改变命运制造了一个障碍，这样对于改变命运是毫无益处的。在改变命运的过程中，我们只需潜心耕耘福田，不要回头观望善果。只要积德行善达到一定程度，善果的到来就是水到渠成，瓜熟蒂落的事了，命运自然转变。

内心不存一丝一毫的期盼觊觎，更不对功利迁就迎合，便是斩除了内心的妄想，得清静自在之心。只要做到了广种善因，而又无欲无求，便达到了真境界。

［原文］

“汝未能无心，但能持准提咒，无记无数，不令间断，持得纯熟，于持中不持，于不持中持。到得念头不动，则灵验矣。”

［译文］

“平常时一般人的行为，都是根据念头转的，凡是有心而为的事，不能算是自然。你现在还不能做到不动心的境界，你若能念准提咒，不必用心去记或数遍数，只要一直念下去，不要间断，念到极熟的时候，自然就会口里在念，自己不觉得在念，这叫作持中不持；在不念的时候，心里不觉得仍在念，这叫作不持中持。念咒能念到这样，那就我、咒、念打成了一片，自然不会有杂念进来，那么念的咒，也就没有不灵验的了。但是这种功夫，一定要透过实践，才能领会到的。”

［浅释］

凡夫俗子很难做到无心。这里的心，便是执着之心，妄想之心，分别之心。凡夫俗子的所有行为都是由心中念头支配的。要想做到无心，并非易事。佛教中有两个非常有名的偈子，很好地说明了无心境界的高妙。

据《六祖坛经》载：唐代的高僧佛门第五代传人弘忍禅师和一干徒众论道。弘忍禅师命各弟子皆以心得写出一个偈语，当时上座神秀口占一偈曰：身是菩提树，心如明镜台，时时勤拂拭，莫使惹尘埃。而惠能则说道：菩提本无树，明镜亦非台，本来无一物，何处惹尘埃。两人的心得体会都达到了十分高妙的境界，但是惠能却更高一筹，于是弘忍便将衣钵授予惠能。于是惠能成为南宗；弘忍禅师将心印传给了神秀，于是神秀成为北宗。

这个小故事中，神秀将自己的身心比作菩提明镜，明镜的了无尘埃便是心无妄念。这里他已经达到了凡人难成的高妙境界，内心没有一丝妄念，但却难舍执着分别心。惠能的偈子则彻底斩断了执着心、妄想心和分别心，所以境界更胜一筹。如北宗神秀一般高深的修行，尚不能圆满，更何况不曾觉悟的凡夫俗子。因而云谷禅师说了凡先生很难做到无心，是不无道理的。

但是照云谷禅师这样说来，了凡先生很难做到无心，那岂不是念咒修行都是毫无效验的了。于是云谷禅师又教给了凡先生控制念头的窍门。

前文说过，佛家认为持准提咒达到一定数量，便可以获得相应的福报。但是念咒的过程中记数只是最基础的修行。这样的念咒并没有达到无心的境界。云谷禅师教给了凡先生控制妄念的方法，就是要不加记数，一心诵咒。保持不间断地念诵，满心都是准提咒，这样便可以抛却妄念。坚持这样念动准提咒，使之成为自我具备的本能。这时候，口中念动咒语的时候仿佛心中并没有诵咒的念头，而心中念诵咒语，却口中并没有念动，这便是持中不持与不持中持。这样就可以做到一心不乱，达到咒与我两忘的境界。当达到这样的境界时，便能够感通于天，念咒也就十分灵验了。

云谷禅师教给的这一修行方法，在佛法中被称作“圆修圆证”。以“无记无数，不令间断”为基本法则，以机械的念诵来达到心无杂念的目的，心中澄明清静，所念诵的咒语便可得效验。

［原文］

余初号学海，是日改号了凡。

［译文］

我起初的号叫作学海，但是自从那一天起就改号叫作了凡。

［浅释］

在听完云谷禅师的教导指引之后，了凡先生内心有所感悟，于是将自己的号改成了“了凡”。这样改号的一个行为，说明了凡先生内心受到了触动，云谷禅师的教诲取得了很好的效果。

古时候人的名字并不像现代的名字这样简单明了，只有一个名字作为人的代号。古时候不仅有姓和名，还有字和号。这与现代是有很大差别的。

古时候的名，一般指人的姓名，有时候也仅仅指名。这与现代的名是一样的，一般都是在幼年时期，由父母代为取出来的，作为代号，供长辈称呼。古时候，人不能随便地更改自己的名字，因为是父母的意志，所以从尊敬孝顺长辈的角度来讲，不能够违背长辈的意志。所以如果随意更改名字是不孝顺的行为。

古时候出去姓名之外，还有字。字并非谁都能有，需要达到一定的岁数，也要有一定的社会地位。《礼记·曲礼》上说：“男子二十冠而字，女子许嫁笄而字。”这里就是说古时候的男子，只有到二十岁，成年的时候才能有字。女子到十五岁，许嫁之时才能取字。取字，就意味着已经成人，开始在社会上拥有一席之地，应当得到他人的尊重，于是就不能直呼其名了，于是取字，来代替名字，供他人称呼。一般来说，字和名是有一定联系的。字往往是名的补充或解释，它们互为表里，因而字又称“表字”。如屈原，名平，原是他的字。这里原本身就是宽阔平坦之意，与平的意思是互为阐释的。

唐宋之后，除去名和字之外，号开始大行其道。人们相互之间为了尊重，不仅不直呼其名，更不称呼对方的字，而是称他的号。号，又称别号，有的是自己取的，一般有着很深的寓意，称为“自号”，也有其他人赠送的称号，称作“雅号”“尊号”等。古时候的文人雅士热衷于为自己取号，代表了自己一定的志趣。比如李白，号青莲居士。陆游号放翁，被称作陆放翁。

了凡先生自己修改的，是自己的号。“学海”“了凡”都是号。号不同于名。名由父母长辈取出来，是不能够改变的，而号则是可以自己更改的。

［原文］

盖悟立命之说，而不欲落凡夫窠（kē）臼也。从此而后，终日兢（jīng）兢，便觉与前不同。前日只是悠悠放任，到此自有战兢惕厉景象，在暗室屋漏中，常恐得罪天地鬼神；遇人憎我毁我，自能恬然容受。

［译文］

因为我明白立命的道理，不愿意和凡夫一样，把凡夫的见解，完全扫光，所以叫作了凡。从此以后，就整天小心谨慎，自己也觉得和从前大不相同。从前尽是糊涂随便，无拘无束；到了现在，自然有一种小心谨慎，战战兢兢戒慎恭敬的景象，虽然是在暗室无人的地方，也常恐怕得罪天地鬼神；碰到讨厌我，毁谤我的，我也能够安然地接受，不与旁人计较争论了。

［浅释］

这里了凡先生讲他改变命运的坚定信念以及自我修持的经历。了凡先生首先从改变自己的号开始。改变自己的号，为自己取新的名号，就是要与过去进行告别，就像一个崭新的人物诞生，就意味着了凡先生决心从头开始。“了凡”意思是对凡俗明了。这里说明了凡先生的内心达到了一个新的境界，再也不是从前那样没有觉悟的阶段。这里他已经真正觉悟了命运之事。他知道了命运是可以被改变的，并且也明白了改变命运的方式方法，已经不再是凡夫俗子，已经不肯再被命运牵着鼻子走了。

下定了如此决心之后，了凡先生发生了巨大的转变。以前，命运被孔老先生算定之后，了凡先生一直过着放任自流的生活。他对于命运之事完全不上心，只是在命运的大海之中随波逐流。他并不在意自己的明天，因为明天与未来都是已经算定的，清晰的，没有朦胧感，没有梦想，也没有希望。但是在云谷禅师的教导之下，了凡先生明白了命运之理。他的命运观发生了变化，他懂得了命运中存在着变数，是可以被改变的。所以从内心深处生出了一种积极的心态。不同于之前的“悠悠放

任”，为了能够积德行善，积累善果，改变自己的命运，了凡先生开始关注自己的一言一行。于是就有了时刻警觉的个人状态。而这样的状态持续着，便改变了了凡先生的个人气象。如果说了凡先生之前是颓废的生活状态的话，那么现在抛弃了宿命论的观念，变成了积极乐观的了。所以说连了凡先生自己都觉察出来自己的改变。

“在暗室屋漏中，常恐得罪天地鬼神”，这一句说明了凡先生改过的心是十分虔诚的。《中庸》里有“君子戒慎乎其所不睹，恐惧乎其所不闻。莫见乎隐，莫显乎微，故君子慎其独也”的句子，《大学》中也有“君子必慎其独也”的话。这正是了凡先生有如此体验的根本。了凡先生即使独处一室，也不忘提醒自己，言行举止要合乎天道，不起恶念，不要得罪于天地鬼神。这正是君子的表现。这样的素质修为也并不是谁都能够做到的。所以说，并不是所有人能够改过自新。

佛教认为佛菩萨能够洞观世间百态，无所不知，无所不晓。所以尘世之中的凡夫俗子，善念初起，他们便能够了然于心，恶念一生，无论身处何地，佛菩萨也都能够知晓。所以说即使在无人可见的地方，也要虔心修持。不能人前恭敬严谨，人后放纵恣肆，那样只是自欺欺人的手段，并不能瞒过佛菩萨的法眼。了凡先生在“暗室屋漏”之中，依然能够常常自我省察，这是需要非凡的定力的。表明他的确在认真改过，虔心修持。

之前，了凡先生性情急躁，没有容人之量，而经过现在的诚心修持改过，能够做到“遇人憎我毁我，自能恬然容受”，说明了凡先生的心态发生了很大的变化。了凡先生通过修持，拥有了清静无分别之心，于是能够在面对憎恨或者毁谤的时候，不再心浮气躁，不再像以前一样不能受半点委屈，而是能够淡然处之，不急不躁。这说明了凡先生的修持改过有了一定的成效，他的自我德行有了一定程度的增长。如果做了善事，还受到了毁谤，这时候不辩解，不争执，便是为自己积累了善因。他人的误解与责备，都是为自己消除恶业的过程。消除了恶业，便不得恶果，便有善缘善果。所以说了凡先生的自我德行能够达到容人毁谤的高度，对于他修行改变命运，是大有益处的。真正的高人是能够在各种环境中皆保持怡然自得之心境的。因为他们没有分别心，所以顺境也好，逆境也罢，在他们的心中都是毫无差别的。

[原文]

到明年，礼部考科举。

[译文]

从我见了云谷禅师的第二年，到礼部去考科举。

[浅释]

在见过云谷禅师的第二年，了凡先生参加了由国家举办，礼部主持的科举考

试。明清时期的礼部，相当于现代的教育部，主要管理整个国家的学校事务、科举考试还有藩属和外国之间往来的事情。了凡先生在这一次考试之前，已经虔心修持了一年。

［原文］

孔先生算该第三，忽考第一，其言不验，而秋闱(wéi)中式矣。

［译文］

孔先生算我的命，应该考第三名，哪知道忽然考了第一名，孔先生的话开始不灵了，孔先生没算我会考中举人，哪知到了秋天乡试，我竟然考中了举人。这都不是我命里注定的，云谷禅师说：命运是可以改造的。这话我更加的相信了。

［浅释］

了凡先生经过一年的修持改过，逐渐有变化应验在他的身上。经过一年的善因的积累，了凡先生的命运开始有了改观。原本孔老先生为他算定的命运中，他应得第三名，而实际上却是第一名。从这一次开始，命运首次出现了变化。虽然只是名次出现了小小的波动，但命运确实与算定的不同了。接下来的乡试中，了凡先生更是意外地中了举人。命运又与从前算定的大大不同。孔老先生的推算开始彻底不灵验了。了凡先生本没有中举人的命，但是现在却中了。其实是他考试前一年的虔心修持改过，起到了作用。他从心而求，发下求中进士的誓愿得到了满足。也就是说了凡先生遵照云谷禅师的教诲，认真修持，从心而求，真的改变了自己的命运。了凡先生通过自己的切身体验，亲身实践，印证了云谷禅师“命运可以被改变”的观点。了凡先生从此也相信了命运掌握在自己手中的道理。

［原文］

然行义未纯，检身多误，或见善而行之不勇，或救人而心常自疑，或身勉为善而口有过言，或醒时操持而醉后放逸，以过折功，日常虚度。

［译文］

我虽然把过失改了许多，但是碰到应该做的事情，还是不能一心一意地去做，即使做了，依然觉得有些勉强，不太自然；自己检点反省，觉得过失仍然很多；例如看见善，虽然肯做，但是还不能够大胆地向前拼命去做；或者是遇到救人时，心里面常怀疑惑，没有坚定的心去救人；自己虽然勉强做善事，但是常说犯过失的话；有时我在清醒的时候，还能把持住自己，但是酒醉后就放肆了；虽然常做善事，积些功德，但是过失也很多，拿功来抵过，恐怕还不够，光阴常是虚度。

［浅释］

这一段是了凡先生的自我反省。人贵有自知之明，了凡先生能够在广种善业的同时，扪心自问，深刻反省自己的不足，是难能可贵的。也正因为如此，了凡先生能够在修持改过中获得很大的成就。这里了凡先生对于自身在行善积德过程中的不足之处的深切反思，是有着广泛的指导意义的。他在修持改过的过程中遇到的问题以及不足，正是广大修行人员共同面临的问题。所以，了凡先生的这一段话，值得我们深思与参考。

“行义未纯”，是指在广行善事，积累德行的过程中，并没有做到纯粹。我们也可以把“义”理解成义务，就是要把帮住他人，积德行善作为自己的义务，积极地去履行。何为义务？就是要在遇到该做的事时，有责任感，认真去完成并且不求回报。了凡先生说自己行义未纯，就是说自己在行善的过程中，没有保持一颗纯粹无功利的心。内心有所思虑。这份思虑，可能是求得回报，可能是对于自身利害关系的考虑。无论如何，一旦有了这份思虑，便不再纯粹，行善积德的效应也就大打折扣。虽然做了善事，但却因为心不诚，从而使改过的效果受到了影响。这里了凡先生认识到了自己在广行善事过程中的不足，总结了出来，这样在以后的修行中，就可以相应的改过。

除去反思自己在行善方面的不足之外，了凡先生还积极地反省自身的缺点。俗话说，人无完人。虽然了凡先生进行了深刻的反省，并积极地进行改过，但是缺点与不足，并不是一下子就能全部发现的，也不可能一下子改完。于是在不断改进的过程中，了凡先生继续进行自我反思，继续发掘自身的错误与不足。接着了凡先生指出了几条自己在行善改过的过程中存在的缺点。他指出，自己在遇到行善事的时候，虽然去做了，但是表现的并不是那么积极，并没有尽心尽力。这里了凡先生对自己行善提出了更高的要求：不仅要行善，更要一心一意，竭尽全力地去做善事，而不是象征性地参与进去。

了凡先生反思自己在行善过程中存在“或救人而心常自疑”。看到别人身处困境，自己对于是否帮助他，常常在内心产生疑虑。了凡先生归纳的这一条不足，是能够被理解的。尤其是在我们当今社会，往往会有骗子利用了大家的同情心，善心，通过乞讨或寻求其他帮助来进行骗钱。因此，在行善的过程中，分辨事情的真假，就会导致我们在帮助他人的时候心存疑虑。所以说行善并非易事。行善的过程中，不仅仅需要有一颗慈悲心，更要有一颗智慧心。在面对苦难时，一定要洞察事情的真伪，进行有选择的救助。使自己不受蒙蔽，也不错过行善事的机会。

了凡先生在行善的过程中，还存在着“身勉为善而口有过言”的不足。俗话说“祸从口出”。人的口舌往往和是非祸端相连接。不经意间，就会因为言语不当而招致灾祸，所以说要注意自己的言行。孔子也曾说过“君子欲讷于言而敏于行”，就是教导我们做事要勤奋敏捷，说话一定要小心谨慎。有句俗语叫“沉默是金”，说

的也是相同的道理。了凡先生总结的这一条缺点便是言语过多。虽然在日常生活中勉励自己常做善事，但经常由于言语不当，而引发罪业。这样勤勤恳恳行善所种下的善因都因为一两句言语造成的恶业抵消了。这是一定要反思和改过的。此外，了凡先生言语多而不当，也反映出他的修为的功力还不够，内心不够清静。真正的高人能够做到内心的清心寡欲。内心清静了自然生出智慧。智慧的人是多思多想，少言寡语的。言语少了，那么祸端就少。言语祸端减少，所种善因就不会因此而减损。这样就会对修行改过产生很大的帮助。佛门之中有“阿弥陀佛”的四字真言。面对毁谤、嘲讽、斥责、是非等等言行，一定多多持念，这样便可以使自己远离口舌之患，保持内心的清静。

了凡先生还喜欢饮酒，并且常常酒后乱性。“醒时操持而醉后放逸”的情况时有发生。这是了凡先生在修行改过的过程中的很大的缺点。前文讲到君子慎独，在没有监督的情况下，还一定要自我检点，约束自己的行为，何况是人前酒后。了凡先生清醒时，很能自我约束，十分注意自己的言行举止，但在饮酒之后，就放纵不羁，不注意修持。这是非常大的过错。自从人类发明了酒，对于是否应该饮酒的争议始终没有停止过。少量饮酒或许有益身心健康，但贪杯过量，往往招致祸端。常言道“饮酒误事”。很多在清醒时勤勉地积累的善业，往往会因为酒后的一时糊涂，种下了恶因。所以佛法之中有五戒，其中之一便是戒酒。过量的饮酒就会迷乱人的心性，这样就很难保持清净之心，修持改过也就被迫中断。更有甚者，还会造下恶业。所以说，要想保持自己心无妄念，虔心修持，一定不要过量饮酒。佛门之中，戒除酒色，是不无道理的。了凡先生沉迷于饮酒，导致了他的醉后放逸，这在很大程度上影响了他的修行改过，对于他的命运的改变，是很不利的。此外，不修行的凡夫俗子，也不要过多饮酒。如今由于过量饮酒而导致的交通事故频繁易见，很大地影响了他人的生命安全，还会改变自己的命运，这是大的罪过。现在政策中对于酒驾的惩罚力度逐步加大，这是正确的政策引导。

了凡先生总结了自己的几条过错，并且得出了最终结论。在日常的修行改过中，常常以功抵过，年深月久，并没有多大的进步，导致自己一直以来，常常虚度时光。了凡先生在改过的过程中，有功有过，所以最终得到的后果是“日常虚度”。这是他自己修行改过还不够所带来的结果。这里了凡先生还能够意识到自己的不足，这对于他进一步改过大有帮助。更有一些不加修持的人，或者根本发现不了自己的不足，改过也无从谈起。不注意积德行善，往往种下恶业，这就会带来更大的恶果。

[原文]

自己巳岁发愿，直至己卯岁，历十余年，而三千善行始完。

高僧吐肉

了凡先生听了云谷禅师的教诲之后，立志要抓住命运中的变数，修善积德，改变命运。他“或施食贫人，或买放生命”，坚持做善事。佛家最惜生命，其慈悲之心达到“扫地恐伤蝼蚁命，爱惜飞蛾纱罩灯”的程度。“高僧吐肉”也是反映佛家大慈大悲之心的故事。北周时有一个叫香阇梨的和尚，住在四川青城山飞赴寺。当地人有每年三月初三都会携酒肉到寺中开怀畅饮的风俗。香阇梨要求与他们同吃同饮。等众人要下山时，香阇梨醉倒在坑边，他张口大吐，顿时他所吃的肉都变回为活蹦乱跳的鸡、鹅、羊等等。正因此事，当地风俗为之一变，不再带酒肉上山。

时方从李渐庵入关，未及回向。庚辰南还，始请性空、慧空诸上人，就东塔禅堂回向。

[译文]

从己巳年听到云谷禅师的教训，发愿要做三千件的善事；直到己卯年，经过了十多年，才把三千件的善事做完。在那个时候，我刚和李渐庵先生，从关外回来关内，没来得及把所做的三千件善事回向。到了庚辰年，我从北京回到了南方，方才请了性空、慧空两位有道的大和尚，借东塔禅堂完成了这个回向的心愿。

[浅释]

佛教中认为，通过将自己所修行的善根功德，回转给芸芸众生一同分享，可以帮助自己早日趋近菩提涅槃。所以，当自己许下的誓愿终得圆满的时候，就要回向。了凡先生共用了十一年的时间来兑现自己的承诺，即做三千件善事。同时，自己祈求科举中第的愿心也得到了满足。所以心中一直打算着回向一事。但是当时，了凡先生任职于军中，并随队迁徙，没有一个合适的机会和场所来完成自己回向的心愿。直到返回家中，有了条件，便立刻请僧人进行回向。通过回向，了凡先生将自己的修行改过进行了一个阶段的总结。前一个心愿了结了，做一个终结，并把自己的修行成果分享给众生，这本身又是善事一件。

[原文]

遂起求子愿，亦许行三千善事，辛巳生男天启。

[译文]

到这时候，我又起了求生儿子的心愿，也许下了三千件善事的大愿。到了辛巳年，生了儿子，取名叫天启。

[浅释]

了凡先生通过求举人及第，并且愿望实现，相信了命运是可以被改变的，命运之中存在变数。因而开始积极地改造自己的命运。命中没有什么，所以就要求得什么。经孔老先生算定的，了凡先生的命运之中是不能中举，也没有儿子的。现在通过自己的努力，了凡先生中了科举，成为举人，于是又想求得儿子了。于是，他再一次发愿行三千善事，广积善业。由于了凡先生虔心修行改过，在三千件善事的许诺还没有兑现的时候，他的儿子出世了。又一桩心愿得偿。这是了凡先生诚意修行的结果。所谓心诚则灵。内心虔诚，必然可以与天交感。了凡先生一再地获得福报，皆因为他广行善事，广积善业，内心虔诚地求取，自然可以实现愿望。

[原文]

余行一事，随以笔记，汝母不能书，每行一事，辄(zhé)用鹅毛管，印一朱圈于历日之上。

[译文]

我每做一件善事，随时都用笔记下来；你母亲不会写字，每做一件善事，都用鹅毛管，印一个红圈在日历上。

[浅释]

了凡先生每天都做善事，并且养成了随手记录的好习惯，这样对于自己的修行有一个清晰的认识。了凡先生的妻子也和丈夫一样，广行善事，每日记载。虽然妻子不会识文断字，但也想出了巧妙的办法。那就是用鹅毛管沾印泥，在日历本子上做符号标记。通过这样的方式来进行自我检查、敦促。

[原文]

或施食贫人，或买放生命。一日有多至十余圈者。

[译文]

或是送食物给穷人，或买活的东西放生，都要记圈。有时一天多到十几个红圈呢！也就是代表一天做了十几件善事。

[浅释]

了凡先生这里指出了自己善行的两个具体实例。一个是送食物给穷人，一个是买来活物进行放生。这两种方式，都是佛家所推崇的善行。

佛门之中讲究“六度”，即六种行法度生死海。而布施则是六度之一。佛经中记载：“言布施者，以己财事分布与他，名之为布，惙己惠人目之为施。”布施以分布的内容不同分为三种，即法布施、财布施和无畏布施。了凡夫妇为了救助苦难，将食物送给穷人，就是属于其中的财布施。通过财布施的修行，了凡夫妇积累了善业。

此外，他们还进行放生。佛教之中倡导坚持素斋，反对杀生。佛教认为杀生是最大的恶业，所以相对应的，放生则就成为最大的善行。佛教有“救人一命胜造七级浮屠”的话，而在世间一切皆无分别的佛菩萨眼中，救助生灵也是具有很大功德的。不过，在商业化的现代社会，放生同样需要有智慧的内心，要有判断力。并不是所有有生命的东西都买来放掉就是放生了。有一些商人看中了放生这里边有利可图，有钱可赚，于是故意捕获鸟兽，然后贩卖给那些有放生之心的人们，从中牟取暴利。这样的放生会导致商人变本加厉地捕捉鸟兽。虽然出发点是好的，内心是善

良的，但是却好心办了坏事，促进了商人对鸟兽的伤害。所以这样的放生，其实是害生，对于修行不仅没有益处，反而有害。

了凡夫妇长期以来坚持行善事，改过修行。从最初的三千件善事需要十一年才能做完，每天都不一定能做一件善事，到现在，已经可以一天就做十多件善事了。可见他们有了很大的进步。从最初的自我检束，努力鞭策，到现在做善事已经成为生活中必不可少的行为。善举已经是十分自然的事情了。了凡夫妇经历了长时间的坚持，终于获得了如此大的进步，可见断恶修善一定要有恒心，有毅力，坚持不懈，累积起来，才能够彻底地改过自新，改变自己的命运。

［原文］

至癸未八月，三千之数已满，复请性空辈，就家庭回向。九月十三日，复起求中进士愿，许行善事一万条，丙戌登第，授宝坻(dǐ)知县。

［译文］

像这样到了癸未年的八月，三千条善事的愿，方才做满，又请了性空和尚等，在家里做回向，到那年的九月十三日，又起求中进士的愿，并且许下了做一万条善事的大愿。到了丙戌年，居然中了进士，吏部就授了我宝坻县县长的职务。

［浅释］

经过第一次发愿，十一年坚持不懈地行善积德，了凡先生已经获得了很大的进步。所以在第二次发下愿心的时候，虽然还是承诺行善事三千件，但这次仅仅用了四年就完成了。前后用时的差别，说明了凡先生在改过自新，改变命运的道路上已经越走越顺利，并且能够将广施善行作为自己生活中的常态了。

在再一次得偿所愿之后，了凡先生又有了新的期待。命中不能中举，现在已经求得中举，命中没有儿子，现在也已经求到了儿子，于是了凡先生进一步求进士。进士也是了凡先生命运定数中所没有的。现在他已经能够积极地行动起来，去改变自己命运的常数，改变命运。所以在一步步得偿所愿之后，他再一次发愿，求得进士。这一次，了凡先生发下了行善事一万件的宏愿。而从了凡先生发下愿心，到他高中进士，仅仅用了三年时间。时间进一步缩短，了凡先生内心所求更加快速的得以应验。这是他历年来，始终坚持行善所应得的善果。

在中进士之后，了凡先生被授予了宝坻县的县长职务。这与孔老先生为他算定的命运有很大的差池。孔老先生虽然也算定他可以得县长的职务，但是却远在四川这样一个荒僻之地。现在了凡先生却被授予宝坻知县。而宝坻在京城附近。这样的福报，是了凡先生积极改过修行换来的。

［原文］

余置空格一册，名曰“治心篇”。晨起坐堂，家人携付门役，置案上，所行善恶，纤悉必记。夜则设桌于庭，效赵阅道焚香告帝。

［译文］

我做宝坻县的县长时，准备了一本有空格的小册子，这本小册子，我叫它“治心篇”。意思就是恐怕自己心起邪思歪念，因此，叫‘治心’二字。每天早晨起来，坐堂审案的时候，叫家里人拿这本治心篇交给看门的人，放在办公桌上。每天所做的善事恶事，虽然极小，也一定要记在治心篇上。到了晚上，在庭院中摆了桌子，换了官服，仿照宋朝的铁面御史赵阅道，焚香祷告天帝，天天都是如此。

［浅释］

这一段了凡先生讲述自己在宝坻县为官期间的自我修行。了凡先生为了便于每天善行恶事的记录，自己制作了“治心篇”。不仅在日常生活中，认真记录自己的善恶行径，更把这种虔心修善的思想带到了自己的工作中。了凡先生不断地自我敦促，断恶修善，勉励自己多行善事，那么他作为县长，就能够为自己的百姓造福。前边说了凡先生自认为自己是“福薄之相”，自己的命运中尚且没有什么福报，更不能为百姓造福。现在了凡先生发愿广行善事，必然不会在处理公务的过程中做有损自己德行的事。他通过自己的努力，不仅改变了自己的命运，更给一县之内的百姓带来了福音。因而发愿行一万件善事，所以了凡先生积极记录自己的善行与不足，检验自己善行的积累情况。不仅如此，他还每天晚上都设置香案，将一日之内的所有言行全部上告于天。

赵阅道是善于内省的人。这里了凡先生效仿赵阅道，每天晚上都穿戴齐整，焚香祷告，向上天汇报自己一天的言行过失。这样向上天的一个申述过程，其实也是一个内心自省的过程，正是佛教所讲究的“发露忏悔”的过程。焚香，表现了了凡先生内心的虔敬。这样的一个反省的过程，对于改过自新有很大的敦促作用。

［原文］

zhé pín cù

汝母见所行不多，辄颦蹙曰：“我前在家相助为善，故三千之数得完。今许一万，衙中无事可行，何时得圆满乎？”夜间偶梦见一神人，余言善事难完之故。神曰：“只减粮一节，万行俱完矣。”

［译文］

你母亲见我所做的善事不多，常常皱着眉头向我说：“我从前在家，帮你做善事，所以你所许下三千件善事的心愿，能够做完。现在你许了做一万件善事的心愿，在衙门里没什么善事可做，那要等到什么时候，才能做完呢？”在你母亲说过这番话之后，晚上睡觉我偶然做了一个梦，看到一位天神。我就将一万件善事不易做完的缘故，告诉了天神，天神说：“只是你当县长减钱粮这件事，你的一万件善事，已经足够抵充圆满了。”

［浅释］

不仅了凡先生通过修行提高了自己的德行，就连了凡先生的妻子也内心向善。于是在了凡先生善行不多的时候，她能够起到敦促的作用。在没有做官之前，时间比较宽裕，也能够广泛地接触百姓，所以行善事是很容易的，所以得以很快地完成了许下的诺言。现在做了官员，自己还有家中眷属都不能随意与百姓接触，所以行善变成了不容易的事。而此时又发下了一万条善事的愿望，无怪乎了凡先生的妻子开始忧愁不能兑现诺言。

俗话说，日有所思，夜有所梦。妻子的担忧也正是了凡先生内心的忧虑。所以在晚上睡觉的时候，他就能够有所感应，与神人相交。了凡先生在行善的过程中遇到了困惑，神人为他指点了迷津。神告诉了凡先生，只要他能够很好地做到减粮这件事，一万件善事便就全部圆满了。

［原文］

盖宝坻(dǐ)之田，每亩二分三厘七毫。余为区处，减至一分四厘六毫，委有此事，心颇惊疑。

［译文］

原来宝坻县的田，每亩本来要收银两分三厘七毫。我觉得百姓钱出得太多，所以就把全县的田清理了一遍；每亩田应缴的钱粮，减到了一分四厘六毫，这件事情确实是有的；但也觉得奇怪，怎么这事会被天神知道，并且还疑惑，只有这件事情，就可以抵得了一万件善事呢？

［浅释］

晚上做梦听到了神的开示，了凡先生开始思索减粮之事。这时他才意识到自己曾同情百姓赋税沉重，将他们应缴纳的钱粮进行了减免。这件事的发生并非偶然。正是由于了凡先生内心的仁慈和善，所以才会同情治下百姓，才会广施仁政。而这样一条仁慈的政策实施下去，治下千千万万的百姓都受益，可以说都受到了了凡先生的恩惠。所以说只是减粮这一件事，就能抵得过一万件善事。了凡先生也就没有了无法完成万件善事的苦恼。善事完成了，了凡先生得偿心愿。所以说好人有好报。了凡先生的善行，获得了善果。

文帝问法

宋文帝想专门吃斋，永不杀生，但是没有做到，他就向求那跋摩请教。求那跋摩告诉他说："匹夫人微言轻，如果不克己苦修，何以造福于人？帝王统驭万民，一句话一条仁政足以使天下受益，不必非要废半日之餐，全一禽之命，来显仁济之心。"做善事不是要看形式，而是要看你的为善之心真切程度以及为善的效果。了凡先生发下了做一万件好事的心愿，他总担心自己做不够一万件，但是没想到自己为全县减粮这一件事就顶了一万件善事。

但是这是很令人惊奇的事。了凡先生做了减粮这件善事之后，甚至连他自己都没有放在心上，神又如何知道了呢？区区如此一件小事能够抵得过万件善事吗？这里了凡先生已经将善行作为了自己自觉的行为，做得十分自然，甚至都没有了记数之心。

从了凡先生这里我们可以看到，身居高位是很容易做出大善事的。他的一个举措可以惠及万民。不过反过来想想，身居高位，一个恶念也可以造成相当大的恶果。所以说，一定要谨言慎行，勤勉不辍。

[原文]

适幻余禅师自五台来，余以梦告之，且问此事宜信否？师曰："善心真切，即一行可当万善，况合县减粮，万民受福乎！"

[译文]

那时候恰好幻余禅师从五台山来到宝坻，我就把梦告诉了禅师，并问禅师，这件事可以相信吗？幻余禅师说："做善事要存心真诚恳切，不可虚情假意，企图回报。即使只有一件善事，也可以抵得过一万件善事了。况且你减轻全县的钱粮，全县的农民都得到你减税的恩惠，千万的人民因此减轻了重税的痛苦，而获福不少呢！"

[浅释]

虽然了凡先生在梦中得到了神示，但他却不敢轻易地相信。毕竟发愿修行改过，是一件相当严肃的事情，需要内心十分恭谨虔诚。不可以存有投机取巧的心态。所以了凡先生内心存有疑虑。这时候恰巧又有佛门高人自五台山来，了凡先生认真地向他请教此事是否可信。幻余禅师肯定了一以抵万的说法，了凡先生心中的一块石头才落了下来。这里了凡先生虽然得到了神的指示，却内心惶恐，只怕自己修行不足，所以才四处求证。在得到幻余禅师的肯定答复之后才内心轻松下来。从这一点上可以看出，了凡先生修行改过之心是真诚不虚的，他踏踏实实地在积德行善，没有半点应付的意思。

正如道家画符有秘诀，佛门修行也是有诀窍的。佛门之中有"一修一切修"的道理。其中的诀窍就在于心性。一修可以明心见性，这里的心性是虔诚无挂碍之心，就能够达到"一修一切修"的境地，也就是达到了凡先生一件善事抵一万件善事的效果。幻余禅师指出，只要善心真切，就可以一行当万善。这里就是在强调心性的纯粹无挂碍。所谓善心真切，就是要有一颗清静心，没有分别、执着与妄念。在行善事的时候，做到了善心真切，一就是无量。所以能够做一件善事，就万件都圆满了。假如心中不纯粹，有所挂碍，那么一还是一，一不能等同于无量。了凡先生减粮一举，不仅明心见性，更是惠及万民，所以自然可以

抵得过一万件善事。

[原文]

吾即捐俸银，请其就五台山斋僧一万而回向之。

[译文]

我听了禅师的话，就立刻把我所得的俸银薪水捐出来，请禅师在五台山替我斋僧一万人，并且把斋僧的功德来回向。

[浅释]

了凡先生在修行改过的过程中始终是坚定不移，毫不犹豫的。在听说自己一件善事便得圆满之后，他当机立断，拿出自己所有的俸银去斋僧一万。这个决定是相当大气的。

在佛教中，斋僧也是一种很重要的修行。所谓斋僧，就是设斋食来供养僧众。最开始的时候，斋僧意在表明信心和皈依，后来，慢慢地融入了许多其他的目的，比如祝贺、报恩、追善等等。佛教认为，通过斋僧的行为，能够获得无量功德。了凡先生不仅当机立断地决定斋僧，更是大手笔，捐出了所有俸银，斋僧一万。

此外，了凡先生将所有俸银全部捐出，足见其在积德行善的过程中，是相当大方的，也足见其内心的真诚。现在很流行的一个词语叫作“裸捐”，就是捐出自己的全部财产，来支持慈善事业。能够保持一颗善心，经常拿出自己的一部分钱财来施舍救助他人，是难能可贵的。更可贵的是，拿出自己全部积蓄来帮助别人。这样的行为并非人人都能够做得到。这样的心是摆脱了功利的虔诚的心。所以说，了凡先生能够改变自己的命运并非偶然，而是由于他积德行善过程中表现出来的坚定的信念和赤诚的良善之心。

[原文]

孔公算予五十三岁有厄。

[译文]

孔先生算我的命，到五十三岁时，应该有灾难。

[浅释]

孔老先生为了凡先生算定的命运到五十三岁就结束了。如果按照命运中定数的安排，了凡先生到五十三岁这一年，阳寿就尽了，就要去世了。

法宠除愆

法宠和尚本来命中注定四十岁时得恶疾去世，幸而他用全部财物礼佛，将死业消除，得以保住性命。可见命中注定的事，也不是不可以改变的。孔先生算得了凡只能活到五十三岁，开始了凡对此深信不疑。幸而云谷禅师点醒了他。他懂得了：人命是有变数的，这个变数完全掌握在自己手中。从此了凡先生开始了自己创造命运的历程。后来，让人没想到的是，了凡虽没有祈寿，但活到六十九岁时还是很健康。正所谓“造命者天，立命者我”，“立命”两字就是讲“命”不能束缚自己，要靠自己来改变和创造命运。

[原文]

余未尝祈寿，是岁竟无恙，今六十九矣。

[译文]

我虽然没祈天求寿，五十三岁那年，我竟然一点病痛都没有。现在已经六十九岁了（多活了十六年）。

[浅释]

在得到了云谷禅师的指点之后，了凡先生明白了命运之中还有变数的道理，知道了命运可以掌握在自己手中，可以被改变。于是他积极地修行改过，并且从心而求，发下很多誓愿，期望求得登科，求得子嗣，并且始终为这些愿望来广行善事，积累善业。但是一直以来，了凡先生并不曾发下过求寿的心愿。所以在他的心目中，自己应该是按照孔老先生算定的命运，在五十三岁这一年离开人世。但是到了他写下本文的这一年，了凡先生已经是六十九岁了。这比预先算定的命运多活了十六年。

很显然，这多活的十六年，是了凡先生广施善行所获得的福报。几十年来，他始终坚持行善事，积累善果，于是在现世便获得了福报。人生最大的便是生死之事。了凡先生的事实说明，通过修行改过，连生死之事都可以改变，更何况是求富贵、求儿孙。只要虔心修行，掌握了方式方法，一切都是可以求得的。

[原文]

《书》曰："天难谌（chén），命靡（mǐ）常。"又云："惟命不于常。"皆非诳（kuáng）语。

[译文]

《书经》上说："天道是不容易相信的，人的命，是没一定的。"又说："人的命没有一定，是要靠自己创造的。"这些话，一点都不假。

[浅释]

《尚书》作为我国最古老的史书，记载着上古历史资料，也保存着中华民族古老的智慧。在《尚书》中有"天难谌，命靡常"的记载。此外，还有"惟命不于常"的话。这两句话的意思都在说天命始终在发展变化之中，是很难被相信的。

《尚书》中的这种观点与佛教中的命运观也是不谋而合的。佛教中认为命运之中除了定数之外，还有变数。人们每天的善行恶行的积累，都会给命运带来变化。所以说人通过自己每天的言行，始终影响着命运的走向。也正是因此，命运虽然有一定的基调，但总是在发展变化之中。所以命运并非常数，定数，是不能够被相信

的。了凡先生从最初的命运被算定，到最终通过自己的努力改变命运的实例，是最好的明证。这里，了凡先生说《尚书》中的这些话，都是真实不虚的，恰恰是他经过了一生改变命运的努力，而得出的心得体会。他现在明白了命运是掌握在自己手中，可以被改变的道理，所以《尚书》中这些天命不常的观点，深得他的共鸣。并且，了凡先生修行改过的经历，也为我们提供了一个指导。通过了凡先生的命运变化，我们可以看出修德的重要性。

佛门有“万般将不去，唯有业随身”的话。这里体现的是佛教中的因果观念。人生之中的荣华富贵、高官厚禄等一切外在的东西，随着生命的消失，也就全部消失，是不能够被带去来世的。所以有句俗语说“生不带来，死不带去”。在佛教的因果关系中认为，人唯一能够带到来生的只是业，善业或者恶业。也就是说，只有你今生，乃至前生的修行，会伴随着你去往来世。当你积德行善，必然会得善果，今生不报，则报来世。相反，如果你作恶多端，也一定会带来恶果，或在今世报应，即使今生没有恶报，这些恶业也不会消失，在来世继续报应在你的身上。所以，佛教劝人为善，就是要广修善业，广积善果，为自己求得一个好的命运。

《尚书》中的这些话指出了命运是不可信的。那什么是能够相信的。可信的只有自己。命运是掌握在自己的手中的。通过自己的造业，所得到的善恶果报，也全部都应验在自己身上。所以只有自己能够掌控自己的命运。了凡先生的一生命运告诉我们，要诚心修行，积德行善，便可以获得好报，改变命运。

[原文]

吾于是而知，凡称祸福自己求之者，乃圣贤之言。

[译文]

我由此方知，凡是讲人的祸福，都是自己求来的，这些话实在是圣贤人的话。

[浅释]

这句话是了凡先生彻底觉悟之后所发出的感慨。通过自己改变命运的亲身经历，了凡先生有了真切的感悟。孔老先生能够推算出人的命运只是凡夫俗子的世俗之论，而云谷禅师所教授的改命之法，才是大彻大悟，有大智慧的圣贤所说的话，是真实可信的。

[原文]

若谓祸福惟天所命，则世俗之论矣。

[译文]

若是说祸福，都是天所注定的，那是世上庸俗的人所讲的。

[浅释]

了凡先生开悟之后，彻底明白了孔老先生为自己推算命运，以及“命中注定”一说皆是世俗的论调。这一论调认为命运是不可改变的，只是看到了生命中的定数。他们并不了解命运之中定数之外还有变数。而这个变数掌握在个人手中，可以通过修行来改变自己的命运。

因此，世俗之人常常通过看相、算命来窥视自己命运的行为是毫无意义的。每个人的未来命运都掌握在自己手中。通过自己的努力，改过自新，广行善事是改变厄运的不二法门。

[原文]

汝之命未知若何？即命当荣显，常作落寞想；

[译文]

你的命，不知究竟怎样？就算命中应该荣华发达，还是要常常当作不得意想；

[浅释]

这句话是了凡先生叮嘱儿子的话。了凡先生的命运被孔老先生算定了，所以他清楚地知道自己的命运，也清楚地了解了自己的努力改变了多少命运。但是儿子的命运并没有被谁算过，而且命运掌握在自己的手中，也没有什么必要去算命了。了凡先生告诉儿子，不论他的命运是显达还是窘迫都不要刻意去看，去推算，那没有什么意义，只要保持一颗平常淡泊的心态。即使是显达的命运，也一定要在心中认定自己是不得志的。了凡先生的这句嘱托为的是让儿子培养出一种谦逊的心态来。只有能够甘于平淡落寞，才能在富贵显达中不滋生傲慢情绪，这样才能在日常生活中积累自己的福德。

[原文]

即时当顺利，常作拂逆想；

[译文]

就算碰到顺当吉利的时候，还是要常常当作不称心，不如意来想；

[浅释]

就算是万事皆顺心如愿，也一定要心怀戒惕，小心谨慎。这里了凡先生教育儿子一定要有谦恭谨慎的人生态度。即使面对顺境也一定不能大意。有句俗语叫作“小心驶得万年船”，说的正是要保持谦恭谨慎的态度。

化诸淫女

《观佛三昧经》上说，当时舍卫城中，有从摩偷罗国来的许多妓女，专事勾引诱骗男子，经一宿需付金钱二百。佛闻此事，为诸女说不净观、苦、空、无常等法。诸女闻法，皆发信心，决心改过从善，求佛受三皈及五戒法。只要发信心，决心改过，妓女也可以变为温婉贤淑的女子。正如了凡先生所说的，人“务要日日知非，日日改过。一日不知非，即一日安于自是，一日无过可改，即一日无步可进”。有人认为自己没有犯错，殊不知安于自己的境况就是错误的，正如了凡先生所说的“只为因循二字，耽搁一生”。

［原文］

即眼前足食，常作贫窭(jù)想；

［译文］

就算眼前有吃有穿，还是要当作没钱用，没有房子住想；

［浅释］

这一句，了凡先生教导自己的儿子在衣食无忧的时候，也要保持节约简朴的生活作风。了凡先生身为一个县的父母官，家境必然不会太过贫寒。对于从安定生活中成长起来的儿子，他指出，一定要保持勤俭节约的良好作风，要能够吃得了苦。

勤俭节约是我们中华民族的美德。了凡先生教育儿子的这句话与中国“勤俭持家”的传统是完全一致的。在衣食无忧的情况下一定要有忧患意识，不忘曾经的艰难。所谓“由俭入奢易，由奢入俭难。”颜回能够固守贫穷，怡然自得，受到了孔子的高度表扬。这固然是高贵的个人品质，但能够在身居富贵场，依然不改贫寒本性，则是更难能可贵的。

吴越争霸的时候，越王勾践虽然身为一国之君，却不忘国耻，甘受穷苦。在富贵荣华的皇宫之中，他坚持以柴薪为床，日日舔尝苦胆，终究成就了霸业。他甘于清贫的强大内心，拯救了整个国家。明朝的开国皇帝朱元璋也曾留下了关于富贵之中坚持节俭的小故事。朱元璋当上了皇帝之后，有一次为皇后庆祝生日。朱元璋并没有大开国宴，而是只用红萝卜、韭菜，青菜两碗，小葱豆腐汤，宴请朝中的官员。并且当场宣布规定：今后不管是谁摆宴席，只准许四菜一汤，如果有谁违反了这个规定，一定严加处置。于是直到今天，在朱元璋的家乡凤阳还流传着关于四菜一汤的歌谣：“皇帝请客，四菜一汤，萝卜韭菜，着实甜香；小葱豆腐，意义深长，一清二白，贪官心慌。”

［原文］

即人相爱敬，常作恐惧想；

［译文］

就算旁人喜欢你，敬重你，还是要常常小心谨慎，做恐惧想；

［浅释］

了凡先生教育儿子一定要保持谦恭的态度，始终不忘进修自己的德业。不能因为他人的喜爱和尊敬就迷失了自己。只有在不断的自我检查反省之中，才能提高自己的德行。俗语有曰“受宠若惊”，一定要保持这种谦逊的心态。越是受人尊敬，

也就一定要越是谨慎地自我鞭策成长，以期能够对得起他人的爱护。

［原文］

即家世望重，常作卑下想；即学问颇优，常作浅陋想。

［译文］

就算你家世代有大声名，人人都看重，还是要常常当作卑微想；就算你学问高深，还是要常常当作粗浅想。

［浅释］

了凡先生所有的这几条教诲，都在告诫自己的儿子一定要谦恭谨慎，勤俭自勉。这些教诲是帮助儿子丢弃功利心，分别心。不执着于功名利禄，就能够保持内心的清静，这样才能够保持自己的德性。保持着这样的状态，才能够修持改过，改变自己的命运。

［原文］

远思扬德，近思盖父母之愆（qiān）；上思报国之恩，下思造家之福；外思济人之急，内思闲己之邪。

［译文］

讲到远，应该要想把祖先的德气，传扬开来；讲到近，应当想父母若有过失，要替他们遮盖起来；这里即是说明孟子的“父为子隐，子为父隐”的大义所在；讲到向上，应该要想报答国家的恩惠；讲到对下，应该要想造一家的福；说到对外，应该要想救济别人的急难；说到对内，应该要想预防自己的邪念和邪想。

［浅释］

每一个人都应当对自己的人生进行一番设想，要有一定的目标。目标明确，并为之而奋斗，这样才能够获得一个充实有为的人生。中国古代对于知识分子的人生期待和德行评价常常被归结为两个方面：忠和孝。一个人如果能够尽忠又能尽孝，几乎可以被看作是整个社会的楷模，几乎可以称为完美之人。但现实中，常常有很多无奈，因而也就有了“忠孝难以两全”的俗话。

了凡先生在这里谈到了自己对于儿子的要求与期待。首先提及的，是孝道。孝，是中华民族最大的传统美德，也是儒家的基本伦理规范。是否拥有孝心，可以被用来评判一个人的品性是否端正。要做到孝，从远大的目标来讲，一定要弘扬祖宗的德行。这是人生命中一个非常宏大的命题。继承祖宗德行之衣钵，并在自己这一辈的人生中将它发扬光大，这是大孝。中国有句古老的俗语说道“道德传家，十代以上，耕读传家次之，诗书传家又次之，富贵传家，不过三代”。虽然这并不是一个放之四海而皆准的道理，但是却体现出一种基本的价值观。可以看出，古时候对于祖宗德行的承继与传播是十分看重的。以道德传家，才能够保证家庭的长久兴旺。了凡先生在这里要求儿子思虑宣扬祖宗的德行，使得家族传承下去，这便是大的孝道了。

从近期目标来看，父母是与自己言行举止切近之人，也是自己孝行所指向的最基本最重要的对象。因此，一言一行要以“孝敬父母”为基本准则。而儒家传统孝悌观念的一个重要的方面便是“亲亲互隐”，也就是了凡先生所教育儿子的“近思盖父母之愆”。父母有了过错，作为子女的要想办法修整遮掩。在中国古老的孝悌观念中，孝行是比遵守法纪更重要的。孔子就认为父母触犯了法律，有了过错，做子女的要坦然地为父母遮瞒隐讳，这才是真正的坦白和直率，才是真正的孝。现在看来，这种观点与法律相违背，多少有点愚孝的意味。

接着了凡先生谈到了人生准则的第二个方面：忠。《大学》之中对于“修身齐家治国平天下”有着详尽地论述。治国齐家，历来是中国知识分子的核心价值。“上思报国之恩”便是治国。身为国家子民，要时刻想着为国家尽忠。这关乎个人发展，也关乎国家社稷，是人生之中的重要追求目标。想要做到“治国”，首先要能够“齐家”。“下思造家之福”便是“齐家”。个人的德行福报能够给整个家庭带来和谐美满，促进家庭的兴旺发达，便是“造家之福”。首先要能够管理好自己的家庭。所谓“一屋不扫何以扫天下”。作为整个国家的组成分子，家庭的兴旺发达，便会促进社会的和谐美满，治家有余力，便可以治国，如此皆是为君主分忧解难，报效国恩。

古语有言“严于律己，宽以待人”。这是了凡先生对于儿子的第三方面的忠告。对待他人，一定要有一颗良善之心。要有体谅宽容的心。“外思济人之急”便是要多为他人着想。有余力，就一定要尽力帮助他人，为整个社会大众谋求福利。而在对待自己方面，则要严格要求，绝不松懈。努力杜绝自己内心的不正当想法，起心动念，一定要恪守本分。努力完成自己应尽的所有义务，从而造福社会与家庭。

[原文]

务要日日知非，日日改过。一日不知非，即一日安于自是；一日无过可改，即一日无步可进。

[译文]

一个人必须要每天知道自己有过失，才能天天改过。一天不知道自己的过失，就会一天安于自己的境况；如果每天都无过可改，就是每天都没有进步。

[浅释]

改过首先要知错。明白了自己的过错在哪里，才能有的放矢地改过。这里了凡先生教导自己的儿子，一定要每天都查明自己的过错，并积极改过。也就是教导儿子，每天都要通过反省来体察自己的过错，明白自己的得失。这样就能够觉悟，才能够对症下药，改正自己的过错。每天都自省，每日都改过。这样虽然有过错，但是都能够及时得到纠正。每天都或多或少地有所进步。改过并不在多，而在于每日的持之以恒。每天的点滴积累，久而久之，便会带来巨大改观。人并非圣贤，每日的言行举止中，不可能完美无瑕疵。如果无法意识到自己的不足之处，不去改过，便不能有效地提升自我，于是就陷入了“安于自是”的状态之中。这是一种非常可怕的生活状态。如此自我满足，便是自我放弃。

［原文］

天下聪明俊秀不少，所以德不加修、业不加广者，只为因循二字，耽搁一生。

［译文］

天底下聪明俊秀的人实在不少，然而他们道德上不肯用功去修，事业不能用功去做；就只为了“因循”两个字，得过且过，不想前进，所以才耽搁了他们的一生。

［浅释］

天才是百分之一的灵感加上百分之九十九的汗水。人虽有聪明和愚钝之分，但是聪明与否，却并不成为最终成就的必要条件。天底下聪明睿智之人，比比皆是，但却并非所有聪明人都能有所成就，这主要是因为很多人并不懂得修持德行，增进事业，最终聪明反被聪明误，耽搁了自己的一生。

所谓“修德”，便是要在日常生活中，注意自己的言行，反思改过，增进自己的德行。所谓“广业”，便是要在自己的事业上，积极进取，勤勉力行，切不可心生傲慢。这样，才能够在自己的人生命运之中掌握主动性，使得自己的命运有所改观。如果不能够“修德广业”，便落入了命运定数的轮回安排，如此便是因循，便是得过且过，不思进取。这样的一生，必然庸碌无为。

［原文］

云谷禅师所授立命之说，乃至精至邃、至真至正之理，其熟玩而勉行之，毋自旷也。

［译文］

云谷禅师所授立命的话语，实在是最精、最深、最真、最正的道理，希望你要细细地研究，还要尽心尽力地去做，千万不可把大好的光阴虚度过去。

［浅释］

云谷禅师所传授的改造命运的理论与方法，是高深而精纯的，是真实正确的。了凡先生通过大半生的实践，印证了云谷禅师所教之法的精准高妙，内心万分折服。他将云谷禅师的教诲，连同自己的体会写下来，期望儿子能够认真地去研究学习，掌握其中改变命运的理论与方法，并倾一生之力，去努力践行。要通过自己的努力，来改变自己的命运，切不可顺着命运的安排，庸碌一生，使光阴虚度。

第二训 改过之法

第二章是讲“改正过错之法”。“过”即过错，过失。“改过之法”就是改过自新，改变命数的方法。第一章了凡先生讲述了建立改造命运的信心的道理。本章则重在行动与实践，详尽地阐释了忏悔改过的方法。“人非圣贤，孰能无过，过而能改，善莫大焉。”“改过”是“行善”的基础。小过必改，方能避免罪孽，净化社会人心。

[原文]

春秋诸大夫，见人言动，亿而谈其祸福，靡(mǐ)不验者，《左》《国》诸记可观也。

[译文]

春秋时代，各国官吏相互往来频繁，学问与阅历都很丰富，因此仅凭观察一个人的言语举止，就能推测出他的吉凶祸福，没有不灵验的，这种事在《左传》《国语》等各类记载史实的书中都能看得到。

[浅释]

从这里可以看出来古时候人们的学问都是十分扎实的。凭借长期以来相互之间的频繁往来，广闻博识，就拥有了很强的洞察力。仅仅通过聆听他人的谈话，观察其举止动作，就能够推断这个人的吉凶祸福，并且判断精准，往往得到应验。小到个人的成败，大至国家的兴衰，都十分准确。古人之所以如此睿智，是因为他们懂得因果报应的道理。

《左传》相传是左丘明注解《春秋》之作，是我国第一部形式比较完备的编年史书。它记载着春秋时期各诸侯国的历史事件，内容较为翔实。《国语》是分国记事的史书，记述了各国贵族间的往来应对以及部分历史事件。在这样记载历史的书籍中，察言观色而断其祸福的事例比比皆是，形成了很好的佐证。

[原文]

大都吉凶之兆，萌乎心而动乎四体。

[译文]

大概说来，一个人在尚未发生事情之前，预先显露出的吉凶祸福现象，都是发

泽及枯骨

周代史书上记载：周文王见到一些枯骨散落于田野间，心中不忍就赶紧掩埋了。天下的诸侯闻听周文王能行如此仁德，无不敬仰归附。通过周文王一个小的动作，就可以得知他是个仁义之主，是值得归附的。学问和阅历很丰富的人，仅凭观察一个人的言行就可以推测他以后的凶吉福祸。正如了凡先生所说，"大都吉凶之兆，萌乎心而动乎四体"，"福之将至，观其善而必先知之矣；祸之将至，观其不善而必先知之矣"。

自他的内心，而表现于外在的行为。

［浅释］

这里提出了一种观点。大多数来讲，吉凶祸福并非无端而至。它们的征兆首先会在人的内心萌发，然后又透过言谈举止表露出来。所谓“一念善，福神随一念恶，恶鬼至”，说的就是人的内心生出善念，便有福神相伴相随，于是便有福降临，而一念恶，便有恶鬼纠缠，进而招致灾祸。内心一旦有所动念，必然会影响到自己的言谈举止，形成一定的气质与气场。而这样的外在表现，便成为预知祸福的征兆。对于看透世事，大彻大悟之人来说，这样的征兆是显而易见的。所以觉悟了的人们就能够发现这样的吉凶之兆，所以他们能够预知祸福。

［原文］

其过于厚者常获福，过于薄者常近祸，俗眼多翳（yì），谓有未定而不可测者。

［译文］

凡是待人处事比较稳重、厚道的人，常常能够获得福报；而行为不庄重、过分刻薄的人，常常会招致灾祸，一般的凡夫，学问不深、见识浅陋，没有识人之明，就像是眼睛得了眼翳病一般看不清楚，却说祸福没有一定，是无法推测得出来的。

［浅释］

这里接续上文的观点进行详细的阐述。如果一个人宅心仁厚，他必然会在与人交往之中严于律己宽以待人。宁可损毁自己的利益，也会倾力帮助别人。这是积德行善的行为，所以会给他积累善因，带来福报。所以说“厚者常获福”。而如果一个人内心尖酸刻薄，他在与人的彼此往来之中，必然关注于个人利益，锱铢必较。如此，往往会做出损人利己的事来，这是恶行，会带来恶果。所以说“薄者常近祸”。

这样的道理是十分清晰明了的。但是很多凡俗之人并不能看透。因为他们的内心没有觉悟。凡俗之人执着于妄念，就像眼睛中生出了白内障一样，无法看透。

［原文］

至诚合天。

［译文］

一个人如果能以至诚之心待人，那他的心就与天道相吻合。

[浅释]

“至诚合天”。虽然短短四个字，却道出了一个重要的基本原则，即内心一定要真诚。如果内心能够纯粹至诚，保持了真如本性，其起心动念便可以符合上天的自然法则。如何做到“至诚”？凡夫俗子执着于妄念，无法做到至诚。因而，自我修持一定要舍弃妄想。每一个人如果能够做到不自欺，不欺人，内心纯正不生妄念，那他的心，便是至诚之心，便可以与上天相感应。如此，虽然他现在正遭受苦难，但终究会否极泰来，获得福报。佛教讲求“从心而求”。所以说，保持内心的至诚，便是世间法的最根本之处。

[原文]

福之将至，观其善而必先知之矣；祸之将至，观其不善而必先知之矣。

[译文]

一个人福报将要到的时候，只需看他所做的善行，就必能预先得知；灾祸将要降临时，只需看他所做的恶行，也必定能够预先推测得到。

[浅释]

祸福吉凶并非无端而至。所有吉凶事情的发生都是有预兆的。这样的预兆，凡夫俗子因为被妄想心蒙蔽了，所以无法察觉。但是一些心地清净，觉悟了的智者则能够清楚地看到这些预兆。佛教中人为阿罗汉熟知过去五百世，未来五百世，便是因为内心地纤尘不染，清静无垢。看一个人心地善良，积极地行善事，就可以知道福即将降临到他的身上。因为长久地积德行善，便能够斩断恶缘，积累善果，所以会获得福报。如果一个人自私自利，多行不义，那么他恶缘难断，积累了恶果，灾祸就要报应在他的身上。这样的道理不仅仅适用于个人，也适用于家庭，社会和国家。所以，一个国家的盛衰，一个家庭的兴亡，一个人的祸福，都可能通过观察人们的言行举止来做出判断。

[原文]

今欲获福而远祸，未论行善，先须改过。

[译文]

现在如果想得到福报而避开灾祸，在还没有讲到行善之前，就必须先从改正过失开始做起。

[浅释]

尘世间的芸芸众生，无不想要获得福报，远离灾祸。但是，由于内心的执着、分别与妄想，大多数的凡夫俗子都失去了预知祸福的能力。因而获福远祸便无从谈起。这里指出了获福远祸的方法，即改过。既然我们凡夫俗子因为内心受到了执着妄想的蒙蔽而失去了预知祸福的能力，那么就要努力地荡涤内心的执着妄念，扫除内心的障碍，恢复内心的清静，这样便可以恢复我们预知祸福的本来能力。这个扫除内心障碍，剔除内心的执着妄念，寻求内心清静的过程便是改过。

佛教讲究因缘果报。种下善因，便可得善果。种下恶因，便得恶果。想要获得福报，远离灾祸，并不仅仅是去积极地广种善因。不经过改过，就开始行善。虽然有积极的心态和努力，但却并不容易获得善果。因为不经过改过，所行之善中，必然夹杂着恶，这样很难见功效。因而积善之前，首先要改过。所谓“人非圣贤，孰能无过，过而能改，善莫大焉”。通过努力改过自新，消除恶业，使自己的内心恢复清静，这才是第一善事。以此清静心为基础，广施善行，彻底斩断恶缘，才能够获得纯正的善果，才会获得福报。所以说“未论行善，先须改过。”修行之中，这里逻辑的先后顺序，是必须要严格遵守的。

所谓改过的过程，便是恢复清静心的过程。每个人每天的言行之中必然有过错，所以改过的过程，是繁难的。这需要将自己的内心进行深刻的反思省察，认真改过。前文提到了，一定要日日知非，日日改过，如此才能不断获得进步。

总体来说，改过虽然繁难，但它是积善的先决条件。必定要先改过，善行才能行之有效。至于如何改过，下文进行了详尽地理论阐述，指出了改过的三个方式方法。

[原文]

但改过者，第一，要发耻心。

[译文]

凡是改正过失的方法，第一，要发起羞愧心。

[浅释]

改过的方法中，知耻是第一要义。首先要有羞耻心。只有有了羞耻心，才能够自我反省检查，发现自己的过错，才能够自我勉励，积极改正自己的过错。羞耻心是发现自我不足的基础。孔子也曾经说过:“好学近乎知，力行近乎仁，知耻近乎勇。”这里将知耻与勇并列起来，可见古代圣贤对于“知耻”是相当推崇的。一个人唯有知道羞耻，才能在自己的错误面前，勇于改过，战胜自我。而这知耻改过的过程本身就是一种“勇”的表现。

[原文]

思古之圣贤，与我同为丈夫，彼何以百世可师？我何以一身

玉耶受训

《玉耶经》上说：给孤长者为子娶妇，此女名叫玉耶，自小娇生惯养，长大傲慢无礼，不肯孝敬翁姑，也不好好承事夫婿。长者夫妻请佛来教化。全家人都出来礼佛，只有玉耶躲避起来了，不肯出来礼佛。佛就变化使长者家所有屋宅墙壁内外透明。玉耶躲藏不了，便出来礼佛忏悔。玉耶还知道躲藏，说明她还有羞耻之心；她还知耻，说明她还能够改过自新。如果一个人做了恶事，却还没有半点羞耻之心，这个人才真正没有希望了。正如了凡先生所说的，一个人做了不合乎道义的事，却“傲然无愧”，那这个人以后会“沦为禽兽而不自知矣”。

瓦裂？耽染尘情，私行不义，谓人不知，傲然无愧，将日沦于禽兽而不自知矣。

［译文］

试想，古代的圣贤跟我们一样是个男子汉，他们为什么能够千古流芳，成为大众学习的榜样？而我为什么一事无成，甚至到了声名败坏的地步呢？这都是由于过分沉溺于逸乐，受到世俗欲望的染污，并且偷偷地做些不合乎道义的事，还以为别人不晓得，而表现出傲慢的样子，毫无一点羞愧心；就这样日益沉沦下去，逐渐变成禽兽之流，但自己却不能发觉。

［浅释］

羞耻心是改过的基础，是改变命运的开端，所以一定要有羞耻心，才能够改过，改变命运。那么羞耻心又是从何而来？这里了凡先生指出了一个基本的方式，就是经过与先世圣贤的对比。有对比就有高下。古代的圣贤与我，同为男子汉大丈夫，为何他们能够获得如此高的成就，流芳百世，我却碌碌无为，一事无成？通过与往贤的对比，来看出自己的不足之处，相形见绌，因而，便会产生羞耻心。通过这样的方式激发自己的羞耻之心，对自己的内心有一定的鞭策作用。对于发现自己的不足，进而改过自新有一定的推动作用。

了凡先生在与古代圣贤的对比中，产生了羞耻心，发现了自己的过错与不足。了凡先生之所以能够改变自己的命运，获得了较大的福报，是因为他能够通过反省发现自己的不足，并且能够毫不隐瞒地将自己的不足暴露出来，然后对症下药，诚心改过。这是一个正确的态度。只有这样，才能够彻底地改过，才能有效地改变自己的命运。

这里，了凡先生总结了自己的两大过错。自己之所以没能成为古代圣贤那样出色的人，首先因为自己“耽染尘情”。自己的内心并不能够做到清净无欲，每日都受到了尘情的沾染。何谓“尘情”？尘情便是六尘五欲。六尘，即色、声、香、味、触、法；五欲，即财、色、名、食、睡。芸芸众生无不沉溺于尘情之中，不得解脱，真正能够摆脱尘情的唯佛而已。了凡先生归纳自己的首要不足为耽染尘情，这便是一种觉悟，大多数凡夫俗子，并不能意识到。凡夫俗子很难放下尘情。色、财、名、香等等终日盘绕心头，于是衍生出了种种执着烦恼，于是内心就无法保持清净。正如受到尘土污染的桌椅，需要勤于擦拭来保持清洁。我们的内心，由于沉迷于财、色、名等，同样会变得污秽不堪。所以要常常反省改过，驱除内心的繁杂念想，保持清净心。正如神秀参悟佛法的偈子所云：“身如菩提树，心是明镜台。时时勤拂拭，勿使染尘埃。”身处在五欲六尘之中的凡夫俗子，应该经常进行自我检查反省，抛却尘情，保持内心的清净。尘情便是业障。每放下一分尘情，便得一

分觉悟。如果能够完全不沾染尘情，内心清静无垢，便可以成佛了。

了凡先生归纳自己的第二个不足之处为“私行不义”。自己偷偷地去做一些不应该去做的事，以为能够瞒天过海，不为人知，就表现得毫无羞愧之色，殊不知却是自欺欺人的行径。长此以往，自己日渐沦落，以至近乎禽兽，却毫无知觉。不义之事，本来就不应该去做，更何况还去隐瞒，偷偷地去做。前文说过“善欲人知，伪善；恶恐人知，大恶”。有恶行便会得恶果。做了恶事要发露忏悔，积极改过，便可以消除恶业，如果一味遮瞒隐蔽，则是更大的罪过。佛教认为佛菩萨无所不知，无所不晓。世人一念善，一念恶便会立刻知晓，更何况偷偷做下的不义之事。所以说“谓人不知，傲然无愧”是自欺欺人的行径。俗话说“要想人不知，除非己莫为”。既然做了，必然会被知晓。

了凡先生这个“傲然无悔”的态度，反映出他内心依然缺乏羞耻心。做了错事，毫无悔愧之心，便是麻木不仁，没有羞耻之心。如果偷偷做了不义之事，虽然表面看来若无其事，瞒人耳目，其实内心却饱受折磨。这样的人，内心尚存善念，有向善之心，还是可以劝勉救赎的。如果屡行恶迹，不仅面无愧色，心中更是不以为然，这样的人便是失去了基本的羞耻良善之心，是无法被救赎的。他们日复一日地这样下去，便会失去了为人的基本条件，日渐沦为禽兽。即使是自己的日益堕落，他们也是无法意识到的。

［原文］

世之可羞可耻者，莫大乎此。

［译文］

世界上各种可羞可耻的事情，都没有比这个更大的了。

［浅释］

了凡先生指出，偷偷为恶，却无羞耻之心，导致自己日益堕落，却不自知，这是最大的耻辱。从这里可以看出来，了凡先生内心并非无耻。他能够意识到自己私行不义，却傲然无愧是最大的耻辱，最终会导致自己沦为禽兽。这便是了凡先生的羞耻之心。

［原文］

孟子曰：“耻之于人大矣。”以其得之则圣贤，失之则禽兽耳，此改过之要机也。

［译文］

孟子说：“耻这个字对于一个人，关系实在是太重大了！”因为若能知耻，就可以成就圣贤之道；如果不知羞耻，那就只能像个禽兽罢了；这是改正过失的重要诀窍呀！

［浅释］

我国古代圣贤对于羞耻心是非常看重的。孔子曾经有“知耻而近乎勇”的话，除了文中提及的这句“耻之于人大矣”，孟子还曾经说过“人不可以无耻”。耻是人们为维护自身尊严，而产生的强烈的道德反省与自律。是否拥有羞耻心，成了人为圣贤与为禽兽的界定标准。知耻，便可以鞭挞自己，促使自己在日常生活中不断克服自己的缺点，改正过错，从而阻止了人类向禽兽的沦落。因此说“知耻”可以保全人的德行。如果内心中可以感受到羞辱，便可以激励自己的发奋向上，积极改过，从而积累了自己的德行。而不知羞耻，便不辨过失与不足，诚心改过更是无从谈起。只能像禽兽一般，对自己的过错无知无觉，每日更没有进步可言。

“知耻”是人性之中非常重要的组成部分，同样也是修行改过，改变命运的基石。所以了凡先生将“知耻”奉为改过的重要诀窍。首先要知耻，才能意识到自己的缺点和不足，才能奋发向上，积极改过。

［原文］

第二，要发畏心。天地在上，鬼神难欺。

［译文］

第二，要发起敬畏的心。须知，天地鬼神都在我们的头顶上监察着，他们是难以欺骗的。

［浅释］

这里了凡先生指出了改过的第二个关键之处，就是人一定要有敬畏之心。人的内心一定要警惕而有所畏惧。如此便不敢胡作非为，随便做出恶行。俗话说的“肆无忌惮”，就是指因为无所忌怕，而毫无恐惧之心，于是便任意妄为。想要虔心改过，就一定要避免这种状况的出现。内心要有所畏惧。这里的畏惧，并非“小人长戚戚”的那种局促不安。这里的畏惧是一种敬畏之心，是满怀诚敬，包含了爱的恭谨之心。

天神与鬼神都有着超强的感应能力，他们无所不知，无所不晓。因而我们的一举一动都在他们的检察之中，是无法被欺瞒的。所以要在心中时刻怀着敬畏之心，不去作恶，以免受到惩罚。如果说“知耻”便可以意识到自己的缺点不足，那么敬畏之心便可以从一开始就阻止恶行的发生。我国古代，人们由于对大自然的不了解，从而生出了鬼神崇拜和祖先崇拜，认为鬼神掌握着对人类进行奖赏与惩罚的权利。这是最早的朴素的宗教观念。人们出于对鬼神惩罚的畏惧，而不敢胡作非为。敬畏

心其实便是一种具有约束力的控制力量，它能够以戒惧的方式从根本上制止人们产生邪恶之心，从而防止恶行的产生。从佛教所宣扬的因缘果报观念来看，人们应当忌惮于因缘果报的规律，内心与行为有所戒惧，从而不敢胡作非为。

[原文]

吾虽过在隐微，而天地鬼神，实鉴临之。重则降之百殃，轻则损其现福，吾何可以不惧？

[译文]

我们纵然在幽暗之处犯过，虽然不容易被他人发觉，但天地鬼神却像镜子般地照着我们，看得非常清楚。所犯的罪业若是重大，必定会降下许多灾祸；就算是轻的过失，也会减损现有的福报，我们怎么可以不惧怕呢？

[浅释]

天地鬼神不同于凡夫俗子，它们能够洞观一切。因而，我们在非常隐秘的地方犯下了过错，虽然其他人很难发觉，但天地鬼神却能了如指掌。俗话说“人在做，天在看”。天地鬼神观察我们的言谈举止，善行与恶行，便会惩戒奖赏。一旦我们犯下恶行较为重大，鬼神一定会降下灾祸以示惩戒。就算过错很轻微，也会减损我们的福报。因而，天地鬼神是应当有所忌惮的。内心深处对它们一定要有敬畏之心。

从佛家讲究的“因缘果报”观念来解释，便是一定要内心有所戒惧，不做恶行。一旦犯下过错，罪孽深重，便是造了极大的恶业。一个人的行善与行恶所带来的恶果都会报应在自己身上。所以大的恶行，必然会招致灾祸的恶果。即使是犯下小的过错，虽然也没有人看到，但是因缘果报的规律是无所不包的。一念恶也会增加恶业，何况一件小小的恶行。这些都是会带来恶报的。最轻小的后果，便是减损已经积累的善果福报。因而，内心一定要有敬畏心。

[原文]

不惟此也。闲居之地，指视昭然，吾虽掩之甚密，文之甚巧，而肺肝早露，终难自欺，被人觑（qù）破，不值一文矣，乌得不懔懔（lǐn）？

[译文]

不只如此！就算是在私室独居之时，神明仍然清清楚楚地看着人们的一切作为；我们虽然掩盖得非常隐秘，文饰得非常巧妙，但是内心的种种意念，早就显露出来了，神明全都看得很清楚，终究还是难以自我欺瞒，如果被人看破了，就会变成一文不值，怎么可以不时常存着敬畏之心呢？

[浅释]

了凡先生指出不仅仅在平常时候要心存戒惧，即使在独处私室之时，也要充满了敬畏之心。时刻检点自己的言行举止，不可以半点马虎，因为天地鬼神可以洞观一切。了凡先生的这一观点便是中国古代知识分子所推崇的“慎独”观念。被儒家奉为经典的“四书”之中，《大学》和《中庸》都曾经提到了“君子慎独”的观点。《中庸》之中提出“道也者不可须臾离也，可离非道也。是故君子戒慎乎其所不睹，恐惧乎其所不闻。莫见乎隐，莫显乎微，故君子慎其独也。”而《大学》中则对“慎独”进行了更为详尽地阐释：“所谓诚其意者，毋自欺也。如恶恶臭，如好好色，此之谓自谦。故君子必慎其独也。小人闲居为不善，无所不至。见君子而后厌然，揜其不善，而著其善。人之视己，如见其肺肝然，则何益矣。此谓诚于中，形于外。故君子必慎独也。”了凡先生的这一段话，显然揭示的是《大学》之中“慎独”的观念。

慎独是一种修养与自律，是一种自我修行的方式。人们能够在其他人的监管下，约束自己的言行举止，不做恶事是相对简单的。但是如果在一个私密的空间之中，缺乏了其他人的监察监管，很容易放纵自己的行为，违背道德信念，犯下过错。这便是缺乏慎独的观念。这里了凡先生指出慎独，就是要在私密闲居之室，同样保持对天地鬼神的敬畏之心。天地鬼神的监视监察是无所不包的。虽然我们以为深居内室，无人可见，自以为隐藏的很深，能够瞒天过海，但是那仅仅是自欺欺人。我们的起心动念都在天地鬼神的掌控之中。如此想来，内心怎么会不忧惧害怕呢？因而，无论是身处大庭广众之下，还是私密无人之室，应当始终保持内心的敬畏之心，也就是坚持慎独。

[原文]

不惟是也。一息尚存，弥天之恶，犹可悔改。

[译文]

不仅这样。一个人只要还有一口气存在，就算犯了天大的罪恶，都还可以悔改。

[浅释]

人只要有羞耻之心，并且心存敬畏之感，便能够认识到自己的缺点和不足，从而诚心改过，得以消除业障。这里所讲的悔改，是一定要注意方式方法的。要从心而求，诚心改过。在发露忏悔的时候一定要虔诚。对自己的罪过不加隐瞒。这样才能够对自己进行诚心地反省检查，才有利于对症下药，彻底改过。如果只是去佛门拜忏，以花言巧语来遮瞒自己的罪行，来自欺欺人，那样对于改过毫无帮助。而刻意地隐瞒过错本身就是一种恶行。恶缘难断，便有恶业。如此，只会令恶业越积越多。

道生讲经

南朝刘宋时，和尚竺道生年纪轻轻就主讲佛经，他提出“一阐提都能成佛”（断绝一切善根的人都能成佛）。竺道生的理论被认为是“邪说”，他本人也被驱逐。竺道生被开除后，他到苏州虎丘讲经，当他讲到“一阐提都能成佛”时，群石都为之点头。断绝一切善根的人怎么能够成佛呢？了凡先生讲“一息尚存，弥天之恶，犹可悔改”。恶人只要还有一息尚存，他就有希望改过。世间上的人，谁敢说我没有犯过错？我们自己都犯过大大小小的错误，又怎么能对恶人存以轻慢之心呢？说不定明天他就浪子回头了呢！

佛教认为不管一个人有多么大的罪恶，只要他在一息尚存的时候能够幡然悔悟，便可以获得救赎。虽然此生将要结束，只要他有悔过之心，就仍然能够改过自新。佛说：“回头是岸。”无论在罪孽深海漂流多么久远，只要一回头，便可以上岸。在佛教经典中记录了很多一生作恶多端，在生命的尽头忽然开悟，产生了悔罪之心，从而使得自身得以救赎的小故事。

佛法讲因缘果报，讲三世——过去世，现在世和未来世。人们今生种种，都是前世积累的因在今世所得的果报。据《往生传》中记载，一个名叫张善和的人，一生以宰牛为业，杀生无数。可以说造下了深重的罪业。在弥留之际，他的意识是十分清醒的。他看到了很多牛头人前来索命，并且将这场景大喊了出来。这时他仍有善缘出现。一个出家人恰好路过他的家门口，听到了他的呼喊，就明白是怎么回事了。于是出家人点燃一把香，交给张善和，并告诉他念诵“阿弥陀佛”，诚心求生西方极乐世界。张善和听了出家人的话，并一一照做。没过多长时间，他就说牛头人不见了，然后含笑而终。

佛教认为屠夫、刽子手触犯了佛法中“五戒”之中最重要的“杀戒”，来生也一定会遭受“被杀”的果报。但是佛普度众生，假如可以诚心忏悔，佛菩萨依然是会救度的！这个忏悔改过不分早晚，哪怕生命尽头的一个悔过的念头，都是可以被救赎的。

佛教认为，人生前积德行善，积累善业，才能够在善终之后获得往生。那些作恶多端，不知悔改的人是不能够往生的。但是，不过多大的罪恶，只要有悔过之心，依然可以获得救赎。《观无量寿经》中记载了古印度阿阇世王的故事。阿阇世王是个邪恶之人。他杀害了自己的父亲，害自己的母亲，还破和合僧，简直是无恶不作。这样的人本不得往生。但是，他在咽气之前，内心生出了忏悔之意，并诚心悔罪。如此，便消除了业障，获得了比较不错的往生。俗话说“浪子回头金不换”。所以能够知错、改过，是难能可贵的。不管多么大的罪过，只要心生忏悔，有意改过，就都是可以救赎的。

［原文］

古人有一生作恶，临死悔悟，发一善念，遂得善终者。

［译文］

古人有一辈子都在作恶，到了临终前却能悔悟过来，萌发一个善的念头，于是得到了善终的果报。

［浅释］

古时候有人终生作恶多端，犯下滔天罪恶，直到临死的时候，才开始忏悔，内心生出一念向善之心，因此就得到了善终。正如前文我们所举的两个例子，无论是

佛门之中，还是世俗之中，这样的情况都很多。

张善和终生都在犯“杀戒”，他的罪孽不可谓不深。他并没有每日诵读经书，忏悔改过。只是在弥留之际，得遇善缘，有出家人助其焚香，劝他念一声“阿弥陀佛”，就将一生的罪业消除了，从而获得往生。所谓“放下屠刀，立地成佛”。只要放下了心中的恶念，便可以马上获得善果。通过这些事例，我们可以看出修行不在于形式，不在于早晚，只要诚心修持改过，就能够获得好的结果。

［原文］

谓一念猛厉，足以涤百年之恶也。譬如千年幽谷，一灯才照，则千年之暗俱除。故过不论久近，惟以改为贵。

［译文］

这就是说，只要能够发出一个勇猛坚决的善念，就足以洗刷一生所积下的罪恶呀！譬如上千年的幽暗山谷，只要有一盏灯光照射进去，那么这千年来的黑暗就可以完全除去。所以过失不论是久远前犯的，还是最近才犯的，只要能够改过，就是最可贵的。

［浅释］

这里讲到了改过的重要作用。只要内心生出一个勇猛坚决的善念，便足以将终生累积的罪过消除，就像在千百年来长久黑暗的幽谷之中，点燃一盏灯，光明霎时降临，可以马上驱散所有黑暗。上文的例子也说明了这一点。这里了凡先生运用比喻的手法形象地说明了一念善对于人生的救赎作用与效果。改过之心如同蓦然点亮的明灯，要坚决而勇猛，就可以如同驱除黑暗一般，荡涤一切大的或长久的罪过。因此，一定要有改过之心。它是非常重要的，也是非常有效果的。只有诚心改过，使得自己的内心清静，才可以积累善行，那样就可以改变自己的命运。

［原文］

但尘世无常，肉身易殒，一息不属，欲改无由矣。

［译文］

但是我们现在所处的这个世间，一切都不是恒常不变的；我们的肉体也是很容易死亡的，只要一口气不来，呼吸停止了，这个肉身就不再归我所有，到这个时候，就算是想要改过，也没有办法了。

［浅释］

这一段话是说：虽然一个坚决的善念就可以荡涤一生的罪业，但是我们并不能走向极端。不能认为终生作恶多端也没事，只要临死之前内心诚挚地忏悔过错，就可以消除所有罪业。一念之善虽然具有如此强大的作用，但是世间事变化万千，没有什么是恒定的。我们的血肉之身是相当脆弱的。尤其在当今社会，交通事故、重大疾病等等各种不安全因素都在影响着人类的生命。俗话说“树活一张皮，人活一口气”。可能一口气上不来，倏忽之间就会人世两隔。在这个时候，就是忏悔改过也为时已晚。之前造下的恶业都来不及消除，就只能报应在来世了。所以说，修行改过是不能等的。更何况，修行改过并不是念一句经，念一句咒的事。人在弥留之际，真正忏悔往日罪恶，内心虔诚改悔的情况下，诵读的经咒才有效果，才能有助于消除业障。真正的修行改过是修炼自己的清静心，使自己的内心抛却执着妄想，反思省察以往的过错与不足，逐一改正过来，积德行善，以求福报。诵经礼佛都只是一个外在的形式，只是为了通过这样的行为，促使自己的内心趋近于清静。最重要的是要从端正自己的内心开始，将先前的错误行为一一改正过来。

[原文]

明则千百年担负恶名，虽孝子慈孙，不能洗涤；

[译文]

到了这种地步，在明显可见的世间果报上，将须担受千百年的坏名声而遭人唾骂，虽然有孝子慈孙这些善良后代，也洗刷不掉这种恶名；

[浅释]

人若一生作恶，始终不知道忏悔改过，必然会受到恶的果报。显而易见的一种恶报，便是由于他的终生作恶，导致他声名狼藉，遗臭万年。这样的恶报是无法避免的。前文讲到子孙的孝顺在于为父母遮掩过失。但终生行恶的过失是难以被遮掩的。声名狼藉的恶报必然会报应在他自己身上。即使子孙孝顺贤达也难以为他洗刷掉恶名。

[原文]

幽则千百劫沉沦狱报。

[译文]

幽冥的果报则是，在看不见的阴间之中，还要在千百劫的长时间里，沉沦到地狱里受到折磨。

[浅释]

佛教中认为，人在世间的时候如果作恶多端，不知悔改，死后会被打入地狱以示惩罚。了凡先生这里讲的“幽则千百劫沉沦狱报”，便是指如果作恶多端，不思悔改，不仅在人间留下千百年的骂名，更在无法看到的幽冥世界，在千百劫的时间

里，在地狱中受尽折磨。佛教中的地狱观点是与其因果轮回之说相关联的。为了达到导人向善的目的，以地狱为威慑，以便更为形象地阐释修业与果报。

佛教认为地狱是一个用来惩戒罪恶的所在。地狱中只有苦寒刑罚的折磨，只有生前作恶，不知悔改的人才会堕入地狱，遭受各种折磨来为生前的罪行救赎自己。哪个人应当入哪一层地狱都是由他生前所造的业决定。据《十八泥梨经》记载，地狱分为十八层，因而地狱又被称为十八层地狱。这十八层地狱的分别，并不是由高而下的空间差距，而是十八种不同的受难程度。原本地狱的时间就比阳世漫长得多。而每一层地狱都比之前一层痛苦二十倍，时间漫长一倍。有人在诅咒的时候说“入十八层地狱”。十八层地狱的苦是不堪形容，更是无出头之日的。生前造恶业虽然十分容易。但幽冥的果报是很难逃脱的。

[原文]

虽圣贤佛菩萨，不能援引，乌得不畏？

[译文]

纵然是遇到圣贤佛菩萨，也无法救助、接引，这种恶报怎么可以不惧怕呢？

[浅释]

前文说过，命运掌握在自己手中。自己的命运只有靠自己才能改变。上天只是遵循着因果报应的法则执行我们的命运，但却并不能主宰我们的命运。生前造下的恶业，必然会报应在自己的身上。堕落在地狱之中是自己造恶业所导致的结果，所以即使是圣贤佛菩萨也不能够救助。

我们说佛门之中有超度一说。超度的确可以帮助减轻其业报，甚至能够帮助亡灵往生极乐净土。但是因缘果报是自作自受的。超度虽然灵验，但是确是相当不易的。这首先要求被超度者具有非凡的善根，拥有福德，并且能够在内心之中诚心忏悔，虔诚改过，有断恶向善的坚决意志。还要超度者个人的德性高超圆满，真心为其超度。具备了这两个条件才有作用。很多沉沦地狱的人都是没有忏悔之心的，在受苦受难的境地中，更难有反省改过之心。所以虽然佛菩萨法力无边，也难以救助，接引。

以上的这一段话，就是要教导我们有敬畏之心。因果报应的法则是难以逃脱的。鬼神能够洞观一切。所以无论是广众之下，还是暗室之中，都要心存虔敬。内心不生邪恶之念，更不做恶事。如此便可免入地狱苦海，难得救赎的境地之中。

[原文]

第三，须发勇心。人不改过，多是因循退缩，吾须奋然振作，不用迟疑，不烦等待。

[译文]

第三，要发起勇猛的心。人在犯过之后，不能够改正的原因，大都因为得过且过、退堕畏缩；我们必须在明白过失以后，立即痛下决心改正过来，不可以延迟、疑惑，更不应当犹豫不决、东等西等，不敢下定决心。

[浅释]

了凡先生讲到改过的第三个条件，就是要有勇猛之心。虽然有羞耻之心，能够意识到自己的缺点与不足，又有敬畏之心，提供了敦促的力量，但很多人依然不能够行之有效地改过。了凡先生指出，这是由于他们在改过的过程中缺乏勇猛之心，往往在错误面前犹豫不决，因为畏惧艰难而在改过的行为上拖泥带水，不肯彻底开始改过。这种消极的观点导致了开始改过的时间日复一日的拖延。虽然意识到了自己的过错，但不能坚定地付诸行动。恶缘难断，善行无果，最终难以有所进步，命运也不见改观。所以，改过的第三个重要的条件就是要有勇猛之心。这里说的勇猛之心，并不是单纯意义上的勇敢，而是指在改过的过程中，要内心坚定，发奋振作，要当机立断，切不可消磨时日，消极等待。

[原文]

小者如芒刺在肉，速与抉剔(jué tī)。

[译文]

犯了小的过失，要像是被尖刺戳进肉内一般，必须赶快地剔除。

[浅释]

了凡先生这里借助一个比喻，指出犯错应当立刻改过的道理。小小的芒刺扎在肉中是很痛苦的，人们总要想办法将它剔除。同样的道理，犯了小的过错，在内心之中也应该有这样的反应。要有所察觉，要想方设法尽快改过。一定不能对错误弃置不管。

[原文]

大者如毒蛇啮(niè)指，速与斩除，无丝毫凝滞，此风雷之所以为益也。

[译文]

若是犯了大的罪业，更须像被毒蛇咬到手指一样，要尽速将指头斩断，不可以有一点点犹豫、停顿，否则毒液蔓延到全身，就会立即死亡。这便是《易经》中，风雷之所以构成“益卦”的道理所在。

窥基悔悟

窥基少年出家，但不断情欲、不戒荤血、不遵守过午不食的规定。直到有一天，他在路上遇到一个老人，老人批评他，他才顿时悔悟，于是痛改前非。了凡认为，要想改过必须具备三种心：耻心、畏心和勇心。如果有了这三种心，一旦遇到什么过失，就一定能够立即改正。

[浅释]

改正小的过错相对容易些，需要付出的代价比较小，个人的改过行为执行起来还是相对顺利的。但犯下了大的过错，改正的过程中可能需要付出很大的代价。这是由于畏惧过程的艰辛，人们面对错误时，往往会犹豫不决。了凡先生依然采用了比喻的艺术手法来说明大过不改的危害。犯下大的罪恶，就像手指被毒蛇咬了，这是十分危险的事。这时，一定要当机立断地斩断手指。否则，毒液散开，就会危及生命。犯下的大错也是这样，改过的决心一定要坚定，并且立即执行。否则，长久的拖延，只会导致个人的罪业越积越重，最终带来大的恶报。无论是面对大的过错，还是小的过错，我们都要一颗勇猛改过的心。不能心生犹豫，也不能心生畏惧。如此，才是真正的修行改过，才能在改过的进程中，有所收获。

最后一句，了凡先生援引了《易经》中“益”卦的卦象。益卦正是风雷相互助益之象，象征了果断和坚决。益卦中有“君子以见善则迁，有过则改”的句子。了凡先生引用这一卦，意在指出人们在改过时，应当如风雷相助之势，迅猛而又坚决。

[原文]

具是三心，则有过斯改，如春冰遇日，何患不消乎？

[译文]

如果具备这三种心——耻心、畏心和勇心，那么一旦发现犯了过失，就能够立即改正，如同春天的冰遇到了太阳，还怕能不消除吗?

[浅释]

了凡先生总结出来改过的三个必备条件，就是一定要具备“知耻心”“敬畏心”和“勇猛心”。

知耻心是出于对自尊的一种维护而生出的促进力量，能够促使我们自觉地意识到自己的罪过。这是改过的第一步。首先要从内心开悟。这是一种自觉，是佛法中所说的“惭心所”。《成唯识论》说道:“云何为惭，依自法力，崇重贤善为性，对治无惭，止息恶行为业。”惭心，即为羞恶之心。有了恶行，内心感到羞耻。

敬畏心是出于对鬼神力量的畏惧，而生出的一种约束力量，能够约束我们的行为，止息罪恶的行径。敬畏心也是积极改过所必需的。它是通过外力的约束进行加持，是佛法中所说的“愧心所”。《成唯识论》曰:“云何为愧，依世间力，轻拒暴恶为性，对治无愧，止息恶行为业。”有了敬畏心，就能够有所忌惮，不敢胡作非为，乱行不义。知耻心为惭，敬畏心为愧。

有了知耻心和敬畏心，便具足了惭愧。惭愧之中，便可以生出勇猛心。孟子曾经说过:“知耻而后勇。”人在对自己的罪过感受到了耻辱惭愧之后，才能生出积极改过的勇气。三心具备，便具有坚定的意念，和奋发振作的状态，这样才能够很好

的修正自己的过错。了凡先生指出，三心具备，便具有极大的改过力量。恰如日光照射春日的冰面，一切过错都能够被积极地改正，所有业障也都会消解了。了凡先生这里的举例说明是非常形象的。春日的冰面本已经不像冬日一般厚重，只有薄薄一层。一旦受到日光的照射，便可以迅速消解。以这样迅速有效的融冰来比喻三心具备之下的改过行为，极言如此改过的轻而易举。能够积极有效的改过，便可以促进个人的修行，增加自己的德行。

[原文]

然人之过，有从事上改者，有从理上改者，有从心上改者；工夫不同，效验亦异。

[译文]

然而一般人的过失，有从犯过的事实本身上戒除的，有从认识其中的道理而改正的，也有从心念上来改正的；所付出的努力程度不一样，因此所得到的效果也就有所不同。

[浅释]

了凡先生首先介绍了改过的理论，即知耻心、敬畏心和勇猛心。接下来，讲述的是改过的具体方式。了凡先生同样将改过的具体方法归纳为三大类，即事、理、心三种。人们知错改过的途径不同。有的从犯错的事情本身进行改过，有的从情理上进行纠正，有的则是从内心进行改过。了凡先生指出，改过的方式不同，改过的效果也不一样。接下来，就是了凡先生对于这三种改过的方式的逐一解释说明。首先是“事”，即从事上改。

[原文]

如前日杀生，今戒不杀；前日怒詈，今戒不怒；此就其事而改之者也。

[译文]

譬如以前杀害生命，现在戒除不再杀了；以前发怒骂人，现在也都戒除不再发怒了；这是就所犯的事情而将它改掉。

[浅释]

这两句是了凡先生举例说明“从事上改”的改过方式。先前杀生，如今刻意不再去做这样的事了，从前的时候脾气暴躁，总是对人恶语相向，现在努力变得温和，不再发怒。这些都是将以前犯的过错本身戒除，将这样的事情断绝，不再去做。这

样的情况就是从事上改。佛门之中讲究“戒持”，说的就是从事上改过。俗话说“受戒容易持戒难”。佛门之中的众多戒律规定了具体的行为规范，要求弟子从事上开始修行，即是要持戒。

［原文］

强制于外，其难百倍，且病根终在，东灭西生，非究竟廓然之道也。

［译文］

但是这只是从外在来勉强约束，会比从根本上自然改正还要难上百倍；而且犯过的根源仍然存在，东边勉强把它消灭后，西边却又冒了出来，实在不是彻底扫除干净的方法。

［浅释］

从事上改的改过方式并不能从根本上断绝改过。这种改过方式只是一种表面功夫，也就是所谓的“治标不治本”。它只是从外部采取强制性手段，尽力阻止恶行的发生，正如治疗病痛时，头痛医头，脚痛医脚。这样的改过方式并不能从根本上找出病根，所以对于改过的效果来说是很差的。所以说想通过这样的方式来改过，是相当困难的。犯了这样的过错，就改过这样，犯了那样的过错又去改过那样。如此，并不是从根本上改过的办法。即使努力约束自己，使得自己少犯过错，但内心并不能做到清静，还会犯新的过错，这样的戒持就会变得十分艰难。从效果来说，这样的改过只是一种基本的改过行为，只能事倍功半。

［原文］

善改过者，未禁其事，先明其理；如过在杀生，即思曰：上帝好生，物皆恋命，杀彼养己，岂能自安？且彼之杀也，既受屠割，复入鼎镬(huò)，种种痛苦，彻入骨髓；己之养也，珍膏罗列，食过即空，疏食菜羹，尽可充腹，何必戕(qiāng)彼之生，损己之福哉？

［译文］

善于改过的人，在没有禁止事相前，先明白其中的道理；比如犯了杀生之恶，就思量：上天喜好滋育万物，万物都眷恋自己的生命，杀他的性命来养活我，自己的内心怎得安宁？而且当它被杀时，既已受到宰割，在尚未断气之前，却又将它放进锅鼎中去烧煮，种种的痛苦穿透进入骨髓里面；人们为了滋养自己的生命，各类珍贵肥美的东西摆满眼前，尽情地享受，却未曾想到这些美食吃过以后，也都会化成粪渣排出，到最后一切都是空的，实际上蔬菜类的素食菜汤，就已经足够让人填饱肚子、供给能量，来养活自己，何必一定要去杀害它们的生命，来折损自己的福报?

［浅释］

这里，了凡先生讲到了从理上改过。从理上改过，是比从事上改过要更高一级的改过。善于改过的人，不会事先禁止自己的行为，而是从内心想透其中的道理。如果不明白其中的道理，仅仅从外部来约束自己的行为，这是很难的。自己的内心并不能认可自己的行为，这样的改过必然伴随着强制约束的痛苦。如果能够从内心先为自己把道理讲明白了，那么就能够自然而然地在行为上杜绝了相关行为。这是一种道理通透之后的自觉行为，比之前面的从事上改，要容易得多。

了凡先生以杀生为例，来讲述从理上改的改过方法。杀生是佛教戒律中最重要的一条。佛教的爱是宏大宽泛的。佛教以慈悲为怀，主张众生平等。佛教所指的杀生并不仅仅在于杀人，而是涉及有生之物中的一切有情众生，也就是说包含着一切能够知生怕死的动物。因此，佛教将不杀生作为第一戒律。

提到杀生，便又涉及了大自然的生态平衡问题。了凡先生提到“上帝好生”，不应谋害其他人，甚至是动物的性命。这一观点与我们现代科学所提倡的“自然生态平衡”是相对应的。如今看来是有一定的科学性的。正是由于整个大自然的相对平衡才保持了各种生物的有序发展。地球才能生机勃勃地永远延续下去。近年来，由于人类的过度开发造成了大量的资源浪费和生态破坏。由于人类的大肆捕杀，大量的珍稀物种濒于灭绝。保护珍稀物种成为迫在眉睫的重要问题。从这一点看来，佛教之中所主张的不杀生，正与自然保护的理念相吻合，是有一定积极意义的。

了凡先生这里讲到，戒除杀生，就要先从道理上说服自己。这样才能够心悦诚服的去虔心改过。佛教认为只有人类能够造恶业，修善业。人类为了自身的利益而去杀生的行为是不合道理的，是在造恶业。不去杀生，不仅仅是遵从上帝好生的观念。万物都眷恋自己的生命。为了延续自己的生命从而剥夺了它的性命，这是十分残忍的。这样想来，即使这样做了，内心也会饱受谴责，无法得到安宁。更何况，设身处地地为它着想一下，站在动物的角度来想象遭受杀害并被烹煮的情形，是如此的痛苦。想来，杀生的行为是如此的残忍。这样，杀生的行为，首先在情理上就是说不通的。

更何况，杀生是最大的恶业。人们宰杀动物，将它们烹煮来作为食物，只是为了一时的口腹之快。杀生为食，虽然大力烹调，只有舌头知道味道，穿肠过肚之后，还是和素食一样“食过即空”。这是没有什么意义的行为。何必无谓地去造下恶业，进而折损自己的福报呢。佛教中认为，杀生必定会得果报。杀人就要偿还性命。杀害了动物为食，你吃它半斤，就必须还它八两。这是因缘果报不能更改的事实。如果坚持素食，一样的填饱口腹，但可以避免杀生，不造恶业。何乐而不为呢。所以，

从因缘果报的理论上来看，杀生也是不合道理的行为。

这里又涉及了一个健康饮食的问题。或者有人会说，素食没有营养，长时间坚持素食，会导致营养的不均衡。我们可以看到众多佛门子弟都是坚持素食的，他们照样十分健康。还有很多的人现在都坚持素食主义，他们认为素食不仅不是没有营养，相反对健康相当有益。而且我们也不得不意识到，在物质极大丰富的今天，有很多种疾病都因为过度地摄取了肉类食物而引起的。所以说认为素食没有营养的观点，是并不准确的。

[原文]

又思血气之属，皆含灵知，既有灵知，皆我一体。

[译文]

还须想到，凡是有血有气之类，都具有灵性知觉；既然是有灵性知觉，那么都与我们人类没有两样。

[浅释]

了凡先生指出，一切动物都是有灵性的，它们和我们没有什么区别。动物的生命与人的生命同样重要。这样想来，杀生的行为就是十分罪恶的了。这里所体现出来的大平等观念是与佛教的“众生平等”观念一致的。佛教认为众生的生命没有高低贵贱之分，都有生存的权利和自由。因此，佛教之中不允许杀害一切生灵。即使小至蝼蚁飞蛾，也要爱惜它们的生命。“扫地勿伤蝼蚁命，爱惜飞蛾纱罩灯”，就是说佛门要求不可以杀生，其实最终宣扬的是一种慈悲为怀的善心。心存善念，必然不忍杀生，这样也就不会造下恶业，遭受恶的果报。

[原文]

纵不能躬修至德，使之尊我亲我，岂可日戕(qiāng)物命，使之仇我憾我于无穷也？一思及此，将有对食痛心，不能下咽者矣。

[译文]

就算我们不能够敬肃地修养到至高的德行，使它们来尊敬我、亲近我，怎么可以天天杀害动物的生命，使它们与我结下冤仇，永无止境地恨我呢？想到这种道理，每当面对着满桌的血肉之食时，自然会发出悲伤怜悯之心，不忍再咽食下去。

[浅释]

了凡先生这里讲到的从理上去改过的方式与佛教中所说的“理忏”是相似的。它们都是在犯下罪过之后，并不是仅仅就事论事，而是深入地反思自己的过错，从道理上来探究自己犯错的深层原因。首先在道理上讲通了，就能够找到从根本上避免再次犯错的方法。这样的改过方式并不是简单粗暴的强制性制约，而是以理服人。少了个人内心与行为的相互冲突，所以在执行起来，也相对简单一些，也更有效果。

了凡先生这两句话，通过反躬自问的方式，指出真正的大德行者，应当以至高的德行来求取动物的尊亲，而不是日日戕害它们，而使之长久地仇恨。杀生的行为如此不合情理，且有损德行，并且招致物命的长久憎恨。了凡先生想到这些就会伤心难过，难以下咽，一方面表现出了众生平等的博爱思想，显示出他爱惜物命的慈善之心；另一方面，说明了凡先生在杀生为食这件事上彻底地了悟了。他相当清楚其中的道理，了解事实的真相，所以他必然是素食主义者。

［原文］

如前日好怒，必思曰：人有不及，情所宜矜（jīn），悖理相干，于我何与？本无可怒者。

［译文］

譬如以前喜欢发脾气，就应该想到：每个人都会有短处，这在情理上来说，本来就应该加以怜惜、原谅；若有人违反情理而来冒犯我，那是他自己的过失，跟我有什么关联呢？这本来就没有什么可怒的。

［浅释］

了凡先生这里又以“好怒”为例，说明从理上改过的方式。以前喜欢发怒，脾气暴躁，想要改过，这时不能去刻意地克制自己的脾气，压抑自己的情感，这样的改过方式并不利于身心的健康。这时首先一定要从道理上说服自己，也就是为自己做好思想工作。

遇到了不顺心的事，想要发火的时候，一定要在内心思索一番。所谓“三思而后行”。先要把道理想明白了。首先，要有一颗宽容的心。别人犯下了过错，这是他们有缺点，有不足之处。这是可以原谅的。因为人非圣贤，不可能要求人人都完美。不可能要求所有人都达到同样的高度。因为他们的德行不足，才会犯下过错。对待这样的人，不应该生气发火，而应该感到同情怜悯。这样想的话，发火着实没有什么必要。其次，别人的无礼冒犯，是他的过失，是他在造下恶业。恶的果报在他，而不会报应在我的身上的。这与我是没有任何关系的。俗话说“生气是拿别人的错误惩罚自己”。因此，在面对他人的错误时，是没有生气的必要的。

这就是说，遇事一定要冷静。冲动之下，往往会造下恶业。要让自己的言语行动慢下来，要先思考。想明白了其中的道理，内心就不会感到不平衡了。会生气，会发怒，归根结底，是我们的心不够清静。如果能够做到一心清净，那么就没有分别与妄想，任何事都与我们不相干，也就没有什么好生气的了。

［原文］

又思天下无自是之豪杰，亦无尤人之学问。有不得，皆己之德未修，感未至也。吾悉以自反，则谤毁之来，皆磨炼玉成之地；我将欢然受赐，何怒之有？

［译文］

还要想到，天下没有自以为是的英雄豪杰，也没有怨恨别人的学问。如果所做的事情不能称心如意，那都是自己的德行修得不好，涵养还是不足，感动人的力量还是不够呀！这些都应该自我反省，那么对于各种外来的毁谤与伤害，都将成为磨炼我们、成就我们的助缘；因此，我们要欢喜地接受这种赐教，还有什么可以发怒的呢？

［浅释］

前面一段主要讲，从情理上去改过的时候，要以宽容的心态去分析道理，理解和原谅他人。这是“对人”的一个方面。这一段主要说“对己”。从情理上改过，就要从自身找原因，省察分析自己的缺点与不足，进而原谅他人的过错，甚至从修行的角度来看，要感激他人对自己犯下的过错。如此就更谈不上生气发怒了。

了凡先生从情理上分析，表明暴躁发怒是自己的过错与不足，阐明不应发怒的道理。首先“天下无自是之豪杰”。自是，就是自以为是。天底下没有不谦逊的英雄豪杰。凡是圣贤全都能够做到谦虚忍让，这是他们崇高德行的外在表现。这里是教导我们要以圣贤豪杰为标杆，保持谦逊恭敬的态度。对于他人对我们的批评指正，要有一个谦逊接受的态度，无论他的指责是否正确，都要虚心接受，认真反思，所谓“有过则改，无则加勉”。这样才能够接受他人的批评与指正，如此才能进一步培养自己的德行。

“亦无尤人之学问”，天下没有教导怨恨别人的学问。真正学富五车的有识之士，是宽容谦和的，不会心胸狭隘地对他人心生怨恨，睚眦必报。面对他人的无礼冒犯，一定要做到心态平和淡定，这样才是有大德大才的人。

一方面，在面对他人的诟病时，我们不能够虚心受教，正是我们自己的德学不足，不够谦逊。这时，也要勉励自己，虚心修持自我德行。另一方面，如果说在日常生活之中，我们的言行举止，仍然受到他人的批评指责，甚至是污蔑毁谤，这恰恰也说明我们自己的德学不足，仍然可以被找出不足之处，这时也不能去怨恨他人。即使是他人的无理挑衅冒犯，也是因为我们还不能够做到“以德服人”，才会招致

慈藏感禽

唐代僧人慈藏以慈救为怀，极力反对杀生。鸟儿们深受感动，当他隐居山林缺粮时，鸟儿们就给他衔来山果以作报答。了凡先生也极力反对杀生。他认为，动物和人一样，也是有灵性知觉的，人们应该有悲伤怜悯之心，不可以杀害它们来养活自己。

毁谤。无论怎么说，错都在自己，又有什么理由生别人的气呢。

《孟子·公孙丑上》中有“以力服人者，非心服也，力不赡也。以德服人者，中心悦诚服也”的话。凭借自己的良好德行，从而获取他人的畏服与尊重，这需要极高的德行，一般人很难做到。作为个人品行的最高评价，以德服人，受到我国历代知识分子的大力推崇。谈到以德服人，就不得不提到舜的故事。作为具有崇高德行的圣贤，舜以德报怨的故事被广泛传播。

舜是三皇五帝之一，具有很高的德行。相传舜的成长环境并不和谐温馨，他的父亲、继母以及同父异母的弟弟象都不喜欢他，并且屡次设计想要害死他。虽然屡遭陷害，舜依然毫不嫉恨，对待父母照样恭敬孝顺，对待象依然慈爱。特别是在他登上了帝位之后，不仅没有下令惩罚当年迫害自己的亲人，反而以德报怨，愈加恭谨地前去看望父亲，并且将象封为诸侯。舜凭借着自己极高的个人修养和崇高的德行感化了弟弟。象的内心生出悔愧之意，于是积极地帮助哥哥治理国家，并且在舜去世之后，象在他的灵前悲伤地哭泣，长跪三日。舜的亲人虽然给了舜迫害，同时也成就了舜大孝大德的名声。了凡先生这里意在说明要以德服人。面对他人的毁谤，要心胸宽广，有容人之量，并且要做到以德报怨。如此便是具有大德行之人。

了凡先生本段所讲的要点，其实又归入了“自省”的范畴。面对他人的指责批评，通通接收过来。通过自我省察，来找出自己的缺点与不足，并诚心改过，修炼自己的德行。“自省”是一种行之有效的修行方式。历来被中国知识分子所推崇。曾子说:“吾日三省吾身——为人谋而不忠乎？与朋友交而不信乎？传不习乎？”了凡先生也曾提到自己在为官期间，每天夜晚都要焚香祷告上天，检查自己一天中的言行。这是一种自我反省的方式。但个人的自我省察反思，往往不够全面，这时候就要借助他人的提醒来找出自身的不足。所以一定要认真对待他人的意见和建议。古语有云:“以铜为镜，可以正衣冠；以史为镜，可以知兴替；以人为镜，可以知得失。”他人的批评指责，有助于我们发现自己的过错，找出不足，进而积极改过。所以我们不仅不应当生气发怒，反而要心存感激。此外，人都是生活在社会群体之中的个体。在相互交往应酬的过程中，能反映出个人的德行。看到他人的不足，我们自己也要认真省察自身，反思自己是否有相同的错误。这就是“他山之石可以攻玉”。所以说，一切来自他人的批评与毁谤都有助于磨炼我们的德行，有助于我们的改过自新。对于我们行善积德是有益而无害的。因此，要满心欢喜地接受这样的赐教，这又有什么好生气的呢。

除此之外，从佛法中宣扬的因果报应的观念来看，他人的毁谤，诟病也并不是坏事。佛、菩萨告诉我们，坦然接受他人的恶语相向，歪曲冤枉，有助于帮助我们消除业障。这样想来更没有生气的必要了。

了凡先生这里讲从情理上去改过，就是要达到“心安理得”的境地。明白了其

中的道理，就能够平复心头的波澜，达到内心的安宁。内心安宁清静，则不会再起嗔怪的念头了。

[原文]

又闻谤而不怒，虽谗(chán)焰熏天，如举火焚空，终将自息。

[译文]

再者，听到别人的毁谤而不发怒，虽然这些坏话说得像火焰薰满天空，也只不过像痴人般地拿着火把，想要焚烧虚空一样，最后将会自己熄灭、停止的。

[浅释]

了凡先生这里讲的不仅是消除怒火的道理，更是止息毁谤的办法。面对他人的诋毁时，要有淡定自若的心态。不要心生怨怒。不要急于辩解或是反驳斥骂。内心清静，就无欲无求，就能够做到打不还手，骂不还口。如此，虽然一时间遭受毁谤，流言满天飞；听凭辱骂，滔滔不绝，但却终究有止息的时候。所谓“清者自清”，流言蜚语终究有不攻自破的一天。骂人者的滔滔咒骂终究有停止的时候。到那时，我们依然内心清净，若无其事。而骂人者，毁谤者的行为就显得十分可笑了。了凡先生这里进行了形象的比喻。那些无理取闹的人正如举着火把焚烧天空一般痴傻可笑。他们的行为并不能给高悬的天空带来任何改变，反而自己的火把终究要熄灭。这样费力不讨好的言行举动不能给我们的德行带来任何损害，反而为他们自己造下恶业，减损福报。

[原文]

闻谤而怒，虽巧心力辩，如春蚕作茧，自取缠绵，怒不惟无益，且有害也。

[译文]

若是听到毁谤就动了怒气，虽然费了巧妙的心思，努力为自己辩护，那就像春天的蚕儿吐丝作茧一样，只会将自己缠缚住，所以，发怒不但对自身没有好处，而且还会有害处。

[浅释]

脾气暴躁之人，听到了他人的毁谤，就立刻失去了清净之心，从内心之中生出怒火，和诽谤者针锋相对地争辩。这样的应对行为耗费了个人精力，费尽个人心思，最终往往身心俱疲。而事情往往也不能够得到完美的解决，甚至还会陷入越描越黑，斩不断理还乱的境地。了凡先生说，这就像春蚕吐丝，作茧自缚一样。这样的举动给自己带不来半点好处，反而还耗费精力，有害自己的清静修为，有损个人德行。

了凡先生之前，就是脾气暴躁之人。有人对自己误解，毁谤，他往往拍案而起，睚眦必报。而现在他能够说出这样的一番话来，说明了凡先生的内心已经完全明白其中的道理，并且能够做到心胸开阔，且大度有容人之量了。

归根结底，应对毁谤的最佳方式，就是拥有一颗宽容能忍的心，也就是佛法中所宣讲的“忍辱”。忍辱是佛法六度之中的第三条。佛法之中所说的忍辱，“谓菩萨由修忍辱，能忍受一切有情骂辱击打及外界一切寒热饥渴等之大行，即能断除瞋恚烦恼。”俗话说“忍字头上一把刀”，有人认为刻意的忍耐是相当痛苦的行为。这是一种错误的理解。我们这里所说的忍辱，并不是简单意义上的忍耐，并不是行为举止上的刻意收敛。真正的忍辱无关于恒心与毅力，甚至与“忍”无关。这里的忍辱面对诟骂不需要生硬的坚持，努力地平衡自己的内心，而其实是要拓宽自己的心胸，放下一切执着。一切皆由心生。只要心中放下，就能不受外力干扰，保持一心清静不乱，就能够免受各种烦恼。

释迦牟尼佛有个关于忍辱的小故事。在释迦牟尼佛成道之后，他每日都会托着钵盂四处化缘。有一天正好来到一处人家。那家的主人原本就由于事情不合心意而情绪不佳，瞧见佛陀来化缘，他就想到出家人不进行生产劳动靠苦力吃饭而是靠化缘乞要过活，因而愈加恼火。于是他就开始咒骂佛陀。佛陀一声不吭地就安静地看着他，直到他住了口，佛陀问他：“你说完了？”他说：“完了。”佛陀接着问他：“假如你送给别人礼物而人家不收怎么办？”他说：“那我就再拿回来。”佛陀说：“那你把刚才说的全部拿回去吧。”

从这个小故事中，我们可以体会到忍辱的重要含义。释迦牟尼佛是个圆满的智者，他能够做到内心的清静，面对诟骂他能够一心不乱。他清楚地明白，因为别人的诟骂而心生烦恼是毫无益处的。他并没有因为凡夫俗子的咒骂而扰乱自己的内心，反而以慈悲心教导凡夫去了解怨怒烦恼是有害而无益的。内心放下，便可以从烦恼中解脱。

“忍辱”不仅能够免除烦恼，还能够保持，能修积功德。佛法中讲“一切法得成于忍”。《孟子》中道：“天将降大任于斯人也，必先苦其心志，劳其筋骨，饿其体肤，空乏其身，行拂乱其所为，所以动心忍性，增益其所不能。”忍辱正是对自己的锻炼，不能忍辱，就不能成就。

越王勾践“卧薪尝胆”的故事是相当典型的忍辱成就的例子。《禅林宝训》中也有一则关于忍辱而终有所成就的小故事。据载，有一位老和尚无缘无故地折磨他的弟子。不讲任何道理，没有任何理由，只要见到这个弟子就斥责他。但这个弟子并没有觉得委屈，没有选择逃避。在一次洗脚的时候，老和尚把洗脚水泼到了弟子身上。但这名弟子依然不肯离开。老和尚气极了，就将这个弟子赶了出去，不允许他在屋里待着。这个弟子虽然被赶出了屋子，依然不肯离开。平日里，讲经说法的时候，他就悄悄伏在窗外认真听讲；其他的时候，就远远地待在走廊

下面，不让老和尚看到。这样过了一年，老和尚准备选一名新的主持来接替他，并将佛法传授给新主持。出乎大家意料的是，老和尚把在窗外听讲的弟子叫了进来，传了佛法和主持之位给他。直到这个时候大家才醒悟过来，原来老和尚早就看中了这名弟子，一年之中对他的羞辱斥骂只是为了磨炼他。而这名弟子也确实很有慧根，他没有被外界的环境和他人的折磨所动摇。他坚定地学佛法，最终获得了成就。这里他成功的关键就在于他能够“忍辱”。假若他一听斥骂就离开了，也就不会有最终的成就了。

在我们的日常生活中，由于生活节奏的加快，现在很多人都变得越来越没有耐心。人们往往因为一些鸡毛蒜皮的小事便大吵大骂，甚至大打出手。这很大程度上影响了社会的和谐度。我们现在提倡社会和谐，就是要大家彼此之间，多多礼让，每个人都要有宽广的心胸，理解体谅他人。因而拓宽心胸，宽容忍辱，不仅仅在持戒修行的过程中意义重大，在我们日常生活中，同样具有相当大的指导意义。

这一段话，了凡先生论述了从情理上改过以及止息毁谤的方法。总而言之，就是要有宽容忍辱之心。遇事要先从内心将道理想明白，也就是要三思而后行。恼羞成怒，是百害而无一益的。不去理会那些毁谤诟骂，保持内心的清静，就能够免受烦恼。

[原文]

其余种种过恶，皆当据理思之。此理既明，过将自止。

[译文]

至于其他的种种过失和罪恶，都应当要依据客观的道理来认真思考。这种道理若是能够明白，过失自然就会停止，不会再去违犯。

[浅释]

了凡先生以杀生和好怒为例，详细地阐释了从情理上改过的基本方法。这四句话是说，自己所犯下的种种过错，大可以以此类推。全部要按照这样的方式来反思，心平气和地从道理上来分析其中的缘由，查明犯下过错的根本原因。一旦明白了其中的道理，就会自然而然地停止犯错。这样不用强制约束自己的言行也不会再犯错。从情理上改过比从事情上改过要高明多了。用这样的方式改过，是相对简单而有效的。

[原文]

何谓从心而改？过有千端，惟心所造。

[译文]

怎样叫作从心地上来改过呢？人们所犯下的过失，其数目虽然有千种之多，但

都是从心里造作出来的。

[浅释]

这一段话开始，了凡先生阐释改过的第三种方式，就是从心地上来改过。人们所犯下的过错无法计数，就连种类也成千上万，所有的这一切过错，都是从内心深处生出来的。其实不仅仅是过错，一切善业，恶业全部都是由心造出来的。佛法中认为“种种世法皆由心”“一切惟心所造”。无论是善行还是恶行，都是从内心起源的。我们前文也说过，“大多吉凶之兆，萌乎心而动乎四体”。一切由心而生，因此，要从心而求。改过也是一样。从心地上去改，便是根本之法。

[原文]

吾心不动，过安从生？

[译文]

如果能够不起心动念，过失将从哪里产生出来呢？

[浅释]

从心上改过的最根本原理，就是“一切惟心所造”。如果心清净了，那么所有罪业都会消失。如果内心有执着，妄想，就会有罪业出现。以此为基础来推论，如果心没有妄念，心不曾动过，那么也就不会造出善恶，过失就无从谈起。因此，“心不动”便是最高境界，也就是佛法中所讲的“一心不乱”。

净空法师曾经将心中业相比作电视画面，一旦电源关闭，电视画面就会消失的干干净净。心中业相也会随着心定而消失得无影无踪。所以说要修清静心，就是要保持内心的纤尘不染，如此，便可以遏制业相的出现。佛教中认为所有人的心本来与佛陀一样清静，但凡夫俗子心中有妄念，所以不得清静，于是有万般烦恼。所以要改恶心为善心，修清静之心。如果能够做到内心澄澈，就能够消除业障，明心见性而成佛了。

如何做到心不动？佛教讲求“禅定”。“禅”就是外不着相，不执着一切境界相是为禅；“定”则是一心不乱，内心不动。禅定是佛门之中一种调整内心的方法。通过禅定的方式，收束散乱的心境来获得清静心，生出智慧，断除一切恶。

[原文]

学者于好色、好名、好货、好怒种种诸过，不必逐类寻求。但当一心为善，正念现前，邪念自然污染不上。

[译文]

一个追求学问的读书人，对于爱好美色、喜得浮名、贪爱财物、喜欢发怒等

种种过失，不必一项一项地去寻找改过的方法。只要能够一心一意地发善心、做好事，时时观照自己的心思，等正大光明的心念涌现，那么自然就不会被偏邪的恶念所沾染。

[浅释]

在阐述了从心上改过的理论之后，了凡先生同样举出了几个例子来分析说明。

人所能犯的过失有成千上万种，从事情上改，就要每日反思自己犯了什么过错，然后逐一克制改过。想到一个过错，就改正一个过错。这需要每日的自我反省，检查自己行为的善恶。前文提到的功过格就是为这样的一种修行改过提供辅助作用。了凡先生用了十一年的时间做三千件善事，就是在事情上修善。这样的改过方式需要有恒久的耐心。了凡先生就是对修行改过十分执着，坚持了很多年，才获得了一定的成就。这种方式，最简单直接，但又需要对自己进行强制约束。虽然表面上改正了过错，但却不能通晓其中的道理。犯错的根源还在，这一种过错改正了，又有新的过错，又得有新的约束。

从道理上改，不仅要通过反省找出自己的过错与不足之处，还要认真推理分析自己为何犯错、错在哪里？首先要在道理上说服自己，使自己心悦诚服。如此便可以避免继续犯错。从道理上改，不同于从事情上改的被动接受，它是积极主动地从内心开始思索分析，避免错误。在一件错事上，不必下大力气约束自己的行为也不会再次犯错，是相对简单有效的改过方式。但这种改过也是在过错发生之后，我们被动消极的反应，依然不是治标的办法。

而从心上改过，则是从根本上入手。既然所有恶业都是由心造出来的，那么我们不必舍本逐末，直接从心上去改。从心上改过，不需要对自己的言行举止，逐一检查反省去寻找过错，然后一一改正。以追求学问的读书人为例，他可能有爱好美色、喜得浮名、贪爱财物、喜欢发怒等种种过失，大可不必逐条刻意约束，也不用从道理上逐条分析，从心上改过，就只要虔诚地修行真善的心地，多行善事。这样光明正大的心地就会成为身心的主导，断绝了恶缘，一心向善，那样邪恶的念头必然就无从滋生。一心向善，正念现前，就是要心地清净，断除妄念，不执着，就不造恶业。

从心上改过，是提纲挈领的改过之法。它不是从细枝末节进行逐一修葺，一一改过，而是直接切中要害，从根本出发，从心地上斩断恶缘，于是不犯过错。

[原文]

如太阳当空，魍魉（wǎng liǎng）潜消，此精一之真传也。

[译文]

这就好像炎热的太阳，在空中普照着大地，所有的妖怪自然就会隐藏、消失，这是改过最精诚专一的真正妙诀。

[浅释]

传说中的妖魔鬼怪都是害怕光明的。它们在黑暗中存在，受到阳光照射便化为乌有。了凡先生以此来形容从心地上改过的迅捷有效。所有的罪业恰似黑暗中存活的魑魅魍魉，它们虽多种多样，但毕竟有彻底清除的诀窍。只要保持内心清净无妄念，恰似朗日当空，魑魅魍魉遁形。向善的念头占据内心，必然容不得邪恶罪孽滋生。因此来说，从心上改过是改过自新最精准而又行之有效的方法，是诸佛如来传授给世人的修行改过的真正妙诀。

[原文]

过由心造，亦由心改，如斩毒树，直断其根，奚必枝枝而伐，叶叶而摘哉?

[译文]

人的过失是由心所造作的，所以也应当从心地上来改正；就如同要斩除毒树，必须直接砍断它的根，不让它再度发芽，何必一枝一枝地去砍伐，一叶一叶地去摘除。

[浅释]

了凡先生再一次用比喻的手法说明了从心上改过与从事情上改过的不同。从心上改过，恰似砍伐毒树，彻底地连根拔起，事半功倍，干净利落，不留后患。从事情上改过，就像一片一片摘除毒树的叶子，一条一条地砍下毒树的枝杈，虽然也在去除，但是进展缓慢，更不能彻底斩断恶缘。毒树的根没有被拔除，一旦条件适合，还会滋生新的枝杈。所以说，改过正像斩除毒树，必然有最巧妙而有效的方法。而从心上改过就是诀窍所在。佛法讲“一修一切修”，这里的一修，便是修心地。从心上改过，便是修善心，修清静心，如此一切罪业自然消掉。

[原文]

大抵最上治心，当下清净。

[译文]

大抵最高明的改过方法，是从修心下功夫，当下就可以使心地清净。

[浅释]

了凡先生指出，改过的最佳方式，是从心上改。从心上修行，可以立竿见影地看到改过的效果，心地当下就会变得清静。从事情上改，需要一次次地自我约束提醒，一件一件地改过来，十分费力。过错有千种万种，一一改过需要很长久的时间。

一件过错不改都难得心地清净。从道理上去改，同样需要一件一件去戒除。从心上改过，只要能够将一切妄念放下，就可以马上获得内心的清静。这是最行之有效的改过方式。

［原文］

才动即觉，觉之即无。

［译文］

每当心里刚动了个坏念头时，就能够立刻觉察到，然后马上让这种念头消失，过失自然不会再产生。

［浅释］

从心上改过效果是最明显的。从起心动念处做出努力，才能从根本上防止罪恶的发生。所谓“君子务本，本立而道生”。了凡先生这里所说的，就是要从“心”这个根本上去做，如此才能改过才能彻底，才会有所成就。“才动即觉”，动就是心动，心动便是起心动念。内心一旦起心动念，就不再清静，于是生出了妄想。“一切惟心所造”，所有的善业、恶业全部从起心动念开始。这是犯过错的最初萌芽。佛教中讲究的从心上改，并不是要求绝对意义上的清净心。凡夫俗子很难做到始终一心清静。只有佛菩萨才有如此定力。如果能够做到内心永恒地清净，改过也就无从谈起了。所谓“不怕念起，只怕觉迟”。凡夫俗子难免会起妄想的念头，但这并不是洪水猛兽。妄念起来并不怕，我们可以改过。只怕觉悟太迟，最终酿成祸端。所以了凡先生这里说，从心上改过，要保持内心的敏感性。一旦有妄想的念头出现，就要立即察觉到。察觉了，就要立刻将妄想的念头去除，将过错扼杀在萌芽之中。没有恶念萌生，必然也就不造恶业。

净空法师讲，一旦妄念起来，就一定要“觉”。如何“觉”？最简单而行之有效的方法就是念“阿弥陀佛”。妄念起，是迷，第二念立刻转为“阿弥陀佛”，便是觉。妄念起，但是立刻断绝这个念头，就是觉。通过转念的方式，将妄想的念头遏制住，消除掉，所以说“觉之即无”。

［原文］

苟未能然，须明理以遣之；又未能然，须随事以禁之。以上事而兼行下功，未为失策，执下而昧上，则拙矣。

［译文］

如果做不到这种境界，就必须明了其中的道理，以便将坏念头打发。若再办不到，那就只好在恶事将犯时，以强制的方式来禁止自己犯过。如果能以上乘的治心功夫，并且兼用明理与禁止两种较下乘方式，来约束自己的念头，这也不失是个好方法；若只是执着于下乘方式，而不知道用上乘的方法，那实在是太愚笨了。

[浅释]

了凡先生这里将三种改过方式进行了一个高下的评判，认为最好的改过方式是从心上改过。但是人都是不同的个体，并不是谁都能够做到从新上改过。只有极高悟性，极具智慧的人才会在起心动念之际便察觉到自己的妄想之心，从而将过错扼杀在萌芽之时。所以，如果不能够做到用“治心”这一最好的改过方式，那么可以退而求其次，运用从道理上改过的方式。事情既已经在眼前，这时一定要沉着冷静，三思而后行。三思，就是要认真分析利弊得失，想透其中的道理。从道理上自己说服自己，止息不平静之心。所谓“心服口服”。如此，问题当前，化解愤怒不平，如此便可以减少妄念，少生恶业。

从道理上去改过，这是绝大多数明理之人都能够进行的一种改过方式。它并不要求多高的德行和觉悟，因此也是能为大众所通用的一种改过方式。但是，它也并不是一种放之四海而皆准的模态。还有一些人，不能够积极地从道理上说通自己。他们不能够掌握最上治心，其次明理的改过方式，但还有修行改过的愿望。这时，就要运用最基本的改过方式，从事情上去改过。知道这件事情是过错，就要在日常生活中加以禁止。这样的改过方式，正如了凡先生所提到的关于毒树的比喻。每片叶子恰如一个过错，罪业。一件一件改过恰似一片叶子一片叶子地摘除。这是一种强制性的约束力。佛教之中所要求严守的种种戒律，从本质上来讲就是要在不明道理的基础上，防止过错的发生。以免招致恶的果报。

接着了凡先生又指出，三种改过方式并不是相互背离的，它们互为辅助。一个人既可以运用一种改过方式，也可以同时兼用三种或两种改过方式。一些拥有大觉悟的人，他们的内心已经能够做到清静无妄念，并且也能够明白事情的道理，这时还在事情上自我约束，不犯过错，这是很好的，对于改过来说，有益而无害。并且个人的品行已经达到很高的境界，这时他们的言谈举止就成为其他人所观摩效仿的对象，所以能够起到模范引导的作用。因此，并不能说是失策。

相反来说，看到了事情上改过的效果，只用这一种方式来进行自我修行，不肯积极地钻研从道理上改过，甚至是从心上改过的高级方式，这是愚昧笨拙的。自我修行改过的最终目的是求得清静之心，消除妄念，不生罪业。只从事情上去改过，一方面过错纷繁多样，由于内心的不清净，无法从源头上止恶。这件过错改正了，另外一件又生出来，耗费心力，却收效甚微；另一方面，每天都在判别事相的是非善恶，这样的内心始终是有分别执着的。因此，从事情上改过是不能够开悟的。一定要从内心放弃了分别执着，才能够获得清静无妄念之心，这样才能够彻底地改过。

了凡先生认为仅仅运用从事情上改过这一种方式，而不寻求更好的办法，这是愚昧笨拙的。通过了凡先生形象地比喻我们也不难看出这样改过方式的拙劣之处。先将片片叶子摘除，再将条条枝干砍下，最后再慢慢挖除根系。通过这样的方式去除毒树是相当啰唆繁杂的，并且是事倍功半的。满不如直接挖除根系，失去根系，毒树必然干枯死亡，枝叶不用摘除也都没有了生命力。如此行之有效的方式为什么不去运用呢。所以说，从心上改过是最上乘的方式，从道理上改过次之，从事情上改过是最蠢笨的方式。

当然，这里并不是说从事情上改过的方式是最愚蠢笨拙的，所以就不推行，不运用。从事情上改过，虽然很笨拙，但它是最基础的改过方式。在修行改过的最初阶段，在尚不能掌握从心上改过，从道理上改过方法的时候，从事情上改过就成为放之四海而皆准的改过方式。此外，作为辅助从心上改过和从道理上改过的一种改过方式，它也是作用巨大的。

［原文］

顾发愿改过，明须良朋提醒；幽须鬼神证明。一心忏悔，昼夜不懈，经一七、二七，以至一月、二月、三月，必有效验。

［译文］

但是发愿改过，明中需要好朋友监督提醒，暗中则要鬼神来做证明；心念精诚的去忏悔，昼夜都不懈怠，经七天、十四天乃至一个月、两个月、三个月，一定会有效果和证验。

［浅释］

了凡先生指出了改过的三个条件，即知耻心，敬畏心和勇猛心；还指出了改过的三种方式，即从心上改过，从道理上改过和从事情上改过。以上这些方面，全部都是针对自身的修行而言的。这里了凡先生继续指出了改过所必要的外部条件。一方面，在明中要有朋友的监督提醒，另一方面，暗中则要有鬼神的查验证明。如此，内外发力，才能够使得修行改过获得明显的效果。

有了个人的积极修行，加上朋友、鬼神的明暗监察还不够，还要有持之以恒的态度。“一心忏悔，昼夜不懈”，就是说一旦下定决心忏悔改过，就不能有丝毫的懈怠。因为一旦自我反思省察的心生出懈怠，便又造出罪恶，之前的修行改过也就功亏一篑。必须要保持虔敬真诚，这样坚持一段时间，七天半月乃至两三个月，必然可以看出改过的效果来。

［原文］

或觉心神恬旷，或觉智慧顿开，或处冗沓（tà）而触念皆通。

［译文］

到了这个阶段，或者会感觉到精神舒适，心境开阔；或者感觉到智慧突然大开，一闻千悟；或者处在烦琐忙碌之中，却能够触类旁通，顺利完成。

［浅释］

了凡先生指出，只要虔心改过，坚持一段时间，便可以看到非常明显的改变。这里他举出了几个事例来说明改过的效果。

例如，在心情方面会发生改观。若之前总是郁郁寡欢，心情沉闷。经历一段时间的改过之后，就会感到心头变得轻松畅快，精神愉悦。这就是改过之后能够看到的非常明显的变化。有的时候，会忽然觉得自己一下子变得智慧了，不再糊里糊涂的。心明眼亮，茅塞顿开，能够十分轻松地了悟一些道理。还有的时候会觉得虽然有十分繁杂而难以解决的事务，却并不觉得多么棘手，接过手来，就能够毫不费力地将它解决掉。

［原文］

或遇怨仇而回嗔(chēn)作喜。或梦吐黑物；或梦往圣先贤，提携接引；或梦飞步太虚；或梦幢幡宝盖，种种胜事，皆过消罪灭之象也。

［译文］

或者遇到以前的冤家仇人，却能将嗔恨转化，心生欢喜。或者梦到吐出因过去造作的恶业形成的污秽黑物，而顿生清凉；或者梦见古圣先贤来帮助接引，前程光明；或者梦到在太空中飞行漫步，自在逍遥；或者梦见各类庄严的旗帜，以及用珍贵的珠宝所装饰的伞盖。像这些殊胜的情况，都是过失消除、罪业灭去的象征！

［浅释］

坚持了一段时间的修行改过之后，会忽然发现以往的冤家对头似乎没有了仇恨。相见的时候也能够转化嗔恨，心生欢喜。这里说的是发自真心的相互谅解。之所以有这样的感受，是因为通过修行增加了自己的德行，一方面内心已经能够宽容地理解和对待不顺心之事，另一方面，自己态度的转变，也令对方有所动容，于是冤家就不再是冤家了。所谓“仁者无敌”，就是说仁爱之人，没有敌对者，说的恰恰就是这个情况。

还有的时候，会做到奇怪的梦。梦见自己吐出污秽黑物。了凡先生认为这是一种表征。“黑物”就是自己从前造下的业障。梦到自己吐出业障，正是意味着从前恶业的消解。有的时候会梦到古代圣贤对自己的帮助接引；有的时候会梦到在太

蘧伯玉

了凡先生说，“一日不知非，即一日安于自是；一日无过可改，即一日无步可进”；“欲获福而远祸，未论行善，先须改过”。要想向善，须先改过，《了凡四训》第二篇主要讲了“改过之法”。蘧伯玉从年轻到年老一生都对自己要求甚严，他二十岁就能时时反省自己的过失，到五十岁时，还能察知自己过去四十九年尚存的过失，这使他声望极高，成为古代有名的圣贤之人。图为蘧伯玉深夜独自路过宫门，还要下车步行，遵守礼节的故事。

空中遨游漫步；有的时候还会梦到华贵庄严的仪仗旗帜……这些梦都是奇特而罕见的，并且都是好的梦境。了凡先生认为这些梦境都是改过修行所带来的效验在梦中的感应。这些现象都象征着业障的消除，都说明平日中坚持的修行改过是大有效果的，自身的福报正在积累增加。

［原文］

然不得执此自高，画而不进。

［译文］

但不可以因此执着在这些境界中，自以为程度很高而不再努力求进步。

［浅释］

上文是了凡先生针对改过的效验，所举出的具体例子。虽然通过改过，自己切实感受到了改变，也在梦境之中感应到了自己罪业的消除，福报的到来，但是不能够因为已经获得了如此成就而沾沾自喜。不能够因此而心生傲慢，以为改过已经成功，就为自己划定界限，到此为止，不再积极进取。一旦沾沾自喜，停止了修行改过，那么就等于找到了止境，为自己画地为牢，束缚住了自己的手脚。因而也就难以再进步了。不仅如此，一旦心中生出骄傲情绪，便又堕落了。了凡先生在前文指出，改过的过程中要有勇猛之心，不应当满足于现状，应当积极地进德修业，改过自新，如此才能够天天都获得进步。

［原文］

昔蘧(qú)伯玉当二十岁时，已觉前日之非，而尽改之矣，至二十一岁，乃知前之所改未尽也。及二十二岁，回视二十一岁，犹在梦中；岁复一岁，递递改之。行年五十，而犹知四十九年之非，古人改过之学如此。

［译文］

从前春秋时代，卫国的贤大夫蘧伯玉，在二十岁的时候，就已经能够时时反省、觉察以往的过失，而完全地改正过来；到了二十一岁，知道以前的过失尚未完全改掉。及至二十二岁，回头检点二十一岁时的自己，就如同身处梦中一般，还会糊里糊涂地犯错；这样一年又一年地逐步改正过失。直到五十岁那年，还察知过去四十九年尚存的过失，古人对于改过之学的学习态度，就是这么认真、严格。

［浅释］

了凡先生以卫国大夫蘧伯玉为例，说明古代的人们就很注重修行改过，并

且拥有恒定的信念，终生坚持修行。蘧伯玉是春秋时期卫国的大夫，他是一个富于自省精神的人，终生积极改过，具有贤德之名。《论语· 宪问篇》载：“蘧伯玉使人于孔子，孔子与之坐而问焉，曰：‘夫子何为’ 对曰：‘夫子欲寡其过而未能也。’使者出，子曰：‘使乎！使乎！’”使者的这句话说明了蘧伯玉的自我反省精神。

蘧伯玉在二十岁的时候就觉悟了。他时时反省检查自己的言行，发现过错，并认真加以改正。由于他对自己的反思省察是时时进行的，因此总能发现自己尚未改正的过错。在二十一岁的时候，他反思自己之前的改过行为，发现自己先前的过失并没有完完全全地彻底改过，于是并不满足于现状，继续虔心改过。等到二十二岁的时候，又回过头来检查自己在二十一岁时候的状况，发现自己如同身处梦境，又糊里糊涂地犯下新的过错。如此年复一年地回顾反思，年复一年地修行改过。直到五十岁的时候，依然在反思改正四十九岁的时候犯下的过错。蘧伯玉持之以恒地修行改过，体现了古人严谨，执着地改过态度。俗话说“活到老学到老”，修行改过也是如此，只有通过不断地发现自己的过错，不断地改过自新，才能够使自己获得进步。

[原文]

吾辈身为凡流，过恶猬集；而回思往事，常若不见其有过者，心粗而眼翳（yì）也。

[译文]

像我们这种庸碌的凡夫所犯的过失，就像是刺猬身上的毛一般，丛集于一身，但回想以前所做过的事情，却常会像是看不到有什么过失一样；这实在是由于太过粗心大意，不晓得要仔细去省察，眼睛像是生了翳病一般，看不清楚自己的过失呀！

[浅释]

了凡先生通过蘧伯玉的事迹告诫儿子，古人在修行改过这方面是非常执着而有谦逊恒心的。他们能够每天日日反思自己的过错，并且终生改过。想想他们的事迹，再反思我们自己，作为凡夫俗子，我们身上的过错纷繁众多，就像刺猬的刺一样数不清，恰恰是必须要修行改过的。但是，即便如此，我们对自我进行省察反思的时候，前思后想，总是觉得好像没有什么过错。并不是我们没有过错，而是我们不能够发现。主要是因为我们的心思不够细腻，眼睛像生了翳病一般看不清楚，所以不能够发现自身的众多过失。发现不了自己身上的过错，就不能有效地修行改过，因而也就无法获得进步。

对于刚刚开始改过的人来说，认识到自己的过错是很重要的。了凡先生最初开

始改过的时候，云谷禅师给了他“功过格”来辅助修行。功过格能够详细地标示出功与过，通过将自己的言行与之相对比，就能够发现自己的诸多过错。发现了自己的诸多过失，就要虔心改过。这时应该以从心上改过为主，兼用从事上改过的方式。功过格为我们从事上分析改过提供了一定的帮助。

[原文]

然人之过恶深重者，亦有效验：或心神昏塞，转头即忘；或无事而常烦恼。

[译文]

但是，一个人如果过失、罪恶较为深重，也会出现一些征兆，以作效验：有的心思封闭、精神昏沉，对所交付的事情转身就忘记；有的虽然没有什么可以烦恼的事，却常现出一副烦恼相。

[浅释]

了凡先生指出我们凡夫俗子由于心眼阻塞难以察觉自己的过错。但是也并不是一点征兆也没有。这里，他同样举出了几个业障深重的现象来加以说明，帮助我们反思发现自身的罪业。当我们身上的罪恶过失较为深重的时候，就会出现一定的现象来作为征兆。有的时候是精神不济，头脑混沌，说过的话，交代过的事，转身就忘记了。这种记忆力丧失，容易忘事的现象实际上就是业障深重的表现。还有的人本来没有什么事情困扰，却忽然之间就心生烦恼，烦躁不安。这种烦躁不安，恼人的情绪是由于我们心中不能够放下，总是执着于妄想，内心不够清静。于是就无事而生事了。因此，这种无缘无故而生出的烦恼，也是业障深重的征兆。

[原文]

或见君子而赧(nǎn)然消沮；或闻正论而不乐；或施惠而人反怨；或夜梦颠倒，甚则妄言失志；皆作孽之相也。

[译文]

有的遇到品德高尚的人，却显出难为情、见不得人的样子，提不起精神；有的听到圣贤之道，心里却不欢喜；有的在布施恩惠给别人时，反而招致对方的埋怨；有的夜里梦见一些颠颠倒倒的噩梦，甚至经常语无伦次，失去了正常的模样；这些都是因为过去造作罪孽，所应现出来的表征。

[浅释]

遇到品德高尚的人，不仅没有感到钦佩和敬仰，反而心生愧疚，打不起精神来，很不自然。这种违反常理的现象也是由于自己罪孽深重所显露出来的征兆。《论语·述而》中说“君子坦荡荡，小人长戚戚”。如果自己堂堂正正，光明正大，是不会有产生羞愧无颜见人，情绪低沉的感觉的。

还有的人听到圣贤之道，就感到厌烦。自己内心中对堂正的言论产生了抵触的情绪。这是由于罪业过重，蒙蔽了视听，导致自己无法接受正大光明的理论。一个内心清静之人是乐于接近与接受圣贤之道的。

还有的时候，你做好善事，心怀善意对待他人，赠予他人东西，但却不能够获得相应的感激。不仅如此，对方还会对你心生怨恨。这样的状况也是违背常理的。这都是业障现前的表现。

或者会在夜晚做一些颠倒迷乱的梦境，严重的还会产生梦魇，迷失了心智。这样的话，罪业就相当深重了。俗话说“日有所思，夜有所梦”。内心的妄念与迷乱，都在梦境之中显现出来。因此这也是业障深重的征兆。

以上种种都是了凡先生所举出的业障深重的征兆。出现了这些现象我们就可以推断出自己身上存在着很多过失过错了。

［原文］

苟一类此，即须奋发，舍旧图新，幸勿自误。

［译文］

如果一出现与此类似的情况，就应该振作精神，舍弃过去不好的思想行为，力图开辟崭新而正确的人生大道，希望你不要耽误自己的前程。

［浅释］

了凡先生告诫自己的儿子，一定要认真反思检查自己，看看是否有这样的状况出现。一旦出现了以上所列举的某种现象，就说明业障深重，必须要修行改过了。首先，一定要认真地进行忏悔，使得自己的罪业尽情发露。只有对自己的过失有一个清晰的掌握和深刻的认知，才能够改过。其次，在改过的过程中，也一定要发勇猛之心，奋力革除自己身上的过错，努力焕发新的面貌。千万不要在改过的过程中忧郁不定，没有坚决的改过之心。那样会带来恶果，最终耽误了自己的一生。

了凡先生这一章主要讲改过。人只有将自己身上的过失彻底地消除了，才可以聆听教诲，开始积德行善。佛教中将那些修行开悟，具有传承佛法才器的人称为“法器”。只有经过了修行改过的过程，革除了自身的种种弊病，获得了清净之心，才能够成为真正的法器。如果不经历改过的过程，内心没有开悟，就并不是真正的法器。即使向他们传授佛法，也是徒劳。一方面，罪业深重的人对佛法有抵触

心理。正如前文所述，听到圣贤之道，就心生烦恼，郁闷不乐；另一方面，没有改过的人，内心不曾开悟，是不能够领悟佛法的精微奥妙的。因此，只有经过修行改过，自身的业障很少，心地能够达到淡泊清静，内心才会生出智慧，才能真正领悟佛法的精微，这样才是真正的佛家法器。只有修行改过了的人，才能够积德修善，获得大的成就。

这一章，了凡先生讲了“改过之法”。通过对自身的修行改过，使自己获得修善积德的基本条件和资格，这样才能够开始积善。下一章，是了凡先生对于“积善之方”的详细阐释。

第三训　积善之方

第三篇，讲的是积善的方法。“积善”即长期做好事，积德。“积善之方”就是行善积德的道理与方法。了凡先生在第二篇里讲述了改过的种种方法，告诉儿子在行善积德前，首先应该端正自己的身心，改掉自身缺点。本篇通过列举大量事例，对真善、至善进行了详尽的介绍，说明了“积善余庆”的道理。

[原文]

《易》曰：“积善之家，必有余庆。”昔颜氏将以女妻叔梁纥，而历叙其祖宗积德之长，逆知其子孙必有兴者。

[译文]

《易经》上说：“积善的家庭，一定会有多余的福报传给后世。”例如，从前有个姓颜的人家，要把他的女儿，许配给孔子的父亲叔梁纥，他们将孔家所做的事情，一件一件都提出来，觉得孔家祖先所积的德多而且长久，所以预料到孔家的子孙中，将来必定会有兴旺发达的人，后来果然生出了孔子。

[浅释]

开篇所引用的《易经》中的话，完整表述是“积善之家，必有余庆；积不善之家，必有余殃。”这并不是危言耸听，而是有很深道理的。古人认为，人们所经历的福祸都与自身行为的好坏、善恶密不可分，福祸并不是毫无缘由地降临到我们身上，而是根据人行为的善恶加以区分的。正所谓善有善报，恶有恶报，即使没有报在自己身上，以后也一定会报应在子孙后代的身上。

“昔”是过去的意思。古时候的人与现在的人有很大不同，那时候的婚嫁讲究的是父母之命、媒妁之言。颜氏把自己的女儿嫁给孔子父亲的时候，并不是盲目做出决定的，而是列举了叔梁纥家族祖祖辈辈所做的善事，然后得出结论，预料他家一定会出现一个光宗耀祖的人。因此，颜氏才放心将自己的女儿嫁给叔梁纥。果然，婚后女儿为叔梁纥生下的儿子孔子，成为儒家学说的开山鼻祖。

直到自由恋爱的今天，人们在选择终身配偶的时候，仍然会考虑到对方的人品以及家庭名声。

[原文]

孔子称舜之大孝，曰：“宗庙飨(xiǎng)之，子孙保之。”皆至论也，

福禄寿三星度世

人们都希望获得福、禄、寿，但是用什么方法才能得到呢？了凡先生认为，想得到好的果报最重要的方法就是积善。正如《周易》中所说的："积善之家，必有余庆。"

试以往事征之。

[译文]

孔子称赞舜的孝，是不平凡的孝顺，孔子说："历代君主都在宗庙祭祀他，他的子孙后代一定会兴盛不衰。"这些都是正确的结论，可以再试着举一些往事来证明。

[浅释]

舜素以"孝道"著称，他品德高尚，是儒家大力推崇的对象之一。舜的父亲、继母以及同父异母的弟弟象三番五次想要置舜于死地，舜仍然对父母孝顺恭敬，对弟弟呵护有加。在舜的眼里，只能看到自己的不足之处，却不记得他人的不好，这样宅心仁厚的积善之人自然会得到他人的尊敬和祭祀。因此，孔子称赞舜的大孝之心，认为他如此积善，他的子孙后代也一定会兴旺不衰。"宗庙飨之"，孔子认为正因为舜的德行，他才成为人们祭祀的对象。换言之，凡是历史上具有表率作用，对国家、对人民有功的人，都会得到后人的景仰。

前两部分，了凡先生都是从历史的角度来说明"积善之家，必有余庆"的道理，接下来，他列举了距离他只有几十年的事情，这样的事例，说起来大家都耳熟能详，更具有说服力。

[原文]

杨少师荣，建宁人。世以济渡为生。久雨溪涨，横流冲毁民居，溺死者顺流而下，他舟皆捞取货物，独少师曾祖及祖，惟救人，而货物一无所取，乡人嗤[chī]其愚。逮少师父生，家渐裕，有神人化为道者，语之曰："汝祖父有阴功，子孙当贵显，宜葬某地。"遂依其所指而窆[biǎn]之，即今白兔坟也。后生少师，弱冠登第，位至三公，加曾祖、祖、父，如其官，子孙贵盛，至今尚多贤者。

[译文]

有一位做过少师的人，姓杨名荣，是福建省建宁人。他家世代是以摆渡为生。有一次，雨下得太久，溪水满涨，水势汹涌横冲直撞，把民房都冲垮了，被淹死的人顺着水势一直漂下来，别的船都去捞取水中漂来的各种财货，只有少师的曾祖父和祖父，专门去救水里漂来的灾民，而财物一件都不捞，乡人都嘲笑他们是傻瓜。等到少师的父亲出生后，家道也渐渐地宽裕了。有一位神仙化作道士的模样，对少师的父亲说："你的祖父和父亲，都积了许多阴功，所生的子孙应该发达做大官，可以将你的父亲葬在某一个地方。"少师的父亲听了，就照道士所指定的地方，把

孝感动天

文中提到：“孔子称舜之大孝，曰：‘宗庙飨之，子孙保之，皆至论也。’”孔子认为舜是个至孝之人，其善行所积阴德，能够荫及子孙。相传舜的父亲瞽叟及继母、异母弟象，多次想害死他：让舜修补谷仓仓顶时，他们从谷仓下纵火；让舜掘井时，瞽叟与象却下土填井；幸亏舜每次都顺利逃脱。事后舜毫不嫉恨，仍对父亲恭顺，对弟弟慈爱。舜以德报怨的至孝行为感动了帝尧，帝尧很看重舜的善行，他把两个女儿娥皇和女英都嫁给了他；经过多年观察和考验，还选定舜做他的继承人。

他的祖父和父亲下葬。这座坟，就是现在大家所知道的白兔坟。后来少师出生了，到了二十岁就中了进士，一直做官，做到三公里面的少师，皇帝还追封他的曾祖父、祖父、父亲，与少师一样的官位。而且少师的后代子孙，都非常兴旺，一直到现在还有许多贤能之士。

［浅释］

少师杨荣的曾祖父和祖父，在面临水灾的时候，没有为了一己私利去打捞钱物，而是忙着搭救落水的人。很多时候，只有在危急关头，我们才看得出一个人真正的思想品格，这是他们对生命的尊重和珍视。

“世以济渡为生”，是说杨荣家祖上世代以摆渡为业，这就说明他的家庭并不富裕，仅够糊口。对于这样一个普通的家庭，能够在关键时刻不为金钱所惑，义无反顾的选择救人显得更难能可贵。然而，杨荣曾祖父和祖父的行为却遭到乡人们的嘲笑，是什么原因让原本正常积极的行为变得让人耻笑呢？世人为金钱所惑，人生观、价值观发生扭曲，以丑为美，原本应该称赞的好事反而成了大家嘲笑的话柄。但是，正如《易经》中所说：“积善之家，必有余庆。”杨荣父亲出生以后，杨家逐渐富裕起来。单纯的摆渡行业很难发家致富，而杨荣的家境之所以能逐渐好转，在了凡先生看来，这就是善因定有善报的结果。

这时，有神仙化为道士，来到杨家点化他们，这种说法与当时社会道教盛行有很大关系，道家认为，人的善恶行为，会在后世的子孙身上得到报应。因此，如果祖先积德行善，他的后人就会得到福报。于是，杨荣的父亲按照道士的指点，将自家祖坟重新下葬，也就预示着杨家从此要过上荣华富贵的日子了。

为什么这个化为道士的神仙来到杨家，不说别的，只告诉杨荣的父亲，坟茔适宜葬在哪里呢？这里涉及一个古人很重视的问题——风水。风水也叫地相，指的是宫殿、宅地、墓地的选址、坐向及建设等，古称堪舆术，从事风水研究的叫堪舆家。堪舆家们认为，风水的好坏，关乎一家人的吉凶祸福。因此，古代人是很重视风水的。光有好的风水是不够的，如果没有行善积德也得不到福报。而且风水好坏，一定是按照个人的福德因缘，都是注定的。如果有幸得到高人指点，自然是福气。但是，还要看是否有命消受这份福气。如果不是几世行善积德，修来的福分，就算有人指点风水，非但没有好运，反而会带来灾难。杨家前几代人积善积德，自然有这个福分。

经过仙人指点，杨家后人果然得到福荫，“后生少师，弱冠登第”。“弱冠”即二十岁。古时候男子二十岁行冠礼，这句话的意思是，杨荣年纪轻轻就进士及第，后来又位列三公，享有很高地位，追加他的父亲、祖父、曾祖父与他同等官爵，不得不说这是一件光宗耀祖的事情。

了凡先生列举了明代少师杨荣的事例，证明自己所言非虚，积善积德可以为后人留下福报。

［原文］

鄞(yín)人杨自惩，初为县吏，存心仁厚，守法公平。时县宰严肃，偶挞(tà)一囚，血流满前，而怒犹未息，杨跪而宽解之。宰曰："怎奈此人越法悖理，不由人不怒。"自惩叩首曰："上失其道，民散久矣，如得其情，哀矜(jīn)勿喜；喜且不可，而况怒乎？"宰为之霁(jì)颜。家甚贫，馈遗一无所取，遇囚人乏粮，常多方以济之。一日，有新囚数人待哺，家又缺米，给囚则家人无食；自顾则囚人堪悯。与其妇商之，妇曰："囚从何来？"曰："自杭而来，沿路忍饥，菜色可掬。"因撤己之米，煮粥以食囚。后生二子，长曰守陈，次曰守址，为南北吏部侍郎；长孙为刑部侍郎，次孙为四川廉宪，又俱为名臣。今楚亭、德政，亦其裔(yì)也。

［译文］

浙江人杨自惩，起初在县衙做书办，心地非常厚道，而且守法公平，做事公正。当时的县官，为人严厉方正，有一次偶然打了一个囚犯，一直打到血流到地上，县官还是不息怒，杨自惩见了就跪下，替囚犯向县官求情，请县官宽谅那个囚犯。县官说："你求情本来没有什么不能放宽的，但是这个囚犯，不守法律，违背道理，很难叫人不生气啊！"杨自惩一边叩头一边说："现在朝廷中已经没有什么是非可言了，政治一片黑暗、贪污、腐败，人心散失已经很久了，审问案件若是审出实情，尚且应该替他们伤心，可怜他们不明事理，误蹈法网，不可以因为审出了案情，就欢喜；若是存心欢喜，恐怕会把案件忽略弄错；若是生气，又恐怕犯人受不住打，勉强招认，容易冤枉人；既然欢喜尚且不可，又怎么可以发火呢？"那县官听了杨自惩的话，非常感动，面容立即和缓下来，不再发怒了。杨自惩的家里非常穷，但是他虽然穷，别人送他东西，他一概不肯接受；碰到囚犯缺粮，他却常用各种方法去弄一些米来，救济他们。有一天来了几个新的囚犯，没有东西吃，饥饿难忍，他自己家里刚巧也少米，若是拿来给囚犯吃，那么自己家人就没得吃了；如果只是自家吃，那么囚犯又饿得很可怜。没有办法，便同他的妻子商量，他的妻子问他说："犯人从什么地方来的？""从杭州来的，沿途上熬饿，脸上饿得没有一点血色；就像一种又青又黄的菜色，几乎可以用手捧起来。"他答。妻子听了也很可怜他们，于是夫妇俩就把自己所存的一些米，煮了稀饭给新来的囚犯吃。后来他们生了两个儿子，大儿子叫守陈，小儿子叫守址，做官一直做到南北吏部侍郎，大孙子做到刑部侍郎，小孙子也做到四川按察使。两个儿子，两个孙子，都是名臣。而当今有两个名人楚亭和德政，都是杨自惩的后代。

[浅释]

杨自悫虽然是一名县吏，但是他宅心仁厚，为人公正无私。当时的县令是一个很严厉的人，面对犯下罪行的囚犯，县令自己怒不可遏，惩罚在所难免，因此命人施以鞭挞刑罚。但是，杨自悫看到犯人流血，善良的他竟然跪下来请求县令饶恕囚犯。盛怒之下的县令当然很难饶恕囚犯，并且说出了很有道理的一番话：“怎奈此人越法悖理，不由人不怒。”

县令疾恶如仇，可以说是一个好官，但是，他对待罪犯的态度，只是起到威慑的作用，却达不到教育的目的。杨自悫深知孔子的“道之以政，齐之以刑，民免而无耻；道之以德，齐之以礼，有耻且格”的道理，因此跪下来请求县令宽恕这个囚犯。杨自悫的话也颇有道理，现在国家已经偏离了自己的轨道，百姓自然离心离德，但是如果我们明白造成这种情况的根本原因，面对犯罪的百姓，围观者不应该高高在上，自鸣得意。非但如此，更应该想到其中的隐情，因为百姓犯罪率的增加，与统治者政策施行的偏差有密不可分的关系，统治者也难辞其咎。因为没有人甘愿冒着触犯法律的危险，去做一些伤天害理的事情。不是逼不得已，谁也不会那么做。因此，对于囚犯，如果能设身处地地想想，就会心生怜悯之心，应该用德行来感化他们，达到真正的教化目的。

与刑法相比，中国古代社会的主流思想更注重德治，强调以德治国。在中国古代圣贤心中，统治者担负着教导、养育、统治人民的责任。百姓的一举一动，见解、思想、主张、伦理道德都需要统治者来一一教化。如果统治者失策，百姓自然容易作乱。归根结底，百姓犯罪，与统治阶级脱不了干系。

杨自悫说得有理有情，县令听了，心中的怒火自然就消失不见了。就这样，杨自悫不仅求县令宽恕了囚犯，还让县令明白了德育的教化方法。

杨自悫不仅让囚犯免于责罚，为官清廉，不收受任何馈赠，相反，对于一些吃不饱饭的囚犯，还经常慷慨解囊，用自家的粮食救济他们。

杨先生“家甚贫”，一个“甚”字，可见杨自悫家里甚至连寻常人家都比不上，是非常贫穷的意思。由他的家境我们也可以看出，杨自悫是一个大大的清官，因为只有清官才会两袖清风，一贫如洗。古时候当官的俸禄是很少的，除非是朝廷的大官，而杨自悫只是一个县级政府里的小职员，俸禄自然微乎其微，勉强维持温饱，这样的说法一点都不夸张。但是，就算是过得这样清贫，他仍然时常接济吃不上饭的囚犯，这样高尚的品德不得不让人钦佩。

其实，在我国源远流长的历史长河里，这样的清廉之士比比皆是，他们都有值得称赞的优秀品质：鲁国宰相公孙仪非常喜欢吃鱼，平常吃饭无鱼不欢。不少人得知公孙仪的嗜好，想尽千方百计给他送鱼，但他全都拒绝了。一天，一个想要巴结公孙仪的人得到一条大鱼，他请了全城最好的厨师进行烹调，然后派人给公孙仪送去。那人心想着，公孙仪一高兴，没准儿就可以给自己一个大官做呢。但是，公孙仪尽管闻到鱼的香味，仍然不为所动，让来人将鱼带走。来人不理解，问道："既然您喜欢吃鱼，这又是难得一见的好鱼，为什么不肯接受呢？"公孙仪说："你们现在送我鱼，是因为我身居宰相之位，如果我吃了你们送的鱼，我就要迁就你们，这样一来，我办事就会有失公允。一旦有失公允，就可能会触犯法律，如果触犯法律，我的宰相之位就会被罢免。现在的我尚且可以自己买到鱼吃，等到我不再是宰相的时候，自己买不起鱼，你们也未必会给我再送鱼了。"那人听完，惭愧地退了出去。公孙仪这种严于律己、清正廉洁的品格，与杨自惩如出一辙。

关羽也是一个不为利益所动的人，至今仍然流传着关羽"挂印封金"的佳话。看过《三国演义》的人都知道，关羽落难流落到曹操帐下，曹操爱关羽之才非但没有杀他，还赏赐他大量财物，并且封关羽为汉寿亭侯。但是，关羽不为金钱、名利所动，心中始终记挂着大哥刘备，更与曹操相约如果得知大哥刘备的消息，便立即离开。果然，在关羽得知主公刘备尚在人间的时候，立即将曹操赏赐给他的金银财宝全都封存到府库中，又将汉寿亭侯印系于堂上，过五关斩六将，回到结拜大哥刘备身边。

历史总是惊人的相似，公孙仪是这样，关羽是这样，身为县衙小职员的杨自惩也是这样。他们都不为金钱名利所惑，能够把持自己，做一个廉洁公正之人。

了凡先生所说的杨自惩，也是这样一个人，他虽然没有公孙仪那么大的官职，没有关羽那样大的名声，却仍然同他们一样，有一颗不为金钱所动的心。

不仅如此，杨自惩还从原本就不宽裕的家里拿出粮食，救济囚犯。就算自己没有吃的了，也要给忍饥挨饿的囚犯吃。不仅杨先生自己宽厚仁慈，他的妻子也是一个深明大义之人，大凡女子，都以个人小家为中心，自家都没有吃的了，还怎么舍得救济毫不相干的囚犯？但杨先生的妻子却赞同丈夫的举动，二人一起将家里仅存的粮食熬成稀粥，给囚犯送去。这是一种怎样的舍己为人精神！夫妻二人宅心仁厚，自然积下不少善因。佛家有云："种善因，得善果。"他们的所作所为，让他们的子孙得到了福报。杨自惩的妻子生下两个儿子，都官居侍郎；孙子也都当上了不小的官，并且全都励精图治，在地方上享有盛名。

"今楚亭、德政，亦其裔也。"现在的楚亭先生为官清廉，也是他们的后裔。由此可见，夫妻两人积德，子子孙孙都好！

［原文］

昔正统间，邓茂七倡乱于福建，士民从贼者甚众。朝廷起鄞(yín)县张都宪楷南征，以计擒贼，后委布政司谢都事，搜杀东路贼党。谢求贼中党附册籍，凡不附贼者，密授以白布小旗，约兵至日，插旗门首，戒军兵无妄杀，全活万人。后谢之子迁，中状元，为

宰辅；孙丕，复中探花。

［译文］

从前明朝英宗正统年间，有一个土匪首领叫作邓茂七，在福建一带造反。福建的读书人和老百姓，很多人跟随他一起造反。皇帝就起用曾经担任都御使的鄞县人张楷，去搜剿他们，张都宪用计策把邓茂七捉住了，后来又派了福建布政司的一位谢都事，去搜查捉拿剩下来的土匪，捉到就杀。但是谢都事不肯乱杀，怕杀错人，便四处寻找依附贼党的名册，查出来凡是没有依附贼党，名册里还没有他们姓名的人，就暗中给他们一面白布小旗，约定他们，搜查贼党的官兵到的那天，把这面白布小旗插在自己家门口，表示是清白的民家，并且禁止官兵乱杀，因为有这种措施而避免被冤杀的人，大约有一万人。后来谢都事的儿子谢迁，就中了状元，做官做到宰相；而且他的孙子谢丕，也中了探花。

［浅释］

了凡先生讲述这个事例，为了证明不滥杀无辜得到的福报。

在古代，朝廷将犯上作乱的人称为“贼”，既然是“贼”，始终是不正统的，被排挤和打击的。《水浒传》中，很多英雄因为不满朝廷腐败、官场黑暗，在水泊梁山聚众起义，尽管他们提出了“替天行道”的口号，却仍然被朝廷称为“贼寇”。梁山好汉的带头人宋江受封建传统观念的影响，迫切希望给自己的队伍正名。因此，当朝廷提出“招安”这一政策以后，宋江迫切希望自己的队伍能得到“官方”认可。当他义无反顾地接受朝廷“招安”的时候，他忘记了，自己曾经是作为朝廷对立面存在的，当时朝廷怎么容得下这样的乱臣贼子呢？因此，梁山好汉的结局只能以失败告终。

正统年间，邓茂七在福建作乱，朝廷自然容不下这样的“贼寇”存在，于是派都宪张楷南征，张楷设计抓获叛贼头领邓茂七以后，朝廷又委派布政司谢都事去剿灭余党，并且朝廷有令，自古以来，那些担任大将军的人，都免不了大开杀戒。但谢都事却不同，他为了不滥杀无辜，四处打探叛军的下落，为了保护那些不依附叛贼的人，谢都事暗地里发给每家每户一面小白旗，让他们插在自家门前，以便在剿灭逆贼的时候，官兵不会错杀无辜。谢都事凭借这样的方法，保住了一万多人的性命。

种善因得善果，好人有好报，谢都事的后代果然得到的福报，“后谢之子迁，中状元，为宰辅；孙丕，复中探花”。证明了善因善果，丝毫不差。

［原文］

莆田林氏，先世有老母好善，常作粉团施人，求取即与之，无倦色。一仙化为道人，每旦索食六七团，母日日与之，终三年如一日，乃知其诚也。因谓之曰：“吾食汝三年粉团，何以报汝？府后有一地，葬之，子孙官爵，有一升麻子之数。”其子依所点葬之。初世即有九人登第，累代簪缨（zān yīng）甚盛，福建有无林不开榜之谣。

［译文］

在福建莆田的林家，他们的上辈中，有一位老太太喜欢做善事，时常用米粉做成粉团给穷人吃，只要有人向她要，她就立刻给，脸上从不表现出一点厌烦的样子。有一位仙人，变作道士，每天早晨向她讨六七个粉团，老太太每天给他，一连三年，每天都是这样的布施，没有厌倦过，仙人就晓得她做善事的诚心了。于是对她说：“我吃了你三年的粉团，要怎样报答你呢？这样吧，你家后面有一块地，如果你去世后葬在这块地上，将来子孙有官爵的，就会像一升芝麻那样的多。”后来老太太去世了，她的儿子依照仙人的指示，把老太太安葬下去，林家的子孙第一代发科甲的，就有九人，后来世世代代，做大官的人非常多，因此，福建省竟有一句“如果没有姓林的人去赴考，就不能发榜”的传言。意思是讲：林家考试的人多，并且都能考中，所以到发榜，榜上就不会没有姓林的人，表示林家有功名的人很多。

［浅释］

了凡先生在这部分，仍然是举祖先积善行的，子孙后代得到福报的例子。

“莆田”是福建的一个县，位于福建省沿海中部地区。莆田林家的一个老妇人，为人乐善好施，经常做一些粉团施舍给穷人，常年如此，从来不会疲倦懈怠。行善也有弄虚作假的情况，有句俗语说得好：“试玉要烧三日满，辨材须待七年期。”一天做好事容易，难得的是一辈子做好事。很多人做好事只是一时的心血来潮，很难长期坚持；又有些人做好事是有目的的——为了给自己博得好名声，这些都不是真正诚心做好事，心存杂念的行善并不会积德，只有心无旁骛，真心帮助他人的人，才能让子孙后代获得福报。一个神仙为了检验老妇人做好事的诚心，化身成一个道士，每天清晨都会来老妇人家里要粉团，这一要就是整整三年。仙人终于看出老妇人是诚心诚意做好事的了，于是，作为报答，神仙告诉老妇人死后适宜安葬在哪里，林家子孙从此官运亨通，有了“无林不开榜”的民谣。

像这样的中国古代传说有很多，古时候，人们认为诚心和毅力是一个人品格好坏的关键。“精诚所至，金石为开”说的就是这个道理。秦末，一个年轻人在经过一座石桥的时候，一个老者将自己的鞋丢到桥下，老人让年轻人下桥为自己捡鞋，出于对老人的尊敬之情，年轻人按照老人的吩咐下桥将老人的鞋子捡起，并且恭敬地双手奉上。老人并不满足，示意年轻人亲自给自己穿鞋，耐心的年轻人仍然照做。

仁心慈政

文中谢都事明察秋毫，不妄杀一人，他的不妄杀的果报是：儿子中了状元并官至宰相，孙子也中探花。且不论个人的善行，能否荫庇子孙，但是心地善良的人，一定能够得到人们的尊重和爱戴。例如：南北朝时北魏广平人宋世良，他仁心慈政深得民心。阳平郡移治劫盗三十余人，世良亲自审问后，只送还了十二人，其余的都放了，没有冤枉一人。郡东南有贡堤，是盗贼聚集的地方，他施行八条良好的政策，使盗贼们自己逃跑到别的地方去了。在他任职期满离开时，人们倾城而出，攀住他的车辕哭留。

令人惊讶的是，年轻人刚给老人穿上鞋子，老人又一抬脚，鞋子再次掉到桥下，老人仍让年轻人为自己捡鞋，接连三次，每次老人将鞋子扔到桥下，年轻人都恭恭敬敬地捡起并亲自为老人穿上，老人终于露出满意的笑容，但事情并非如此简单，老人告诉年轻人五天后来石桥相见，结果年轻人五天后迟到了，老人很不满意，又说五天后再见。年轻人吸取教训，这次早早在石桥上等候，老人看见他后，十分满意，传授给年轻人一部《太公兵法》，年轻人得到这不兵书后，用心研读，辅佐刘邦消灭暴秦，建立汉朝，立下汗马功劳。这位年轻人，就是汉高祖刘邦的谋臣，大名鼎鼎的张良。世间自有公道，真心地付出总会得到回报。林老夫人是这样，张良是这样，连“三顾茅庐”的刘备也是这样，只有真诚才最打动人。

［原文］

冯琢庵太史之父，为邑庠(xiáng)生。隆冬早起赴学，路遇一人，倒卧雪中，扪(mén)之半僵矣，遂解己绵裘衣之，且扶归救苏。梦神告之曰：“汝救人一命，出至诚心，吾遣韩琦为汝子。”及生琢庵，遂名琦。

［译文］

冯琢庵太史的父亲，在县学里做秀才。一个非常寒冷的冬天清早，在他要去县学的路上，碰到一个人倒在雪地里，用手摸摸，已经快要冻死了。冯先生马上就把自己穿的皮袍脱下来替他穿上；还把他扶到家里，救醒了。冯先生救人后，就做了一个梦，梦中见到一位神仙告诉他：“你救人一命，是完全出自一片至诚的心来救的，所以我要派韩琦投生到你家，做你的儿子。”等到后来琢庵出生，就命名叫作冯琦。

［浅释］

这个故事仍然为了证明“积善之家，必有余庆”的道理。冯琢庵的父亲是县学的一个普通秀才，但是他勤奋好学，可以说是闻鸡起舞，就算是寒冷的冬天，仍然大清早就起床前往县学。这就为冯老先生在路上遇见被冻僵的人埋下了伏笔。在这样的大冷天，遇见一个人倒在雪地之中，可见这个人一定贫病交加。而冯老先生能够不顾天气严寒，毅然将自己的外套脱下来给冻伤的人穿上，正如那位神仙所说，他是出于一片至诚之心的。只是路遇一个不相识的普通人，冯老先生就能毫不犹豫地伸出援手，足见他的善行善德。善恶终有报，天神为了表彰冯老先生，派韩琦下界投胎到冯家。韩琦是北宋著名政治家，曾经名重一时，与范仲淹一起，为防御西夏做出很大贡献。神仙派这样一个有才能的人给冯老先生当儿子，全是因为他救人一命的原因。种善因，得善果，这也说明了六道轮回转世投胎的事实，古人对这点深信不疑。

[原文]

台州应尚书，壮年习业于山中。夜鬼啸集，往往惊人，公不惧也。一夕闻鬼云：“某妇以夫久客不归，翁姑逼其嫁人，明夜当缢(yì)死于此，吾得代矣。”公潜卖田，得银四两，即伪作其夫之书，寄银还家。其父母见书，以手迹不类疑之，既而曰：“书可假，银不可假；想儿无恙。”妇遂不嫁。其子后归，夫妇相保如初。

[译文]

浙江台州有一个叫应大猷的尚书，壮年的时候在山中读书。夜里头，山鬼常聚在一起做鬼叫，来吓唬人，只有应公不怕鬼叫。有一天夜里，应公听到一个鬼说：“有一个妇人，因为丈夫出远门，很长时间没回来，她的公婆判断儿子可能已经死了，所以就逼这个妇人改嫁，但是这个妇人却坚持要守节，不肯改嫁，所以明天夜里，她要在这里上吊，我终于可以找到一个替身了。”凡是上吊或者是淹死的人，如果没有替身，便无法投生，所以叫替死鬼。应公听到这些话，动了救人的心，偷偷地把自己的田卖了四两银子，还马上写了一封假托她丈夫的信，并把银子寄回家的事写在信上说明。这位外出人的父母看了信以后，因为笔迹不像，所以怀疑信是假的，但是后来他们又说：“信是可以假的，但是银子不能假呀！一定是儿子很平安，才会把银子寄回来。”他们这样想以后，就不再逼媳妇去改嫁了。后来他们的儿子果然回来了，这对夫妇最终得以保全，像从前新婚时一样，好好地过日子了。

[浅释]

“习业”就是读书的意思。古代人读书有个习惯，大多喜欢到深山老林里去，以便心无杂念，一心读书。古时的人们对神鬼之说深信不疑，因此，这个故事在当时看来，才是非常真实可信的。正值壮年的应尚书到深山里去闭门读书，尽管附近有鬼怪出没，“公不惧也”，表明应尚书为人处世光明磊落，因此才能与鬼怪为邻，却毫无惧色。民间有句话是“为人不做亏心事，夜半不怕鬼敲门”，应尚书正是这种人。因为与鬼怪为邻，所以才能听到鬼怪之间的闲谈，“一夕闻鬼云：‘某妇以夫久客不归，翁姑逼其嫁人，明夜当缢死于此，吾得代矣’”。古代人认为，那些自杀的人因为死得悲惨，所以无法转世投胎，他们的冤魂四处游荡，找到下一个死掉的人成为他的替身，才能重新投胎，转世为人。应尚书听见一个吊死鬼即将获得投胎的机会，而有一个贤良女子将来到这里上吊自杀，进而代替他的位置，于是，应尚书动了恻隐之心，想阻止女子自杀。应尚书并没有盲目前去阻止，在古代女子是很注重名节的，如果应尚书莽撞前去，必定会引起一系列不必要的麻烦，所以，他想

了一个方法：女子的公公、婆婆是因为自己的儿子外出很久，杳无音讯，又不给家用，无力负担才想要媳妇改嫁的，应尚书悄悄卖掉自己的田地，写了一封信连带四两银子托人送过去了。父母虽然认出笔记不是自己儿子的，但是因为有真金白银在那，他们自然相信儿子尚在人间的事实了。有了钱过日子，儿子也还活着，他们也就不会逼迫媳妇改嫁了。就这样，应尚书救了女子一命，也避免了妻离子散的人间悲剧发生。

应尚书在做这件事情的时候，完全出于善心，不计较个人得失，甚至连名字都没留下，可见他是诚心诚意做好事的。

[原文]

公又闻鬼语曰："我当得代，奈此秀才坏吾事。"旁一鬼曰："尔何不祸之？"曰："上帝以此人心好，命作阴德尚书矣，吾何得而祸之？"应公因此益自努励，善日加修，德日加厚。遇岁饥，辄(zhé)捐谷以赈之；遇亲戚有急，辄委曲维持；遇有横逆，辄反躬自责，怡然顺受。子孙登科第者，今累累也。

[译文]

一天晚上，应尚书又听到那个鬼说："我原本已经找到替身了，但是谁知道被那个秀才坏了我的好事啊。"旁边另一个鬼说："既然这样！你为什么不去害死他呢？"那个鬼说："天帝知道这个人心地善良，有阴德，已经派他去做阴德尚书了，既然如此，我还怎么可以加害于他呢？"应公听了这两个鬼所讲的话以后，从此更加努力，更加用心读书，日行一善事，功德也一天一天地增加。碰到荒年的时候，每次都捐米谷救人；碰到亲戚有急难，他也一定会想尽办法帮助人家渡过难关；碰到有些蛮不讲理的人，或不如意的事，他就会从自身反省，责备自己的过失，然后心平气和地接受事实。因为应尚书能够这样做人，所以他的子孙一直到现在还有很多得到功名、官位的呢！

[浅释]

应尚书做了好事，却也同时让吊死鬼没了替死鬼，于是，吊死鬼抱怨应尚书坏了自己的好事。通常情况下，如果一个凡夫俗子破坏了鬼怪的好事，鬼怪怎么会放过他呢？因此，旁边有一个鬼问吊死鬼，为什么不去报复应尚书？吊死鬼说出了不报复的缘由。原来，应尚书有阴功，天神知道他心地好，所以不仅保佑他平安，还会做大官。从这里我们可以看出，牛鬼蛇神之所以能害人，归根结底也是那人罪有应得。假如普通人没有犯罪，反而日行一善，就算是神鬼也拿他没办法。了凡先生用这个故事告诉自己的儿子，为人做事应该品行端正、光明磊落，这样一来，就算

郭宅赈济

《易》曰:“积善之家，必有余庆。”了凡先生认为善有善报，可以通过行善来改变自己的命运，为了勉励人们修善，他在此举了很多事例来证明善行必有善果。古人很相信善行的效力，认为通过善行可以减轻自己的罪孽，也可以通过善行换得幸福安康等。此图为《济贫》的插图。故事是这样的：郭伯英因为子赴京赶考音讯全无，期间妻子也因病亡故，他思量要广积阴德才能消灾获福，于是便开自家粮仓来赈济贫民。郭伯英立身行善，积善获报，终于获得大团圆的结局。

是有神魔鬼怪，也不会加害于你。相反，你的日行一善，虽然不计较个人得失，却全在天神的眼里。天神会保佑你和你的子孙后代的。应尚书因保全一个家庭和睦完美，为自己的子孙后代带来了无尽福报。

［原文］

常熟徐凤竹栻(shì)，其父素富，偶遇年荒，先捐租以为同邑之倡，又分谷以赈贫乏。夜闻鬼唱于门曰：“千不诓(kuāng)，万不诓，徐家秀才，做到了举人郎。”相续而呼，连夜不断。是岁，凤竹果举于乡。其父因而益积德，孳(zī)孳不怠。修桥修路，斋僧接众，凡有利益，无不尽心。后又闻鬼唱于门曰：“千不诓，万不诓，徐家举人，直做到都堂！”凤竹官终两浙巡抚。

［译文］

江苏常熟有一位徐凤竹先生，他的父亲本来就很富有，偶然碰到了荒年，就先把他应收的田租，完全捐掉，作为全县有田的人的榜样，同时又分出他自己原有的稻谷，去救济穷人。有一天夜里，他听到有一群鬼在门口唱道：“千不骗，万不骗，徐家秀才，快要做到了举人！”那些鬼连续不断地呼叫，夜夜不停。这一年，徐凤竹去参加乡试，果然考中了举人。他的父亲因此更加高兴，努力不倦地做善事，积功德；同时又修桥铺路，施斋饭供养出家人；碰到缺米缺衣的人，也接济他们；凡是对别人有好处的事情，无不尽心地去做。后来他又听到鬼在门前唱道：“千不骗，万不骗，徐家举人，做官直做到都堂！”结果徐凤竹，官做到了两浙的巡抚。

［浅释］

常熟隶属江苏。“凤竹”是这个人的字，古时候人们都习惯称字，而“栻”才是他的名。名是小时候起的，主要用来供长辈、老师称呼，同窗、好友等都称呼他的字。“其父素富”，徐凤竹的父亲家庭富庶。如果遇到哪个地方有灾荒，或者庄稼收成不好，徐凤竹的父亲就会慷慨解囊，赈济灾民。不仅如此，徐凤竹的父亲以身作则，还倡导其他富户一起救济灾民。与许多为富不仁的人相比，徐凤竹的父亲行善积德，做了很多好事。古人笃信鬼神的存在，刚好事情又发生在乡村，所以当地出现鬼怪的事情并不稀奇，而且还听得清鬼怪所说的话：“千不诓，万不诓，徐家秀才，做到了举人郎。”这是一种预言，更是对徐凤竹父亲做好事的一种肯定。人在做，天在看，他乐善好施的品格不仅得到人的夸赞，还为自己的子孙后代带来好运。听闻鬼怪吟唱的当年，凤竹就中了举人，鬼怪之话全部应验。徐凤竹的父亲明白了善有善报的道理，更加努力修德行善。“后又闻鬼唱于门曰：‘千不诓，万不诓，

徐家举人，直做到都堂。’凤竹官终两浙巡抚。”“都堂”负责掌管刑事，与现在的高级法院的法官职务相当。“凤竹官终两浙巡抚”，徐凤竹最后官至“两浙巡抚”，所有这些，都是他的父亲行善积德得来的福报。

[原文]

嘉兴屠康僖公，初为刑部主事。宿狱中，细询诸囚情状，得无辜者若干人，公不自以为功，密疏其事，以白堂官。后朝审，堂官摘其语，以讯诸囚，无不服者，释冤抑十余人。一时辇(niǎn)下咸颂尚书之明。

[译文]

浙江嘉兴有一位姓屠，名叫康僖的人，起初在刑部里做主事的官。夜里就住在监狱里，并且仔细地盘问囚犯，结果发现没罪而被冤枉的，有不少人；但是屠公并不觉得自己有功劳，他秘密地把这件事，上公文告诉了刑部堂官。后来到了秋审的时候，刑部堂官，把屠公所提供的话，拣些要点，来审问那些囚犯。囚犯们都老老实实地向堂官供认，没有一个不心服的。因此，堂官就把原来冤枉的，因为受刑被逼招认的，释放了十多人。那个时候京里的百姓，都称赞刑部尚书明察秋毫。

[浅释]

屠康僖先生可以说是一个非常难得的好官，他在担任刑部主事的时候，能够亲自来到监狱里，体察囚犯们的生活环境，了解他们的真实状况。他甚至住在监狱里，只是为了多与囚犯们接触，知道他们当中是否有被冤枉的人，以便帮助他们洗脱冤情。世事无绝对，就算是今天，仍然可能会发生错判的事情，因为法官也是人，就算再小心、再认真审查，也难免会百密一疏，更不要说法制并不健全的明朝了。那时候，冤假错案并不稀奇，这并不是说朝廷有多黑暗，只是无心之失罢了。

屠康僖为了将这种过错降到最低，亲自来到囚犯之中，这本已难能可贵，更可贵的是，屠康僖为人低调，不独自邀功，就算是调查出有人是被冤枉的，仍然不莽撞行事，而是秘密将这件事写成公文上表给刑部堂官，自己不居功。等到堂官会审犯人的时候，因为事先知道底细，再一一盘问，很快就查出十几个被冤枉的人。尚书因为让蒙受不白之冤的人得以平反，人们纷纷感恩戴德，赞颂刑部尚书的公正廉明。

[原文]

公复禀曰：“辇毂(gǔ)之下，尚多冤民，四海之广，兆民之众，岂无枉者？宜五年差一减刑官，核实而平反之。”尚书为奏，允其议。

时公亦差减刑之列。

［译文］

后来屠公又向堂官上了一份公文说：“在天子脚下，尚且有那么多被冤枉的人，那么全国这样大的地方，千千万万的百姓，哪会没有被冤枉的人呢？所以应该每五年再派一位减刑官，到各省去细查囚犯犯罪的实情，确实有罪的，定罪也要公平；若是冤枉的，应该翻案重审，减刑或者释放。”尚书就代为上奏皇帝，皇帝也准了他所建议的办法；就派减刑官，到各省去查察，刚巧屠公也被派在内。

［浅释］

屠康僖不仅仅满足于此，他又给堂官写了一份公文，进一步解释问题存在的可能性。因为有了之前的冤假错案平反，所以堂官自然很容易相信屠康僖的建议。这里并不是说堂官世俗，只是既能够救人，又能够博得美名，何乐而不为呢？而屠公的公文也很讲究技巧，从已经发生的事实着手，先说之前发现的囚犯有被冤枉的这一事实，再推而广之，说到全国上下，更具有可信度。于是，堂官代屠公上奏给皇帝，对于这样的举措，皇帝自然会同意的。这个制度建立之后，朝廷就出现了减刑官，而屠康僖也成为减刑官中的一员，负责前去审理案件。

［原文］

梦一神告之曰：“汝命无子，今减刑之议，深合天心，上帝赐汝三子，皆衣紫腰金。”是夕夫人有娠，后生应埙（yǔn）、应坤、应埈（lèng），皆显官。

［译文］

有一天晚上屠公梦见天神告诉他说：“你命里本来没有儿子，但是因为你提出减刑的建议，正与天心相合；所以上帝赐给你三个儿子，将来都可以做大官；穿紫色的袍，束金镶的带。”这天晚上，屠公的夫人就有了身孕，后来生下了应埙、应坤、应埈三个儿子，果然他们都做了高官。

［浅释］

屠公原本命里是没有儿子的，正是因为屠公帮人洗刷冤情，累积阴德，才能得到儿子。

［原文］

嘉兴包凭，字信之，其父为池阳太守，生七子，凭最少，赘（zhuì）平湖袁氏，与吾父往来甚厚，博学高才，累举不第，留心二氏之学。

[译文]

有一位嘉兴人，姓包，名凭，字信之，他的父亲做过安徽池州府的太守，包凭父亲有七个儿子，包凭是最小的。他被平湖姓袁的人家，招赘做女婿，他与我父亲常常来往，交情很深，他的学问广博，才气很高，但是每次考试都考不中，于是他转而十分注重佛教、道教的学问研究。

[浅释]

现在的安徽池州明朝时称为“池阳”。包凭的父亲是池阳这个地方的“太守”，也就是一个地方的行政首长。“平湖”也是地名，作为太守最小的儿子，包凭入赘到平湖的袁家。包凭本是一个聪慧之人，却因为屡试不第，变得消极起来。古时候，落榜的人通常会转而向佛道寻求心灵的慰藉。这段了凡先生还交代了包凭与自己父亲非同寻常的关系，因此了凡先生得知包凭很多事情就合情合理了。

[原文]

一日东游泖(mǎo)湖，偶至一村寺中，见观音像，淋漓露立，即解橐(tuó)中得十金，授主僧，令修屋宇，僧告以功大银少，不能竣事。复取松布四匹，检箧(qiè)中衣七件与之，内纻(zhù)褶，系新置，其仆请已之，凭曰：“但得圣像无恙，吾虽裸裎(chéng)何伤？”僧垂泪曰：“舍银及衣布，犹非难事。只此一点心，如何易得！”后功完，拉老父同游，宿寺中，公梦伽蓝来谢。曰：“汝子当享世禄矣。”后子汴(biàn)，孙柽(chēng)芳，皆登第，作显官。

[译文]

有一天，他向东去泖湖游玩，偶然到了一处乡村的佛寺里，因为寺内房屋坏了，看见观世音菩萨的圣像，露天而立，被雨淋得很湿，当时就打开他的袋子，有十两银子，就拿给这寺里的住持和尚，叫他修缮寺院房屋，和尚告诉他说：修寺的工程大，银子少，不够用，没法完工。他听后，他又拿了松江出产的布四匹，再拣竹箱里的七件衣服给和尚，这七件衣服里，有用麻织的料做的夹衣，是新做的；他的佣人要他不要再送了，但是包凭说：“只要观世音菩萨的圣像，能够安好，不被雨淋，就算我赤身露体又有什么关系呢？”和尚听后流着眼泪说：“施送银两和衣服布匹，还不是件难事，只是你这样的诚心，是千金难得呀！”后来房屋修好了，包凭就拉着了凡先生的父亲一起来这座佛寺游览，并且住在寺中，当天晚上，包凭做了一个梦，梦到寺里的护法神来谢他说：“你做了这些功德，你的子孙可以世世代代享受官禄了。”后来他的儿子包汴，孙子包柽芳，都中了进士，做了高官。

［浅释］

了凡先生在这一部分里讲的是包凭真诚施金修建佛寺的事情。包凭因为屡试不第，便对考取功名心灰意冷，而前面说到他是池阳太守的小儿子，并且入赘到袁家为婿，可见家境不错，可以说衣食无忧。也正因为如此，包凭才能将科举考试的抑郁转移到潜心修佛论道中去。试想一下，如果包凭食不果腹、衣不蔽体，全家老小都等着他一个人养活，又哪里来的心思去钻研佛学呢？在一个偶然的机会下，包凭在乡下村庄见到一座房顶漏雨的佛寺，当他看到观音像被雨淋，于心不忍，立即取出自己身上的全部银两交给寺里的和尚，希望帮助他们修缮寺庙。包凭身上只带了十两银子，因此寺里的僧人说：“十两银子不够修缮寺庙。”，由此可知，这座佛寺年久失修，破坏程度较为严重。包凭听了僧人的这句话，就将自己随身携带的布匹、衣服全都拿了出来，让和尚将这些东西拿去变卖，换成钱再回来修葺寺庙。包凭虽然没带太多钱，但是他交给和尚的布料非常值钱。在他毫无保留地将自己身上的衣物全都交给和尚时，他的仆人看不下去了，就跟包凭讲：“还是留一件吧！”包凭不假思索地回答肯定了他做善事修寺庙的决心：“只要能修好佛寺，让观音圣像不再淋雨，我个人就算是赤身裸体，也没关系。”乐善好施，对于有钱人家来说，并不是一件困难的事情，难得的是，包凭只一心保护佛像，不顾个人的真诚之心。因此，寺庙里的和尚才会被包凭的这份心意感动得热泪盈眶。佛寺修缮以后，包凭作为寺院的功德主，自然会被寺里请去参观；包凭就邀请了凡先生的父亲一同前往。二人晚上留宿寺中，包凭因此得以梦见护法神“伽蓝”护法，护法在梦中向他道谢，还告诉包凭他所种的善因得到了善果，他的子孙后代都会做上高官。因为了凡先生的父亲与包凭同行，所以对事情的来龙去脉了如指掌。果然，包凭的儿子、孙子全都当上了大官，这就是积善积德的福报。

［原文］

嘉善支立之父，为刑房吏，有囚无辜陷重辟。意哀之，欲求其生。囚语其妻曰：“支公嘉意，愧无以报。明日延之下乡，汝以身事之，彼或肯用意，则我可生也。”其妻泣而听命。及至，妻自出劝酒，具告以夫意。支不听，卒为尽力平反之。囚出狱，夫妻登门叩谢曰：“公如此厚德，晚世所稀，今无子。吾有弱女，送为箕帚妾，此则礼之可通者。”支为备礼而纳之，生立，弱冠中魁（kuí），官至翰林孔目。立生高，高生禄，皆贡为学博。禄生大纶，登第。凡此十条，所行不同，同归于善而已。

[译文]

浙江省嘉善有一个叫作支立的人，他的父亲，在县衙中的刑房当差，有一个囚犯，因为被人冤枉陷害，判了重刑。支书办很可怜他，想要替他向上面的长官求情，宽免他不死。那个囚犯晓得支书办的好意之后，告诉他的妻子说："支公的好意，我觉得很惭愧，没法子报答。明天请他到乡下来，你就嫁给他，他或者会感念这份情，那么我就可能有活命的机会了。"他的妻子听了之后，没别的办法，就边哭边答应了。到了明天，支书办到了乡下，囚犯的妻子就自己出来劝支书办喝酒，并且把她丈夫的意思，完全告诉了支书办。但是支书办没有这样做，不过还是尽了全力，替这个囚犯把案子平反了。后来，囚犯出狱，夫妻两个人一起到支书办家里叩头拜谢说："您这样厚德的人，在近代实在是少有，现在您没有儿子。我有一个女儿，愿意送给您做扫地的小妾。这在情理上是可以说得通的。"支书办听了他的话，就预备了礼物，把这个囚犯的女儿迎娶为妾，后来生了一个儿子叫支立，才二十岁就中了举人的前茅，官做到翰林院的书记。后来支立的儿子叫作支高，支高的儿子叫支禄，都是贡生，而支禄的儿子叫支大纶，也考中了进士。上面说的十个故事，虽然各有不同，但是却心存善意。

[浅释]

"嘉善"是地名，在现今的浙江。支立的父亲在刑房当差，一个囚犯受冤被判重刑，但是支立的父亲清楚这个囚犯是被冤枉的。他看到囚犯十分可怜，就想方设法为这个受冤囚犯脱罪。这原本是一桩好事，支立的父亲在救人的过程中并没有想着要得到他的报答，只是出于一片善心，救得一人，成全一家。但是，当囚犯的妻子前来探望囚犯的时候，囚犯的话却让人大跌眼镜，他觉得莫大的恩情无以回报，就让自己的妻子去侍奉支立的父亲。这种做法不但侮辱了自己的妻子，更侮辱了支立父亲的一番好心。在男女平等的当今社会，这种现象极少出现，因为妇女有自主的权力。但是在当时，女子出嫁从夫的思想根深蒂固，丈夫让她做什么，她就要照做什么。她没有自己选择的余地，只能听任丈夫的指挥。这也反映出古代妇女的低下地位。支立的父亲一心救人，自然不会答应这样的事情，于是，他拒绝了囚犯妻子的"好意"，同时又说自己一定会尽心尽力救人。支立的父亲不仅坚持了自己的立场，还给囚犯妻子吃了定心丸，告诉她自己不会因为这件事而不去救她的丈夫。支立的父亲救人是出于道义，是出于自己的责任。在他的努力下，囚犯终于重获自由，与妻子团聚。囚犯出狱后，前来感谢支公的时候，发现支公家贫，一直都没有儿子，没有子嗣，在古代人眼里，是为人作恶多端的报应，因此，囚犯才说支公这样的大好人没有儿子是不合道理的。作为报答，囚犯将自己成年的女儿嫁给支公做妾，婚后果然为支立生了儿子——也就是支立。这都是救护无辜，而得到的善报。在讲述完这个故事以后，了凡先生对之前讲的十个故事做了一个简短地总结，他说虽然故事的人、事、地点全都不同，出发点却是不约而同的，那就是一个“善”字。的确，在这一章里，了凡先生所举的例子都有凭有据，有的甚至与他家有往来，可见“积善之家，必有余庆”的道理绝对真实可信。

［原文］

若复精而言之，则善有真有假，有端有曲，有阴有阳，有是有非，有偏有正，有半有满，有大有小，有难有易，皆当深辨。为善而不穷理，则自谓行持，岂知造孽，枉费苦心，无益也。

［译文］

若是要再精细地加以分类来说，那么做善事，有真的，有假的；有直的，有曲的；有阴的，有阳的；有是的，有不是的；有偏的，有正的；有一半的，有圆满的；有大的，有小的；有难的，有易的。这种种都各有各的道理，都应该仔细地辨别。若是做善事，而不知道考究做善事的道理，就自夸自己做善事，做得怎样有功德，哪里知道这不是在做善事，而是在造孽，这样做岂不是冤枉，白费苦心，得不到一些益处啊！

［浅释］

行善积德最关键的一点就是要诚心诚意，别无所求，这才是真正的行善。一旦行善有了条件，那就不能说是真善，甚至如同造恶。例如，我们生活的当下，很多佛家信徒不能真正理解佛陀教化众生，帮助众生破除妄想执着的道理，尽管他们也来寺庙烧香拜佛，但是他们全都是因为有所求所以才来烧香拜佛的；假如他们没有什么请求，可能就会“无事不登三宝殿”了。信徒们许下自己的愿望，然后烧香拜佛，目的是为了求佛祖、菩萨保佑，然后说如果自己心愿达成，就会再次来还愿。跟菩萨谈条件，这并不是真心信奉。只有毫无所求、诚心诚意地做好事，才是值得人们推崇和效仿的善行。

［原文］

何谓真假？昔有儒生数辈，谒(yè)中峰和尚。

［译文］

什么叫作真什么叫作假呢？从前在元朝的时候有几个读书人，去拜见天目山的高僧中峰和尚。

［浅释］

真善、伪善如何区分？元朝的得道高僧“中峰和尚”对此有独特的见解，因此，才有会读书人向他请教。

[原文]

问曰：“佛氏论善恶报应，如影随形。今某人善，而子孙不兴；某人恶，而家门隆盛，佛说无稽矣。”

[译文]

几个读书人问道：“佛家讲善恶的报应，像影子跟着身体一样，人到哪里，影子也到哪里，永远不分离。这是说行善，定有好报，造恶定有苦报，决不会不报的。为什么现在某一个人是行善的，他的子孙反而不兴旺？有某一个人是作恶的，他的家反倒发达得很？那么佛说的报应，倒是没有凭据了。”

[浅释]

佛家、道家经常说：“因果循环，报应不爽。”几个读书人却心有不明：有的人做了很多好事，但是他的后代却没有兴旺发达，过上好日子。相反，有的人坏事做尽，他的子孙后代却仍然能享受荣华富贵，因为看到这种情况，所以他们认为佛语所说的话都是没有根据的，因为善恶的果报与事实有出入。前面说到读书人前去请教中峰和尚，他们请教的正是这个问题。

[原文]

中峰云：“凡情未涤，正眼未开，认善为恶，指恶为善，往往有之。不憾己之是非颠倒，而反怨天之报应有差乎？”众曰：“善恶何致相反？”

[译文]

中峰和尚回答说：“平常人被世俗的见解所蒙蔽，这颗灵明的心，没有洗涤干净，因此，法眼未开，所以把真的善行反认为是恶的，真的恶行反认为它是善的，这是常有的事情。并且看错了，还不恨自己颠颠倒倒，怎么反而抱怨天的报应错了呢？”大家又说：“善就是善，恶就是恶，善恶哪里会弄得相反呢？”

[浅释]

对于读书人的追问，中峰和尚给了答案，他认为凡夫俗子自己的本心尚且没有荡涤洁净，凭借肉眼凡胎很难分辨出真正的善与恶，因为他们没有慧眼，无法看到事实的真相。世间本无定法，很多你认为对的事情，可能是错的。同样，有些人你认为是善人，实际上并非如此。中峰和尚说“认善为恶，指恶为善”，颠倒善恶、黑白的人“往往有之”，他们不认真反省自己，反而怨天尤人，认为“老天无眼”，认为因果报应有失公允，这正是凡夫俗子的典型代表。因此，世人应该擦亮眼睛，谨慎分辨。

［原文］

中峰令试言。一人谓詈人殴人是恶，敬人礼人是善。

［译文］

中峰和尚听了之后，便叫他们把所认为是善的、恶的事情都说出来。其中有一个人说：骂人、打人是恶；恭敬人、用礼貌待人是善。

［浅释］

为了解除他们的疑惑，中峰禅师向他们询问在他们看来，何为善恶。其中一个人认为大声责骂、出手打人就是恶行，而对人尊敬、有礼貌就是善行。他们的善恶标准只流于表面，这种判断方法的确容易善恶不分，是非混淆。

［原文］

中峰云：“未必然也。”一人谓贪财妄取是恶，廉洁有守是善。中峰云：“未必然也。”众人历言其状，中峰皆谓不然，因请问。

［译文］

中峰和尚回答说：“你说的不一定对啊！”另外一个读书人说：贪财、乱要钱是恶；不贪财、清清白白守正道是善。中峰和尚说：“你说的也不一定对啊！”那些读书人，把各人平时所看到的种种善恶的行为都讲出来，但是中峰和尚都说：“不一定全对啊！”那几个读书人，因为他们所说的善恶，中峰和尚都说他们说得不对，所以就请问和尚，究竟怎样才是善？怎样才是恶？

［浅释］

面对一个读书人的答案，中峰禅师并没有直截了当地否定，只是说了一句：“未必然也。”高僧简明扼要的回答让人多少有些摸不到头脑。于是，第二个读书人继续说自己的看法，在他看来，贪赃枉法便是恶行，廉洁有守则是善行。较之前一个人的观点，第二个人的观点更符合大多数人定义的善恶标准。但是，中峰禅师仍然说了一句：“未必然也。”这就未免让大家陷入疑惑之中了。接着，众人纷纷说出自己心目中的善恶标准，中峰和尚都只是回复一句话：“未必然也。”既然大家说的都是错的，那么到底什么才是善行，什么才是恶行呢？于是大家纷纷向中峰禅师请教。

老子观井

什么是真善？什么是伪善呢？了凡先生认为："又根心者真，袭迹者假；又无为而为者真；有为而为者假；皆当自考。"为善不是从量上区别的，而是要从心地上区别。没有所图，只是发自内心地想做这件事情，这样的善事才是真正的善。老子有语，"上善若水，水善利万物而不争"，有至高善行的人，效法水的柔性，广泛施恩却不奢望报答。图为老子观井悟道。

[原文]

中峰告之曰:“有益于人,是善,有益于己,是恶。”有益于人,则殴人、詈人皆善也;有益于己,则敬人、礼人皆恶也。

[译文]

中峰和尚告诉他们说:“做对别人有益的事情,是善;做对自己有益的事情,是恶。”若是做的事情,可以使别人得到益处,哪怕是骂人、打人,也都是善;而有益于自己的事情,那么就是恭敬人,用礼貌待人,也都是恶。

[浅释]

中峰和尚说出了善恶的标准,那就是对他人有益,则为善行;对自己有益,则为恶行。这也是佛家的善恶标准。他们认为,如果这件事有利于人,就算是殴打、责骂他也是善行,如果这件事对自己有利,就算是待人恭敬、讲究礼貌也是恶行。概括来说,不能从表象来分辨善恶,有的人趋炎附势、曲意逢迎一些权贵之人,表面看起来是彬彬有礼,实际上只是为了自己的利益,让自己有更好的发展,这样的行为则是恶行。

[原文]

是故人之行善,利人者公,公则为真;利己者私,私则为假。

[译文]

所以一个人做善事,使旁人得到好处的就是为公,为公自然是真了;而只想自己要得到利益,就是为私,为私就是伪善了。

[浅释]

这个关于善恶的标准,粗看言语简洁,实则含义深远。如果一个人一心为公,为人民大众谋福利,那么这个人就是真善人。假如他在为众生造福的过程中还计较自己的待遇和酬劳,那就是善念中掺杂着恶,并不是真正的善行。为人处世以天下为公,以大众为公,真正抛开一己私利,这样的人才会得到真正的福报。

[原文]

又根心者真,袭迹者假;又无为而为者真;有为而为者假;皆当自考。

[译文]

并且从良心上所发出来的善行是真,如果只是照例做做就算了的是假;还有,

为善不求报答，不露痕迹，那么所做的善事，是真；但是为了某一种目的，企图有所得，才去做的善事，是假；像这样的种种，自己都要仔细地考察。

［浅释］

如果善行是由内心而发，不是按照他人做事的路径效仿，那才是真正的行善。真善伪善，并不能只从表面判断，更应该仔细观察，细心考量。

［原文］

何谓端曲？今人见谨愿之士，类称为善而取之。圣人则宁取狂狷(juàn)。至于谨愿之士，虽一乡皆好，而必以为德之贼；是世人之善恶，分明与圣人相反。

［译文］

什么叫作曲、直？现在的人，看见谨慎不倔强的人，大都称他是善人，而且很看重他。然而古时的圣贤，却是宁愿欣赏志气高，只向前进的人，因为这种人才有担当、有作为，可以教导他，使他上进。至于那些看起来谨慎小心却是无用的好人，虽然在乡里，大家都喜欢他；但是因为这种人的个性软弱，随波逐流，没有志气，所以圣人一定要说这种人，是伤害道德的贼；这样看来，世俗人所说的善恶观念，分明是和圣人相反。

［浅释］

关于是非曲直的论断，历来就有不同的标准。有时候，人们看见那些唯命是从、恭恭敬敬的人就认为这是一个好人。那些贪慕虚荣的人就喜欢任用这类人，究其原因，无外乎他们听话，让他们往东就往东，让他们往西就往西。这种人生性柔弱，缺乏勇气，虽然多数人都认为他们是好人，但是圣人却认为他们是一个优柔寡断的人，扭曲了至高无上的道德。由此可见，凡人眼里的善行与圣贤所谓的道德，有很大差别。

［原文］

推此一端，种种取舍，无有不谬。天地鬼神之福善祸淫，皆与圣人同是非，而不与世俗同取舍。

［译文］

俗人说是善的，圣人反而说是恶；俗人说是恶的，圣人反而说是善。从这一个观念，推广到各种不同的事情来说，俗人所喜欢的，或者是不喜欢的，与圣人完全不同。那还有不错的吗？天地鬼神庇佑善人报应恶人，他们都和圣人的看法是一样的，圣贤以为是对的，天地鬼神也以为是对的；圣贤以为是错的，天地鬼神也认为是错的，而不和世俗人采取相同的看法。

［浅释］

是非曲直、真善伪善，圣人都能分辨得很清楚，圣人的善恶分辨标准与天地鬼神的标准都一样，却与世俗不同。究其原因，因为圣人的标准是对的，所以才与天地鬼神的看法相同。

［原文］

凡欲积善，决不可徇耳目，惟从心源隐微处，默默洗涤。纯是济世之心则为端，苟有一毫媚世之心即为曲；纯是爱人之心则为端，有一毫愤世之心即为曲；纯是敬人之心则为端，有一毫玩世之心即为曲；皆当细辨。

［译文］

所以凡要积功德，绝对不可以被视听所蒙蔽，盲目地跟着感觉走；而是应该从起心动念隐微的地方，将自己的心，默默地洗涤清净，不可让邪恶的念头，污染了自己的心。所以全是救济世人的心，是直；如果存有一些讨好世俗的心就是曲；全是爱人的心是直，如果有一丝一毫对世人怨恨不平的心就是曲；全是恭敬别人的心就是直，如果有一丝玩弄世人的心，就是曲；这些都应该细细地去分辨。

［浅释］

如何判断善恶？了凡先生认为，应该真正从心出发去考虑事情，不能被自己的视听所蒙蔽。因为我们所看到的，我们所听到的，都未必是真的。只有从心底去判断分析，才能知道善恶之分。要想行善弃恶，除了要端正自己的视听以外，还要看淡所有事物。因为只有看淡，才能放开，只有放开，才能忘我，达到无私的境界。如果不能看淡五欲六尘，就表明你身上仍然有自私成分的存在，一旦存在自私心理，做事就可能会有失公允。因为自私自利是作恶的根源所在，很多人正是为了满足一己私利才为非作歹。就算不是大奸大恶之徒，如果做事是为了让自己获得一定的利益，也不是真正的善行。所谓的善行，必须要全身心忘我地投入，没有一点杂念，了凡先生列举了种种善与恶的对比，具体情况还应该自己仔细分辨。

［原文］

何谓阴阳？凡为善而人知之，则为阳善；为善而人不知，则为阴德。

［译文］

什么叫作阴阳呢？凡是一个人做善事被人知道，叫作阳善；做善事而别人不知道，叫作阴德。

［浅释］

这一段里，了凡先生详细解释了阳善和阴德的概念。事物都有普遍存在的两个方面，让别人知道的好事就叫作阳善，而做了好事别人并不知道，就是所谓的积阴德。我国古人很重视阴阳之说，他们认为事物都存在两面，例如，有白昼有黑夜，有太阳有月亮，有隆冬有酷暑，有男有女，人的地位有高有底，他们从种种相对立的事物之中总结出“阴阳”的概念。这一概念应用广泛，早在春秋时期的《易经》中就有解说。“阴阳”之说体现了古人的自然观。了凡先生引出阳善、阴德的概念，与自己要表达的“积善之家，必有余庆”论点十分吻合。

［原文］

阴德天报之，阳善享世名。名，亦福也。名者，造物所忌，世之享盛名而实不副者，多有奇祸，人之无过咎(jiù)而横被恶名者，子孙往往骤(zhòu)发，阴阳之际微矣哉！

［译文］

有阴德的人，上天自然会知道并且会回报他的。有阳善的人，大家都晓得他，称赞他，他便享受世上的美名。享受好名声，虽然也是福，但是名这个东西，为天地所忌，天地是不喜欢爱名之人的；在世界上享受极大名声的人，而他实际上没有功德，常会遭遇到料想不到的横祸；并没有过失差错，反倒被冤枉，无缘无故被人栽上恶名的人，他的子孙，常常会忽然间发达起来；这样看来，阴德和阳善的分别，真是细微得很，不可以不加以分辨啊！

［浅释］

“阳善享世名。名，亦福也。”了凡先生说，做好事大家都知道，就会在俗世上享有盛名，而这样享有盛名，也是一种福报。但是，名与利这些世俗的东西，是天地鬼神所忌讳的，因此，在人世上享有盛名的人，并没有为子孙后代累积德行，甚至有些名不副实的人，还会因此而遭来祸患。有的人可能本身并没有什么大的过错，大家却都讨厌他、冤枉他。他的子孙后代通常会突然发达起来。这是因为他在默默积累阴德。要想子孙后代得到福报，就应该多积累阴德，做善事不要只为了得到大家的赞叹恭敬。相反，他人越是责难，越是嫉妒、诽谤反而越好，因为这些所谓的责难、嫉妒、诽谤都是为了消除自身的罪孽。一旦自身的罪孽全都洗刷干净，这样子孙后代就有可能突然发达起来。明白这个道理，我们才真正晓得阴德之可贵。

［原文］

何谓是非？鲁国之法，鲁人有赎人臣妾于诸侯，皆受金于府，子贡赎人而不受金。孔子闻而恶之，曰："赐失之矣！"夫圣人举事，可以移风易俗，而教道可施于百姓，非独适己之行也。今鲁国富者寡而贫者众，受金则为不廉，何以相赎乎？自今以后，不复赎人于诸侯矣。

［译文］

怎样叫作是非呢？从前春秋时代的鲁国定有一种法律，凡是鲁国人被别的国家抓去做奴隶，若有人肯出钱，把这些人赎回来，就可以向官府领取赏金。但是孔子的学生子贡，他很有钱，虽然也替人赎回被抓去的人，子贡却不肯接受鲁国的赏金。他不肯接受赏金，纯粹是帮助他人，本意是很好。但是孔子听到之后，很不高兴地说："这件事子贡做错了。"凡是圣贤无论做什么事情，都是要做了以后，能把风俗变好，可以教育、引导百姓做好人，这种事才可以做；不是单单为了自己觉得爽快称心，就去做的。现在鲁国富有的人少，穷苦的人多；若是受了赏金就算是贪财；那么不肯受贪财之名的人，和钱不多的人，就不肯去赎人了。一定要很有钱的人，才会去赎人。如果这样的话，恐怕从此以后，就不会再有人向诸侯赎人了。

［浅释］

"是非"很难分辨，有时候多数世人认为是对的，圣贤反而觉得是错的，也就是说，圣人的是非标准与世俗之人也有很大不同。为了证明圣人与凡夫俗子标准的不同，了凡先生举了孔子得意门生子贡的例子。春秋时期，鲁国的法律有一条规定，凡是鲁国人被卖到其他国家为奴为婢的，如果鲁国人发现并且出钱将他们赎回来，官府就会奖励给赎回奴隶的人一笔赏金。鲁国法律有这条规定，就是为了鼓励国家人民多做好人，不仅可以救回自己国家的同胞，还能得到一笔奖金，这样的事情，何乐而不为呢？然而，子贡的做法却违背了鲁国立法的初衷。子贡在赎回同胞以后，因为自家家境殷实，所以就拒绝了那笔赏金。子贡是想把赏金留给他人也好，把赏金留给国家也好，他的出发点是好的，在我们看来，这种做法是值得称赞的。但是，他的老师孔子却不这么认为。孔子告诉子贡，他的做法是错的。孔子看到的是整个社会风气、道德标准。子贡的做法就个人来讲，的确是对的，但是，如果他不要赏金，却救回了被贩卖的人，与之前那些领赏的人相比，官府就会觉得子贡做得更好。但是，政府之前设立赏金的目的是为了鼓励人们行善，人们行善，既得了美名，又得了赏金，何乐而不为呢？而子贡开了先河，破坏了原本的规矩、习俗。大家都夸子贡是大善人，那么以后再救赎奴隶的人再也不好意思去领赏金了。但是，整个鲁国，毕竟富有的人家很少，大部分都是普通人甚至穷人，赏金对他们

来说，非常重要。如果接受了，大家就会说他是为了领赏才救人的，如果不接受，又的确很需要这笔赏金。因为子贡一个人而破坏了一条鼓励人们行善的很好的法律，子贡可以说大错特错了。圣人是从整个社会的道德标准着眼，与常人的是非观念有很大差别。

[原文]

子路拯人于溺，其人谢之以牛，子路受之。孔子喜曰："自今鲁国，多拯人于溺矣！"自俗眼观之，子贡不受金为优，子路之受牛为劣。孔子则取由而黜赐焉。乃知人之为善，不论现行，而论流弊；不论一时，而论久远；不论一身，而论天下。

[译文]

子路看见一个人，跌在水里，把他救了上来，那个人就送一只牛来答谢子路，子路就接受了。孔子知道后，很欣慰地说："从今以后，鲁国就会有很多人，自动到深水大河中去救人了。"这两件事，用世俗的眼光来看，子贡不接受赏金是好的，子路接受牛，是不好的。不料孔子反而称赞子路，责备子贡。照这样看来，要知道一个人做善事，不能只看眼前的效果，而要讲究是不是会产生流传下去的弊端；不能只论一时的影响，而是要讲究长远的是非；不能只论个人的得失，而是要讲究它关系天下大众的影响。

[浅释]

了凡先生又列举了孔子的另一个学生——子路的故事。子路在路上遇见一个掉到水里快要淹死的人，就去将他救了出来。在他人万分危急的时候，能够不顾个人安危，冒着生命危险去救人，这种忘我的精神的确可贵。因此，那个被救的人为了报答子路，亲自给子路送来一头牛，子路也欣然接受了他的礼物。按照常人的观点，子路救人本出自真善之心，一旦接受了他的礼物，似乎救人之举就成了有所图的事情，就会对他"好人"的印象大打折扣。其实不然，孔子得知子路的做法，非常高兴，说了一句"自今鲁国，多拯人于溺矣"！这话事出有因，既然救了人是好事，被救之人为了报恩一定会感谢，而救他的人又接受了他的谢意，如此，这个生动鲜明的例子无疑给了大家很大鼓励，鼓励人们救人于危难。

了凡先生先后列举的孔子两个弟子的例子，很具有代表性，在常人看来，子贡救人而不图回报，是大善人的典型，子路救人后接受了被救者的谢意，普通人反而觉得他救人的动机不纯。但圣贤的看法与常人相反，也就是说，常人只看到了当下，而圣人则是看到了这一做法对社会，乃至整个国家的影响，是从整体考虑的，在我们今天看来，孔子的看法的确是正确的。因此，了凡先生得出结论：分辨一个人的善恶不能只看表面，应该看这种行为对整个社会，甚至对后世产生的影响是积极的还是消极的。

［原文］

现行虽善，而其流足以害人，则似善而实非也。

［译文］

现在所为，虽然是善，但是如果流传下去，足以对人产生害处，那就虽然像善，实际还不是善。

［浅释］

看事情不能流于表面，有些事情只看表面，似乎是在行善，是件好事，但是，只要仔细一想，如果这种事情或风气流传下去，就会给社会带来害处，这种行为就不是真正意义的善行的。因为这种做法在一个人是善行，也许在一时之间也是善行，但是在社会大众，在历史长河中来看，没有好处的行为就不是真正的善行。

［原文］

现行虽不善，而其流足以济人，则非善而实是也。然此就一节论之耳。他如非义之义，非礼之礼，非信之信，非慈之慈，皆当抉(jué)择。

［译文］

现在所行，虽然不是善，但是如果流传下去，能够帮助人，那就虽然像不善，实际却是善！这只不过是拿一件事情来讲讲罢了。说到其他种种，还有很多。例如：一个人应该做的事情，叫作义，但是有的时候，做该做的事，也会做错，做了反而坏事。譬如坏人，可以不必宽恕他，有人宽恕他，这事情不能说不是义；但是宽恕了这个坏人，反而使他的胆子更大，坏事做得更多；结果让其他人受害，自己也犯罪；倒不如不要宽放他，给他儆戒，使他不再犯罪的好。不宽放他，是非义，使这个人不再犯罪，是义，这就叫作非义之义。礼貌是人人应该有的，但是要有分寸，用礼貌对待人，是礼；但若是过分，反而使人骄傲起来，就成为非礼了，这就叫作非礼之礼。信用虽要紧，但是也要看状况，譬如：顾全小的信用，是信；要顾全小信，却误了大事；反而使得大信，不能顾全，此变成非信了，这就叫作非信之信。爱人本来是慈，但是因为过分的慈爱，反而使人胆子变大，闯出大祸，那就变成不慈了，这就叫作非慈之慈。这些问题，都应该细细地加以判断，分别清楚。

［浅释］

这一段是针对前面两个事例的进一步总结。子路做了善事后，接受了他人送来的牛，如果只看表面，这种行为好像并不是善行；但是，假如他的行为举动能够流传开来，人们纷纷效仿，就能帮助更多人了。这就是“非善而实是也”。了凡先生用这一桩事情来说明何为“是非”。至于道义、礼貌、诚信、仁爱，也都有真假、是非之分。假如不能清楚分辨，很可能在做事的时候，本以为自己做的是善事，结果却造成大恶。

［原文］

何谓偏正？昔吕文懿(yì)公初辞相位，归故里，海内仰之，如泰山北斗。有一乡人，醉而詈(lì)之，吕公不动，谓其仆曰：“醉者勿与较也。”闭门谢之。逾年，其人犯死刑入狱。吕公始悔之曰：“使当时稍与计较，送公家责治，可以小惩而大戒；吾当时只欲存心于厚，不谓养成其恶，以至于此。”此以善心而行恶事者也。

［译文］

什么叫作偏正呢？从前明朝的宰相吕文懿公刚刚辞掉宰相的官位，回到家乡来，因为他做官清廉、公正，全国的人都敬佩他，就像是群山拱卫着泰山，众星环绕着北斗星一样。独独有一个乡下人，喝醉酒后，谩骂吕公，但是吕公并没有因为被他骂而生气，并向自己的仆人说：“这个人喝酒醉了，不要和他计较。”吕公就关了门，不理睬他。过了一年，这个人犯了死罪入狱，吕公方才懊悔地讲：“若是当时同他计较，将他送到官府治罪，可以借小惩罚而收到大儆戒的效果，他就不至于犯下死罪了。我当时只想心存厚道，所以就轻易放过他；哪知道，反而养成他天不怕地不怕的亡命之徒的恶性。他以为就算是骂宰相，也没什么大不了，一直到犯下死罪，送了性命。”这就是存善心，反倒做了恶事的一个例子。

［浅释］

明朝的吕文懿公是一个德高望重的老者，他在告老还乡以后，附近的乡邻都非常尊敬他。但是，同乡之中，却有一个喝醉酒的人对他很不服气，还当众谩骂吕文懿公。通常，一个人被别人这样谩骂，肯定会生气动怒，但吕文懿公非但没有生气，还大度地告诉自己的佣人不要为难他，“醉者勿与较也”。不要跟一个喝醉酒的人斤斤计较。在我们看来，吕文懿公不愧是人中典范，有过人的气量和涵养，是一个十足的大善人。然而，后面发生的事情，让吕文懿公追悔莫及。过了一年，那个曾经谩骂他的人犯下死罪。吕文懿公这时才知道自己当初不应该轻易放过他，如果他当时能将骂人者送去官府，小惩大诫，那个人就会有所收敛，不至于犯下死罪。吕文懿公本是出于善意，希望犯错者能够意识到自己的错误，以后改过自新。但，他的善意相当于纵容，犯错者更一发不可收拾，最终酿下无可挽回的大错。

好心做坏事，这种情况今天也很常见：父母因为溺爱孩子而对孩子管教不严，他们总认为小孩子长大了会明白事理的，但是，“三岁看到老”，如果小时候就蛮横无理、不辨是非、自私自利，长大了更会为非作歹。很多不孝子女都是因为小时候过分溺爱造成的。父母是出于爱护心理，结果却害了孩子和自己，这不也正是“以善心而行恶事”吗？

[原文]

又有以恶心而行善事者。如某家大富，值岁荒，穷民白昼抢粟于市；告之县，县不理，穷民愈肆；遂私执而困辱之，众始定，不然几乱矣。

[译文]

也有存了恶心，反倒做了善事的例子。例如有一个大富人家，碰到荒年，穷人们大白天在市场上抢他家的米；这个大富人家，便告到县官那里，县官偏偏又不受理这个案子，穷人因此胆子更大，愈加放肆横行了。于是这个大富人家就私底下把抢米的人捉起来关押，还出他的丑，那些抢米的人，怕这大富人家捉人，反倒安定下来，不再抢了。若不是因为这样，市面上几乎大乱了。

[浅释]

了凡先生在前一段举了好心办坏事的例子，这一段里，列举了“坏心办好事”的例子。有一个大户人家，在遇到荒年的时候，由于收成不好，穷人们饥饿难耐，竟然在光天化日之下抢他家的米。这种行为是违反法律的，富户报官，这样的特殊时期的特殊情况，连官府都睁一只眼闭一只眼。那些穷人因此更加肆无忌惮了。既然官府不管，富户决定自己将那些抢劫的人抓起来关押，终于平定了动乱。试想一下，如果事情不平定，几乎这个地方就要发生动乱，不能收拾了。其他地方也会纷纷效仿，造成一发不可收拾的场面。这就是以恶心、恶行，做了一桩对社会有益的事情。

[原文]

故善者为正，恶者为偏，人皆知之。其以善心行恶事者，正中偏也；以恶心而行善事者，偏中正也。不可不知。

[译文]

所以善是正，恶是偏，这是大家都知道的。但是也有存善心，反倒做了恶事的

例子，这是存心虽正，结果正成偏，只可称作正中的偏；不过也有存恶心，反倒做了善事的例子，这是存心虽偏，结果反成正，只可称作偏中的正。这种道理大家不可不知道。

[浅释]

什么是“正”？什么是“偏”？善心善意就是“正”，恶心恶事就是“偏”，这些是大家都知道的事情。但并不是所有的善心都能做成善事，有时候善心反而做了恶事，这就是所谓的“正中偏”，像告老还乡的吕老先生，就是善心到头来做了件恶事的典型例子。反之，存恶心，结果却做了件好事，就是所谓的“偏中正”。大户人家粮食被抢，县官不闻不问，富户为了保护自己的财产和生命安全，只能自己制止暴民。单从这件事表面看，看不出有什么善举可言，但是，从社会安定团结的大局着眼，会发现富户人家的做法虽然是为了保护自己，动用私刑，却对社会的安定团结起到促进作用。因此，了凡先生才说他虽然是存私心却做了一件好事，这就是“偏中正”的典型。

[原文]

何谓半满？《易》曰：“善不积，不足以成名；恶不积，不足以灭身。”《书》曰：“商罪贯盈，如贮物于器。”

[译文]

怎样叫作半满的善呢？《易经》上说：“一个人不积善，不会成就好的名誉；不积恶，则不会有杀身的大祸。”《书经》上说：“商朝的罪孽已经盈满了，如同器皿中盛满了东西。”

[浅释]

对半和满的解释，了凡先生用《易经》和《尚书》中的话，只有积累善行，才会成就好的名声，作恶多端，只能招来杀身之祸。这是个绝对真实、正确的真理。

[原文]

勤而积之，则满；懈而不积，则不满。此一说也。

[译文]

如果你很勤奋的，天天去储积，那么终有一天就会积满；如果懒惰些，不去收藏积存，那就不会满。所说的积善、积恶，也像储存东西一样。这是讲半善满善的一种说法。

[浅释]

积累善行，就如同一个存东西的容器，如果一直坚持往容器里放东西，容器很快就会满了。但如果一直不往里放东西，容器是不会满的。这就是积累善行，善有善报的道理。

[原文]

昔有某氏女入寺，欲施而无财，止有钱二文，捐而与之，主席者亲为忏悔；及后入宫富贵，携数千金入寺舍之，主僧惟令其徒回向而已。因问曰：“吾前施钱二文，师亲为忏悔，今施数千金，而师不回向，何也？”曰：“前者物虽薄，而施心甚真，非老僧亲忏，不足报德。今物虽厚，而施心不若前日之切，令人代忏足矣。”此千金为半，而二文为满也。

[译文]

从前有一户人家的女子，到佛寺里去，想要送些钱给寺里，可惜身上没有多少的钱，只有两文钱，就拿来布施给和尚，而寺里的首席和尚，竟然亲自替她在佛前回向，求忏悔灭罪；后来这位女子进了皇宫做了贵妃，富贵之后，便带了几千两的银子来寺里布施，但是这位主僧，却只是叫他的徒弟，替那个女子回向罢了。那个女子不懂前后两次的布施，为什么待遇差别如此之大，就问主僧说：“我从前不过布施两文钱，师父就亲自替我忏悔。现在我布施了几千两银子，而师父不替我回向，不知是什么道理？”主僧回答她说：“从前布施的银子虽然少，但是你布施的心，很真切虔诚，所以非我老和尚亲自替你忏悔，便不足以报答你布施的功德。现在布施的钱虽然多，但是你布施的心，不像从前真切，所以叫人代你忏悔，也就够了。”这就是几千两银子的布施，只算是半善；而两文钱的布施，却算是满善，道理在此。

[浅释]

这是一个非常典型的佛家公案。女施主诚心诚意想要布施，身上却只有几文钱，女子将自己的全部家当捐了出去。寺院的方丈看她心诚，亲自为她忏悔祈福。果然，在佛祖的庇佑下，这名女子有幸入宫，做了皇帝的妃子，成为大富大贵之人。她又来到同一间寺庙回向，而且这次带来了几千两银子。按照之前的推理，两文钱方丈都能亲自为她忏悔，这次她带来这么多钱，想必方丈一定会亲自为她回向。令人意想不到的是，这次方丈只是让他的弟子为女施主做回向罢了。女子百思不得其解，因而向住持方丈询问，表明自己的不解：“为什么当初我只捐二文钱的时候，

经轮缘起

梁朝东阳的傅弘大士，考虑到世人忙碌，无暇诵经，还有人不识字，他就设立双林道场，建了一个经轮，发下誓愿：诚心转轮一周，功效与诵经相同。傅弘认为求佛重在内心，而不在形式。我们想要修福，其实不在乎我们施钱多少，也不在乎做的事是不是重大，只要心真切，尽心尽力，这就足够了。如文中的女子，她无钱时，捐二文钱，首席和尚会亲自给她在佛前做回向；等她做了贵妃，捐了几千两银子，主僧却只叫了个徒弟给她做回向。她不解，主僧就告诉她，他们看的不是布施钱财的多少，而是她布施心的真切程度。

住持方丈您能亲自为我忏悔，如今我有钱了，捐了几千两银子，您却只是让您的弟子为我做回向呢？”主持的回答意味深长：“当初施主捐赠的银两虽然很少，但是怀着至诚之心，因此老衲只有亲自为施主做忏悔，才能答谢施主的功德。如今，施主虽然大富大贵，捐赠的银两也比过去多很多，但是施主的布施，没有以前心诚，所以让我的弟子去代您忏悔就足够了。”主持说得很在理，重要的是心诚意诚，而不是布施的多少。这又让人想到当今社会的义务捐款，一个身价过亿的富豪捐款十万或一百万，一个拾荒的老婆婆捐出自己攒下的全部积蓄几百块钱，谁更让人动容？捐款的数额固然重要，但与捐款的心意相比，永远都在其次。故事中的女施主也是这样，后来的她虽然富有了，布施的银子更多的，但是她对于佛法上那种虔诚的心，也被富贵荣华淹没了许多！几千两银子与二文钱，前者并不是功德圆满，因而称“半”；后者因为心诚而功德无量，则是所谓的“圆”。

[原文]

钟离授丹于吕祖，点铁为金，可以济世。吕问曰：“终变否？”曰：“五百年后，当复本质。”吕曰：“如此，则害五百年后人矣，吾不愿为也。”

[译文]

汉朝人钟离把他炼丹的方法，传给吕洞宾，用丹点在铁上，铁就能变成黄金，可拿来救济世上的穷人。吕洞宾问钟离说：“变了金，到底会不会再变回铁呢？”钟离回答说：“五百年以后，仍旧要变回原来的铁。”吕洞宾听了说：“如果是这样，那就会害了五百年以后的人，我不愿意做这样的事情。”

[浅释]

汉钟离、吕洞宾是两位“八仙”，民间关于“八仙”的神话传说很多，可以说“八仙”是国人十分尊敬、十分喜爱的神仙。这段讲的就是汉钟离和吕洞宾之间的故事。当时，吕洞宾还没有成为神仙，汉钟离传授吕洞宾黄白之术，可以点铁成金，救济世人。点铁成金，几乎是所有世人的梦想，但是，吕洞宾想到的是，这些变成金子的铁以后还会变回铁吗？汉钟离说：“五百年后，当复本质。”五百年以后，就会变成本来的模样。普通人一定会迫不及待地学习，五百年，人生在世，不过百年，谁又能想五百年以后的事情呢？但吕洞宾却说：“既然这样，就会害了五百年以后的人了，我不想要这样做。”吕洞宾心怀大慈悲，联想到自己所学的法术会给五百年后的人带来坏处，能够不顾眼前利益，坚定地告诉汉钟离，自己不学这种道术。为人处世应该将眼光放得长远些，我们近年来提倡的可持续发展，也是为我们的子孙后代考虑的长远大计，这是一个功在千秋的大好事。

吕岩

吕洞宾，原名吕岩。吕洞宾从钟离那里学到点铁成金之术，但他一听到，五百年后金子还会变回铁，他不想贻害五百年后的人，便坚决不再学这点铁成金之术。他这是何等的大慈之心！现代人与之相比，有谁不感到羞愧？现代人为了点钱，不惜乱垦乱伐、污染空气、污染水资源等等，结果是土地变成了荒漠，一年没有几天能见到蓝天，一些生物在这个世界上永远地消失了……这何止是贻害五百年！古人行事处处为子孙着想，他们希望自己的德福能够荫及子孙，有害子孙的事是万万不敢做的，我们现代人是不是早就应该忏悔并改正错误了？

[原文]

曰："修仙要积三千功行，汝此一言，三千功行已满矣。"此又一说也。

[译文]

汉钟离对吕洞宾说："修仙要积满三千件功德，听你这句话，你的三千件功德，已经做圆满了。"这是半善满善的又一种讲法。

[浅释]

汉钟离并不是真的要教吕洞宾点铁成金之术，只是想要试试他的品德和心性罢了。吕洞宾的回答让他知道了吕洞宾是个秉性纯良之人，因此，才告诉吕洞宾，他已经得道成仙了。道教讲："修仙要积三千功行。"意思是只有做足三千桩好事，才有资格修道成仙。吕洞宾因为不忍心害了五百年后的人这一善心，只一念就功德圆满了。

[原文]

又为善而心不着善，则随所成就，皆得圆满；心着于善，虽终身勤励，止于半善而已。譬如以财济人，内不见己，外不见人，中不见所施之物，是谓三轮体空，是谓一心清净，则斗粟可以种无涯之福，一文可以消千劫之罪。

[译文]

一个人做善事，内心又不时刻想着自己做的好事，那么就随便你所做的任何善事，都能够成功而且圆满；若是做了件善事，心心念念想着自己所做的善事，这样的人就算一生都很勤勉地做善事，也只不过是半善而已。譬如拿钱去救济人，要内不见布施的我，外不见受布施的人，中不见布施的钱，这才叫作三轮体空，也叫作一心清净；如果能够这样的布施，纵使布施不过一斗米，也可以种下无边无涯的福了；即使布施一文钱，也可以消除一千劫所造的罪了。

[浅释]

凡事尽心尽力，就会得到"圆满"，心与力二者缺一不可，无论保留了哪一部分，这个善事只称得上是"半善"。因此，做善事积累功德的时候一定要倾尽全部心力。做到这点的人很少，世人也会修善，也会布施，但始终无法做到倾其所有，因为他们想到如果全部付出，自己以后的生活就成问题。因此，世人多修行的是"半善"。

假如一个人能真正做到尽心尽力，倾其所有，这样的付出就一定会得到加倍的回报。如果尽心尽力，就算是只布施一文钱，也会得到一万倍的回报，如果心存疑虑，就算是做的善事再多，也只是“半善”。“斗粟可以种无涯之福，一文可以消千劫之罪”，这是要付出真心的。

[原文]

倘此心未忘，虽黄金万镒(yì)，福不满也。此又一说也。

[译文]

如果这个心，不能够忘掉所做的善事；虽然用了二十万两黄金去救济别人，还是不能够得到圆满的福。这又是一种说法。

[浅释]

“未忘”，就是内心没有除掉那些妄想杂念；如果心存杂念，就算是布施“黄金万镒”，也无法得到“满善”，只是“半满”。

[原文]

何谓大小？昔卫仲达为馆职，被摄至冥司，主者命吏呈善恶二录，比至，则恶录盈庭，其善录一轴，仅如箸而已。索秤称之，则盈庭者反轻，而如箸者反重。仲达曰：“某年未四十，安得过恶如是多乎？”曰：“一念不正即是，不待犯也。”

[译文]

怎么叫作大善小善呢？从前有一个人，叫作卫仲达，在翰林院里做官，有一次被鬼卒把他的魂引到了阴间，阴间的主审判官，吩咐手下的书办，把他在阳间所做的善事、恶事两种册子送上来，等册子送到一看，他的恶事册子，多得竟摊满了一院子；而善事的册子，只不过像一支筷子那样小罢了。主审官又吩咐拿秤来称称看，那摊满院子的恶册子反而比较轻，而像一支筷子那样小卷的善册子反而比较重。卫仲达就问说：“我年纪还不到四十岁，哪会犯了这么多的过失罪恶呢？”主审官说：“只要一个念头不正，就是罪恶，不必等到你去犯。”

[浅释]

善行也有大善小善的区别。古时候有这样一个故事，一个叫卫仲达的人在担任馆职这个职位的时候，一天自己的魂魄被阴间的小鬼带到了地府。古人很迷信鬼怪之说。阎罗王在看见卫仲达以后，命鬼差将卫仲达一生之中做过的好事、坏事两份档案全都拿出来。阎罗王惊讶地发现他一生之中所做的坏事有几十本那么多，而好事就只有一本。粗看之下，卫仲达应该是个恶人，但阎王很公正，又让判官将卫仲达的善、恶两种册子分别称一下重量，结果发现卫仲达所做的坏事虽然多，却没有所做的好事重，这就表明，他做的坏事都不是大奸大恶之事。了凡先生形容阎罗王那关于卫仲达坏事的记录是“盈庭”，数量奇多，而好事则“如箸”，但是，一个大善却抵得过若干个小恶，因此，卫仲达整体来看，还是一个善人。

但是，看着这样的结果，卫仲达自己也很诧异，所以他向阎罗王请教。仲达问：“我还不到四十岁，为何这一生就做了这么多的恶事呢”阎罗王就告诉他，但凡有一点邪念的想法就是所谓的恶，并不是说做了恶事，才叫恶。只要心里产生一个坏的念头，鬼神就给你记一笔。虽然这一生所做的坏事不多，但是恶念却很多，好在你做了一件大善事，因此才会形成这样的局面。

[原文]

因问轴中所书何事？曰：“朝廷尝兴大工，修三山石桥，君上疏谏之，此疏稿也。”仲达曰：“某虽言，朝廷不从，于事无补，而能有如是之力。”曰：“朝廷虽不从，君之一念，已在万民；向使听从，善力更大矣。”故志在天下国家，则善虽少而大；苟在一身，虽多亦小。

[译文]

因此，卫仲达就问这善册子里记的是什么。主审官说：“皇帝有一次曾想要兴建大工程，修三山地方的石桥。你上奏劝皇帝不要修，免得劳民伤财，这就是你的奏章底稿。”卫仲达说：“我虽然讲过，但是皇帝不听，还是动工了，对那件事情的进行，并没有发生作用，这份疏表怎么还能有这样大的力量呢？”主审官说：“皇帝虽然没有听你的建议，但是你这个念头，目的是要使千万百姓免去劳役；倘使皇帝听你的，那善的力量就更大了哩！”所以立志做善事，目的在利益天下国家百姓，那么善事纵然小，功德却很大；假使只为了利益自己一个人，那么善事虽然多，功德却很小。

[浅释]

卫仲达很好奇自己那一卷善到底是什么内容，竟然比几十卷恶还要重，原来是“朝廷尝兴大工，修三山石桥，君上疏谏之，此疏稿也”。皇帝曾经想要大兴土木，卫仲达认为没有必要，就上书建议皇帝不要做这种劳民伤财的事情。但是最后皇帝并没有理会他，仍然按照原计划进行。这一卷内容就是他曾经上书给皇帝的奏章。

但是，仲达很疑惑，因为他虽然确实有进言，但是皇帝最终没有采纳他的建

露台惜费

了凡先生说，“志在天下国家，则善虽少而大；苟在一身，虽多亦小。”做善事，如果是为了天下百姓，那么善事虽少功德却大；如果只是为了个人利益，那么善事虽多功德却小，这就是善事大小之别。卫仲达一生犯过无数，却都敌不过他那为广大群众谋利益的一念之善。历史上爱民利民的故事很多，比如汉文帝露台惜费。汉文帝想建露顶高台，但一想到大兴土木的钱足可以使中等水平十户人家办置产业了，不可以如此浪费民财，便停止了建露顶高台的想法。为百姓谋福此乃善也。

议，卫仲达认为自己实际上没做成任何事情。但是，阎王说，卫仲达的这份心意，已经是爱护老百姓地表现了，如果皇帝能听取你的进言，你的功德将会更多。尽管最后没有实现，却仍然是彻头彻尾的善行，也就是“满善”。

“故志在天下国家，则善虽少而大；苟在一身，虽多亦小”，大善、小善的差别就在这里，主要看是否发自内心，看这个人的举动是以国家百姓为出发点还是以个人家庭为出发点。如果明白了这个道理，就应该清楚，为个人谋福祉的行为，是小善，因为受益的人群小，例如自己的亲戚有困难，自己的邻居有困难，出手相助，这就是小善。如果看到陌生人有难都会毫不犹豫地出手相助，看到同胞处在水深火热之中，就会义无反顾的慷慨解囊，这就是大善了。佛家所说的忏悔和回向，也是将自己所修的功德与他人共享，这是大善的一种表现。也许世人会说：“我将自己修的功德全都给了他人，自己最后什么都得不到，既然如此，为什么还要修所谓的功德呢？有什么用呢？”如果是持有这种思想，只能说这个人的心胸太狭隘了，有这样一段话：你有一个苹果，我有一个苹果，我们互相交换苹果，仍然各自有一个苹果。你有一种思想，我有一种思想，我们互相交换思想，就各自有两种思想了。功德就如同思想一样，如果能传递下去，传递的人越多，受益的人就越多，那么你的功德也就越大了。也只有这样，你的功德才会圆满。

[原文]

何谓难易？先儒谓克己须从难克处克将去，夫子论为仁，亦曰先难。

[译文]

怎么叫作难行易行的善呢？从前有学问的读书人，都说：克制自己的私欲，要从难除去的地方先除起。孔子的弟子樊迟，问孔子怎样叫作仁？孔子也说，先要从难的地方下功夫。孔子所说的难，也就是除掉私心；并应该先从最难做、最难克除的地方做起。

[浅释]

了凡先生在这一段里引用古代圣贤的教训告诉我们，善行有简单、复杂之分。我们应该意识到自身有哪些严重的问题，然后下定决心，先克服自己最大的毛病，然后，其他小毛病就不难克服了。断恶修善要知道从哪里入手。

[原文]

必如江西舒翁，舍二年仅得之束脩，代偿官银，而全人夫妇。

[译文]

一定要像江西的一位舒老先生，他在别人家教书，把两年所仅得的薪水，帮助

一户穷人，还了他们所欠公家的钱，从而免除他们夫妇被拆散的悲剧。

[浅释]

难行能行、难舍能舍，这是一种难能可贵的精神。古代的老师教学生不收取学费，只是学生会在逢年过节的时候送给老师一点薄礼聊表谢意；不管送什么，送多送少，绝对不能少。古代教书的地方称为“私塾”，私塾里的学生没有确定的人数，有时候有二三十个学生就算是很多了，有的只有十几个学生，因此，私塾里的老师待遇都很微薄。当然，富户人家的私人老师除外。一个收入如此微薄的老师，竟然能一下子拿出自己两年的积蓄，“代偿官银，而全人夫妇”，这并不是所有人都可以做到的，但是江西舒老先生做到了。

[原文]

与邯郸张翁，舍十年所积之钱，代完赎银，而活人妻子。皆所谓难舍处能舍也。

[译文]

又像河北邯郸的张老先生，看到一个穷人，把妻儿抵押了，钱也用了；若是没有钱去赎回，恐怕妻儿都要活不成了。于是就舍弃他十年的积蓄，替这个穷人赎回他的妻儿。像舒老先生、张老先生，都是在最难处，旁人不容易舍的，他们竟然能够舍得啊！

[浅释]

前者是能够拿出自己两年的薪资，后者是肯拿出自己十年的积蓄——都是为了帮助他人，实在难能可贵。因为世间的凡人，都需要依靠财物生活，如果没有财物，连最基本的温饱问题都很难解决，因此，能够大方地将自己的财物拿出来帮助他人是一桩很难的事情；尤其是将自己的全部财物都拿出来，这更不容易！这就是向“先难”处去做，也就是所谓的克己。

[原文]

如镇江靳翁，虽年老无子，不忍以幼女为妾，而还之邻，此难忍处能忍也。故天降之福亦厚。

[译文]

又如江苏镇江的一位靳老先生，年老没有儿子，虽然他的穷邻居，愿意把一个年轻的女儿给他做妾，愿能为他生一个儿子，但是这位靳老先生不忍心误了她的青春，还是拒绝了，就把这女子送还邻居。这又是很难忍处，而能够忍得住的事呀！

所以上天赐给他们这几位老先生的福，也特别的丰厚。

[浅释]

了凡先生又列举了一个事例来说明什么是“难忍处能忍”。江苏镇江有一个靳老先生，他膝下无子；古时候男人是可以三妻四妾的，如果自己的结发妻子没有给自己生孩子，男子纳妾是理所当然的事情。因此，靳老先生完全可以再娶一个小妾。刚好邻居家有一个女孩子年龄很小，邻居主动将女子送来给他做妾。但是因为年龄相差实在太大，靳老先生于心不忍，就又将她送回娘家。靳老先生虽然没有儿子，但是他并没有为了着急要儿子而纳这个女子为妾，因为他不忍心耽误女子的一生幸福。这就是所说的“难忍处能忍”。靳老先生能克服自己，做出这样的善事，一定会有善报的。

[原文]

凡有财有势者，其立德皆易。易而不为，是为自暴。贫贱作福皆难，难而能为，斯可贵耳。

[译文]

凡是有财有势的人要立些功德，比平常人来得容易。但是容易做，却不肯做，那就叫作自暴自弃了。而没钱没势的穷人，要做些福，都会有很大的困难，难做到而能做到，这才真是可贵啊！

[浅释]

积累善行并非一朝一夕之事，我们一定要牢牢把握修善积德的机会；一旦失去这个机会，以后可能都没有机会再做了。人的一生很难保证始终大富大贵，俗语说得好：“风水轮流转。”人的一生，总有一段时间会好运连连，也总有一段时间会霉运不断。多数人都觉得，如果一个人可以晚年幸福，那才是真正的好运；因为人到晚年以后，身体机能本就已经退化、体力不支，如果再加上运气不好，生活困苦，真可以说是雪上加霜。因此，年富力强的时候如果肯舍弃自己的福气，将它转化成社会大众共同的福泽，年老后一定会得到相应的回报。明白了这个道理，就会在年轻的时候，心甘情愿多付出一些，等到自己年纪老迈的时候，才能够得到更多的福报。

前一段讲的是“有财”，至于“有势”，指的是那些有地位、有权势的人。对有权势的人来说，想要做积德之事并不困难，在自己的职位之上，为百姓谋福祉，就是一种善行。然而，如果某些有权势的人非但不为民造福，反而仗势欺人，则是自己作践自己。相对于有钱有势的人，贫贱之人想要积累善德就很“难”，但是，一旦他们能够坚持，就更加难能可贵，会得到更大的福报了。

[原文]

随缘济众，其类至繁，约言其纲，大约有十：第一与人为善，第二爱敬存心，第三成人之美，第四劝人为善，第五救人危急，第六兴建大利，第七舍财作福，第八护持正法，第九敬重尊长，第十爱惜物命。

[译文]

随缘随力地帮助社会大众，这就是佛门里常讲的“随喜功德”，随缘的功德太多太多了，略举十大类：第一与人为善，第二爱敬存心，第三成人之美，第四劝人为善，第五救人危急，第六兴建大利，第七舍财作福，第八护持正法，第九敬重尊长，第十爱惜物命。

[浅释]

日常生活中，为人处世总离不开一个“缘”字，有时候缘分到了，就应该自觉去做那些救济众人的事情。但是，帮助和救济他人，也分为很多种类。了凡先生列举了救济他人的十种类型：第一种类型，为人处世应该与人为善。什么叫与人为善呢？意思就是看到别人做好事，应该加以鼓励；如果别人做善事的时候势单力薄，就应该主动出手，帮助他做成好事。第二种类型，爱敬存心。什么叫爱敬存心呢？这里可以简单理解成尊老爱幼。遇到比自己年纪大、辈分高的长者，就应该心怀敬重。反之，遇到比自己年龄、辈分低的小辈，就应该心存仁慈爱护之心。推而广之，遇到那些生活条件不好的人，应该竭尽所能，慷慨解囊。第三种类型，成人之美。如何能做到成全他人的好事呢？假如现在有人一心做好事，但是能力有限，或者有人有心做好事，却又犹豫不决，这个时候，你应该帮助他，勉励他坚定做好事的决心。此外，如果有人做好事的过程中遇到某些困难和阻碍，应该竭尽所能，帮助他克服困难，做好事情。第四种类型，劝人为善。现实社会中，有好人自然也有坏人，有善事自然也有恶事。如果遇到某些作恶事的坏人，首先应该劝其向善，让他意识到做坏事的坏处和苦报，并且觉察到做好事的福报和好处，这样一来，他就可能意识到自己的错误，弃恶从善。第五种类型，救人危急。人在顺境中的时候，周围可能并不缺少锦上添花的人，但是，最难能可贵的是，一个人身处困境之中，在最危险、最困难、最紧急的关头，你仍然肯及时伸出援助之手，拉他一把，这种雪中送炭的精神可以说功德无量。第六种类型，兴建大利。什么叫“兴建大利”呢？就是说一旦某项大的工程从整个社会的角度看，对大众有利，并且你有足够的力量完成这项工程，这个时候就应该义不容辞地做好这件事。这样的例子很多，比如修筑水利工程、抗洪救灾等等。当然，所谓的兴建大利并不是一定要你有巨大的能力，假如有一天你突然发现修筑的堤坝

上有一个小洞，水正从小洞里流出来，如果再不补救，即将发生水灾，这个时候，你完全可以用些泥土、小石，将小洞塞住，暂时保住堤坝，再迅速禀报相关部门，以及时采取相应措施。这件事情初看虽然很小，却功在千秋，你救了生活在附近居民的性命。第七种类型，舍财作福。能够舍弃自己的钱财，是一种很大的豁达。俗语说：“人为财死，鸟为食亡”，凡人大多喜爱钱财，求财都来不及，又怎么愿意舍弃自己的钱财来济助他人呢？所以，能心甘情愿拿出自己的钱财去救助他人，帮助他人消除灾难的人，都是一个高尚的人，对一个生活拮据的人来说，更难能可贵。俗语说，“舍得，舍得，有舍才有得”，只有肯舍弃，才能够得到更多，今天所做的善事来日都会有一分福报。第八种类型，护持正法。这里的“法”，指的是各种宗教遵循的法，只有遵循正法，才能劝导人心。第九种类型，敬重尊长。何谓“尊长”？那些有很高学问、有远见，辈分大、年纪老的人，都可以称为尊长。对于这些人，我们都应该怀着敬重之心，不可以怠慢。第十种类型，爱惜物命。这是推人及物，真正有善心善德的人，珍视一切有生命的东西，大到陌生人，小到蛇虫鼠蚁，对它们都爱护有加。了凡先生在下面列举了很多事例，进一步解释这十种类型。

[原文]

何谓与人为善？昔舜在雷泽，见渔者，皆取深潭厚泽，而老弱则渔于急流浅滩之中。

[译文]

什么叫作与人为善呢？从前的舜，在他还没有做君主之前，在雷泽湖边看见年轻力壮的渔夫，都到湖水深处去抓鱼；而那些年老体弱的渔夫，都在水流得急而且水较浅的地方抓。

[浅释]

了凡先生先列举了一个与人为善的事例，用事实告诉我们，生活在一个团体里，应该怎样帮助他人积极向善。古时候，山东雷泽地区的居民主要靠渔猎来维持生计。舜发现那些“深潭厚泽”水美鱼多的地方，往往被年轻力壮的渔夫霸占了，而那些年纪老迈的渔夫没办法跟年轻人相争，只能去一些浅水或者急流的地方捕鱼。因为水浅或者水流急，这种地方的鱼都很少。与年轻力壮的渔夫捕鱼的地方相比，这实在不是什么好地方。

[原文]

恻(cè)然哀之。往而渔焉，见争者，皆匿其过而不谈；见有让者，

帝舜图

何谓与人为善？就是教会别人做善事。了凡先生举了舜诱导人们为善的例子。自己为善毕竟有限，如果能劝别人来为善，效果将是相当深远的。

则揄(yú)扬而取法之。期年，皆以深潭厚泽相让矣。

［译文］

舜看见这种情形，心里面悲伤哀怜他们。就想了一个方法，他自己也去参加捉鱼，看见那些喜欢抢夺的人，就把他们的过失，掩盖起来，而且也不对外讲；看见那些比较谦让的渔夫，便到处称赞他们，拿他们做榜样，并且学习他们谦让的模样。像这样，舜抓了一年的鱼，大家都把水深鱼多的地方让出来了。

［浅释］

年轻力壮的渔夫不懂得与人为善，总是霸占鱼多的水域，舜看到这种情形十分难过。但是，他并不是直接去生硬地禁止他们这样做，因为用威势并不能让人心甘情愿地臣服，舜想了一个很巧妙的办法，宣扬那些彼此谦让的捕鱼之人，对那些互相争夺的捕鱼者，舜却什么都不说，这样“隐恶扬善”，只一年时间，当地的渔民就都懂得了相让之礼，没有人再互相争抢了，舜用自己的行为感化了那些渔夫。

［原文］

夫以舜之明哲，岂不能出一言教众人哉？乃不以言教，而以身转之，此良工苦心也。

［译文］

舜的故事，不过是用来劝化人，不可误解是劝人抓鱼。要知道抓鱼是犯杀生的罪孽，千万不可以做啊！那么像舜那样明白聪明的圣人，为什么不说几句中肯的话，来教化众人，而一定要亲自参与呢？要晓得舜不用言语来教化众人，而是拿自己做榜样，使人见了，感觉惭愧而改变自己的自私心理，这真是一个用心良苦的人，所费的苦心啊！

［浅释］

以舜的地位，他完全可以对那些年轻力壮的渔夫讲一篇大道理，但是，他没有那么做，而是以身作则，言传身教，让他人明白其中的道理，所谓“言传不如身教”，就是这个道理。

［原文］

吾辈处末世，勿以己之长而盖人，勿以己之善而形人，勿以己之多能而困人。收敛才智，若无若虚；见人过失，且涵容而掩覆之。

[译文]

我们生在这个人心风俗败坏的末世时代，做人很不容易。因此，旁人有不如我的地方，不可以把自己的长处，去盖过旁人；旁人有不善的事情，不可以把自己的善，来和别人比较。别人能力不及我，不可以用自己有的能力，来为难别人。自己纵然有才干聪明，也要收敛起来，不可以外露炫耀，应该像是没有聪明才干一样，看到别人有过失，姑且替他包含掩盖。

[浅释]

每个人都有自己的长处，也都有自己的短处，如果用自己的长处去欺压别人的短处，这就是人们常说的“骄傲自满”的表现，这样的人大多缺乏修养。只有能真正做到“收敛才智，若无若虚；见人过失，且涵容而掩覆之”，才算是真正有修养的人。应该懂得适度隐藏自己的才能，不要锋芒毕露。人们常说：“大智若愚。”这是不无道理的。真正大智慧的人往往都很低调，懂得隐藏自己的光辉，他绝对不会像一些聒噪之人，一看就浅薄至极。我们应该用一种包容的态度为人处世，正如舜那样——隐恶扬善，这才能达到修善的目的。

[原文]

一则令其可改，一则令其有所顾忌而不敢纵。见人有微长可取，小善可录，翻然舍己而从之，且为艳称而广述之。

[译文]

像这样，一方面可以使他有改过自新的机会，另一方面可以使他有所顾忌而不敢放肆。若是扯破面皮，他就没有顾忌了。看到旁人有些小的长处，可以学的，或有小的善心善事，可以记的；都应该立刻翻转过来，放下自己的主见，学他的长处；并且称赞他，替他广为传扬。

[浅释]

“纵”，是纵容的意思。舜的做法就是与人为善的最好证明，既不扯破脸皮，为那些原本不知谦让的人保存颜面，又能达到很好的教育效果。看见他人有长处就及时表扬，就算是很小的长处，也一定要记得进行肯定和表扬，这样就能让他人知道，做好事是会得到肯定的，于是也纷纷效仿，做一些力所能及的小善事，久而久之，就会逐渐改变恶习，与人为善。

[原文]

凡日用间，发一言，行一事，全不为自己起念，全是为物立则，此大人天下为公之度也。

［译文］

一个人在平常生活中，不论说句话或是做件事，全不可为自己，发起一种自私自利的念头；而要全为了社会大众设想，立出一种规则来，使大众可以通行遵守，这才是一位伟大的人物，这才是把天下所有的一切，都看作是公而不是私的度量呢！

［浅释］

了凡先生在这一部分解释了“大人”的含义，以天下为公的人，就是大人，范仲淹“先天下之忧而忧，后天下之乐而乐”的精神是“大人”的最佳代表。

［原文］

何谓爱敬存心？君子与小人，就形迹观，常易相混。

［译文］

什么叫作爱敬存心呢？君子与小人，从外貌来看，常常容易混淆，分不出真假。

［浅释］

一个人是君子还是小人，假如只是从外表去观察，就很容易混淆，应该从内心出发，去仔细判断。

［原文］

惟一点存心处，则善恶悬绝，判然如黑白之相反。故曰：“君子所以异于人者，以其存心也。”

［译文］

只有这一点存心，君子是善，小人是恶，彼此相去很远，他们的分别，就像黑白两种颜色，绝对相反不同。所以孟子说：“君子与常人不同的地方，就是他们的存心啊！”

［浅释］

如果能透过外表，从心地上来判断，就会发现小人和君子截然不同。君子心底坦荡，小人则总是为自己的私利不择手段。

［原文］

君子所存之心，只是爱人敬人之心。盖人有亲疏贵贱，有智愚贤不肖，万品不齐，皆吾同胞，皆吾一体，孰非当敬爱者？

普贤真人

普贤十大愿望：一者礼敬诸佛，二者称赞如来，三者广修供养，四者忏悔业障，五者随喜功德，六者请转法轮，七者请佛住世，八者常随佛学，九者恒顺众生，十者普皆回向。

[译文]

君子所存的心，只有爱人敬人的心。因为人虽然有亲近的、疏远的、有尊贵的、有低微的、有聪明的、有愚笨的、有讲道德的、有下流的，有千千万万不同的种类；但是这些都是我们的同胞，都是和我们一样有生命、有血有肉、有感情，哪一个不该爱他敬他呢？

[浅释]

真正的君子，心中只有爱人之心，就算是对待那些不贤不肖，贫穷愚笨的人，也没有任何差别。因为在他们看来，无论是什么样的人，都是我们的同胞，有什么理由不爱护和帮助呢？了凡先生认为，人人都值得敬爱，事事物物都值得敬爱。

[原文]

爱敬众人，即是爱敬圣贤；能通众人之志，即是通圣贤之志。

[译文]

爱敬众人，就是爱敬圣贤人；能够明白众人的意思，就是明白圣贤人的意思。

[浅释]

古时候的读书人明白“敬圣敬贤”的道理，他们从心底对圣贤敬重有加，并且把圣贤作为自己行动的模范，“见贤思齐”，努力让自己也做得更好。因此，圣贤之人心怀天下，总是希望身边的每一个人都可以得到福报，所以我们说圣贤之人的志向就是全天下人的志向。只是圣贤有大智慧，而寻常百姓常常被时间表象所迷惑，所以圣人才担负着教导大众修善积德的重任，只有这样，才能让众人得到好的果报。

[原文]

何者？圣贤之志，本欲斯世斯人，各得其所。吾合爱合敬，而安一世之人，即是为圣贤而安之也。

[译文]

为什么呢？因为圣贤人本来都希望世界上的人，大家都能安居乐业，过着幸福美满的生活。所以，我们能够处处爱人，处处敬人，使世上的人，个个平安幸福，也就可以说是代替圣贤，使这个世界上人人都能够平安快乐了。

[浅释]

所有的圣贤心中只有一个想法、一个心愿，那就是普度众生，导人向善，最终让全体大众“各得其所”，得到自己想要的东西。每个人都有属于自己的“归宿”和幸福，只要他始终心存敬爱，就有希望实现自己的理想和志向。

[原文]

何谓成人之美？玉之在石，抵掷则瓦砾，追琢则圭璋。

[译文]

什么叫作成人之美呢？举例来说，若是把一块里面有玉的石头，随便丢掉抛弃，那么这块里面有玉的石头也只不过是和瓦片碎石一样，一文不值了；若是把它好好地加以雕刻琢磨，那么这块石头，就成了非常珍贵的宝物圭璋了。

[浅释]

了凡先生用了一个比喻来解释“成人之美”的含义。他以一块玉石为例，玉原本就是石头里最珍贵、最精美的一种，但是如何能体现它的价值，还要看怎样利用它。如果只是把它扔在一旁不管不问，那么它只是一个普通的石块罢了。但是，如果有人经过精雕细琢，它就会成为价值连城的美玉。到底价值如何，与怎样利用有很大关系。

[原文]

故凡见人行一善事，或其人志可取而资可进，皆须诱掖而成就之。或为之奖借，或为之维持。

[译文]

一个人也是如此，也全是靠劝导提引。所以看到别人做一件善事，或者是这个人立志向上，而且他的资质足以造就的话，就应该好好地引导他，提拔他，使他成为社会上的有用之材；或是夸赞他，激励他，扶持他。

[浅释]

如果一个人心地很善良、为人忠厚老实，又或者这个人的人生目标纯正可取，对于这样的人，我们就应该多多帮助，助他一臂之力。“皆须诱掖而成就之”，这句话的意思就是尽量往正确的方向引导他、帮助他。世间所有有志向、有目标的人，我们都应该对他们循循善诱，帮助他们实现自己的人生理想。可以通过奖励的方式让他产生兴趣，再通过鼓励的办法让他维持住这份热情，积极努力，在他为实现目标过程中出现困难的时候能及时出手相助，这样就可以让他能安心于学业和道业。

[原文]

或为白其诬而分其谤，务使成立而后已。

[译文]

若是有人冤枉他，就替他辩解冤屈，来替他分担无端的毁谤，可以设法代替他，顶替他被毁谤的事实，减轻他所受的毁谤，这样叫作分谤；务必要使他能够立身于社会，而后才算是尽了我的心意。

[浅释]

帮助一个人实现志向的方法有很多，假如他被人诬陷，我们应该尽力为他辩白；假如他被人诽谤，我们也应该尽力帮他分担，总而言之，一定不能轻易放手，直到他实现了自己的目标和理想。

[原文]

大抵人各恶其非类。

[译文]

大概通常的人，对那些与他不同类型的人，都不免有厌恶感，譬如小人恨君子，恶人恨善人。

[浅释]

人们常说："物以类聚，人以群分。"这句话不无道理。通常情况下，一个人总喜欢跟与自己有相同爱好的人待在一起，因为他们之间更有共同话题，更有共同经历。比如，那些学佛修道的人见面以后总是感觉分外亲切，这就是因为在他们看来，他们是同一类人，相似之处更多。而在一般外人看来，并不会有过多喜欢的感觉。人们理所当然会经常与有相同兴趣爱好的人接触。但是，这样想是不对的，修佛之人更应该尽自己努力去接近其他人，对自己的亲人、朋友更应该爱护有加。只有这样，他们才会看到你从佛理之中感悟到的东西，看到你在佛理感化下的转变。如果你能坚持这样做，家人和朋友自然乐意与你多接触。

[原文]

乡人之善者少，不善者多。善人在俗，亦难自立。

[译文]

在同一个乡里的人，都是善的少，不善的多。正因为不善的人很多，善的人少，所以善人处在世俗里，常常被恶人欺负，很难立得住脚。

[浅释]

就算是生活在同一个地方的人，也有好坏之分，通常善人较少，不善之人较多。这样一来，善人在不善之人的面前，显得人单力薄，很难立足。因为坚持做好事本就非易事，在一个不善之人居多的地方坚持做好事更是难上加难。因为那些不善之人为善人做好事造成了严重阻碍。这种情形在现实生活中十分常见，任何时期

说咒消灾

释迦牟尼佛说："凡我四众弟子，如遇灾难起时，安置佛像，结果护持，香花供养，诵持此咒，能令有情众生，获福无量。"佛有大慈大悲之心，他们诵经念咒，只是希望"有情众生，获福无量"。了凡先生也说：圣贤菩萨，心存爱敬，他们只有一个愿望，就是希望一切众生各得其所。了凡先生用此一章劝人为善，并告诫人们想要与人为善，首先要存为善之心。

都会出现。遇到这种情况，善人首先应该做的，就是保护好自身，只有这样，才能有机会“兼善天下”。

［原文］

且豪杰铮铮，不甚修形迹，多易指摘；故善事常易败，而善人常得谤；惟仁人长者，匡直而辅翼之，其功德最宏。

［译文］

况且豪杰的性情大多数是刚正不屈，并且不注意修饰外表，世俗的眼光，见识不高，只看外表，就说长道短，随便批评；所以做善事也常常容易失败，善人也常常被人毁谤。碰到这种情形，只有全靠仁人长者，才能纠正那些邪恶不正的人，教导指引他们改邪归正，保护、帮助善人，使他成立，像这样辟邪显正的功德，实在是最大的。

［浅释］

“铮铮”，即响亮的意思。而“豪杰”，指的是地方上聪慧过人，很有才干的人。了凡先生认为，有些性情刚烈的英雄豪杰往往不拘小节，不介意世人的目光，他们不修边幅，却与人为善，乐于助人。然而，不少世俗之人因为见识短浅，对这类英雄豪杰说三道四，肆意排挤。因此，就算是有人心地善良，想要行善积德，却并不能为其他乡人所理解，反倒遭到他人的污蔑和毁谤，他们非但没有帮助善人行善，反而阻止了善人做好事。正如庄子曾经说的：“木秀于林，风必摧之；堆出于岸，流必湍之；行高于人，众必非之。”我国古人历来提倡中庸之道，对于那些过于优秀及过于落后的人，都会有是非之论。那些豪杰之士因为刚正不屈、不拘小节足以为自己招来他人的闲话和批评。出现这种情形，了凡先生说最好的办法就是享有威望的长者们出面，帮忙纠正乡人的错误思想和行为，教导他们帮助善人行善，匡扶正义，只有这样，那种一人行善，十人作恶的局势才能有所改变。

［原文］

何谓劝人为善？生为人类，孰无良心？世路役役，最易没溺。凡与人相处，当方便提撕，开其迷惑。譬犹长夜大梦，而令之一觉；譬犹久陷烦恼，而拔之清凉，为惠最溥（pǔ）。

［译文］

什么叫作劝人为善呢？一个人既然已经生在世上做了人，哪一个没有良心呢？但是因为急忙地追逐名利，弄得这世间忙碌不堪，只要有名利可得，就昧着良心，不择手段地去做，那就最容易堕落了。所以与别人往来相处，时常要留心观察这个人，若是看他要堕落了，就应该随时随地提醒他，警告他，引导走出糊涂昏乱。譬如，看见他在长夜里做了一个浑浑噩噩的梦，一定要叫唤他，使他赶快清醒；又譬如看他长久陷落在烦恼里，一定要提拔他一把，使他头脑转为清凉。像这样以恩待人，功德是最周遍，最广大的了。

［浅释］

孟子认为："人之初，性本善。"他提出的性善论不少人表示认同。的确，任何人都是积极向善的，至少表面看起来是善良的。就算是那些坏事做尽的坏人，口中也念念有词地说自己要修善、行善，从不肯承认自己是个坏人。因此，正如孟子所说，善心、善行是一个人的天性，这种天性在佛法里称作"性德"。可能有的人会不明白了，既然善心、善行是一个人性德的自然流露，为什么还会有人为非作歹？如果你认真调查研究，就会发现，一个人作恶大多出于两种原因，第一个原因便是自身的烦恼、习气太重，无处排解；第二个原因就是外有恶缘，人才会行恶。尽管那些恶人为非作歹，但是他们大多饱受良心的谴责；因为本性使然让他知道自己行凶作恶是不对的，所以他会不断受到良心的煎熬，不断与自己的良心做斗争，可惜，这样的人往往自制力很差，如果身边没有人提醒他、帮助他回头是岸，他们就会在作恶的深渊里越陷越深，不能自拔。

在这一部分，了凡先生详细地说明了人们做坏事的原因，以及应该怎样劝人向善，了凡先生说："世路役役，最易没溺。"在世间辛苦生活，有时候受周围环境的影响，尤其是受到社会不良风气的侵染，有的人为了生活、为了家庭、为了自己的事业，走上作恶的道路也是有可能的。因此，针对这样的情况，我们应该用宽宥之心去理解帮助他们，而不是唾弃他们。例如，眼下有些地方盛行赌博之风，甚至有很多年轻人沉迷于此，不能自拔，这绝对不是一个好现象。赌博对人的身体、家庭以及社会，都会带来一系列不良影响，那些有分辨能力和自制能力的人都明白这个道理，因此，他们都自觉远离赌博这种危险游戏。但是，仍然有些分辨能力差、自制能力差的人会受到这种不良风气的影响，沉溺于赌博之中。久而久之，如果没有人出面加以阻止，帮助他们了解赌博的害处，远离赌博，他们很可能一头栽进去，造成家毁人亡的悲惨结局。所以，如果我们遇到自己的亲戚朋友，平时有事没事都喜欢赌两局，一定要尽可能开导规劝他们，让他们明白赌博的害处，远离赌博。

"凡与人相处，当方便提撕"，与他人交往过程中，应该尽自己能力将那些不小心走上邪路的人劝导回到正途上。同时，了凡先生还认为劝导的时候应该讲究方法，让人乐于接受你的劝导，这样才能真正达到警觉的目的。为了进一步说明如何规劝他人向善，了凡先生打了几个比方，来形容什么样的劝导才是好的劝导。像"长夜大梦"之中忽然醒觉过来了，这就是好的引导。又如"久陷烦恼"之中，经过我们的劝导把烦恼拔除，得到清凉自在，这就是“智慧”；如果能做到这些，就功德无量了。

［原文］

韩愈云：“一时劝人以口，百世劝人以书。”

［译文］

从前韩愈曾说：“以口来劝人，只在一时，事情过了，也就忘了；并且别处的人，无法听到。以书来劝人，可以流传到百世，并且能传遍世界；所以做善书，有立言的大功德。”

［浅释］

这是承接上文，讲善巧方便之法。“一时”即当世的意思。想要劝人向善，我们就要经过事理分析，劝导他人，令他在作恶的深渊里幡然觉悟，这就是“口说”，这样的方法只能对当世的人们有利。假如我们真正想要劝导更多的人，甚至对后世之人起到警醒作用，那么最直接的工具就是“书”，只有“书”才能保存久远流传后世。因此，我们才会将自己的善言、善行记录到书里，以便流传给后世。

了凡先生所写的这四篇文章，本意其实只是想要教自己的儿子一些为人处世的道理，以作为他日后人生道路上的准则而已，没想到现在却流传广泛，成为后世之人争相阅读的经典作品。了凡先生当初一定没有想到自己的家训会有今天这样广泛的效用，让更多的人懂得了人生的意义，懂得了与人为善。后人按照他教的方法，进行命运的改造、从而逃离苦海，受《了凡四训》点化的人不在少数，他们都是受了凡先生之惠。这就是没有故意想要为善，结果却为后世的人们做了一件大大的好事，实在功德无量。说到这里，我们该明白，这才是积善里面最显著、最有效、最深广的大善。正如作家并不都是文学专业出身，我们每天的所见所闻所感，如果能坚持记录下来，久而久之，一定也会有属于自己的创作。由此可知，“劝人以口，劝世以书”，只要你肯发自内心坚持，这并不是一件难事。

［原文］

较之与人为善，虽有形迹，然对症发药，时有奇效，不可废也。

［译文］

劝善同与人为善相比，虽然有较注重形式的痕迹，但是这种对症下药的事，时常会有特殊的效果，这种方法是不可以放弃的。

[浅释]

劝人向善同与人为善，虽然都是善行，但是劝人向善更注重的是行善的方式和方法，讲究对症下药，也正因为如此，劝人向善往往会取得意想不到的效果。

[原文]

失言失人，当反吾智。

[译文]

如果出现劝人言语不对机，或者当劝未劝失去忌讳的过失，都应该反省我们的智慧是否足够。

[浅释]

什么时候该说话什么时候不该说话，这是很有学问的事情。如果该说话的时候，你却并没有说话，这样做的结果就会“失人”，例如一个人做了错事，但这个人是一个可教之材，如果这时候你发现了，却没有对他加以教导，就是“失人”的表现；反之，如果一个人不是这个材料，你却一定要去教导他，你说的话他根本无法理解，不能接受，这就叫“失言”。日常生活中，迎宾待客、与人相处，都应该留心观察，用心揣摩，做到既不“失人”，也不“失言”。

[原文]

何谓救人危急？患难颠沛，人所时有。偶一遇之，当如痌瘝（tōng guān）在身，速为解救。或以一言伸其屈抑；或以多方济其颠连。崔子曰：“惠不在大，赴人之急可也。”盖仁人之言哉！

[译文]

什么叫作救人危急呢？患难颠沛的事情，在人的一生当中，都是常有的。假使偶尔碰到患难危急的人，应该将他的痛苦，当作是发生在自己的身上一样，赶快设法解救，看他有什么被人冤屈压迫的事情，或是用话语帮助他申辩明白，或是用种种的方法来救济他的困苦。明朝的崔子曾经说：“恩惠不在乎大小，只要在别人危急的时候，赶紧去帮助他就可以了。”这句话真正是仁者的话呀！

[浅释]

俗话说：“天有不测风云，人有旦夕祸福。”这话一点没错，人的一生当中，总是会遭遇到一些不幸的事情，特别是在战火纷飞的年代，更是饱受颠沛流离之苦，过着朝不保夕的生活。战乱时，没有人知道自己还会不会拥有明天，自己的明天会怎么样。因此，掌握一些必要的求生技巧是很关键的。

我们很幸运，生活在安稳的现世之中，特别是现在的孩子们，更是娇生惯养，父母生怕他们过得不开心，不快乐，每天想方设法为自己的孩子提供最优秀的教育、食物以及生存环境。但是，我们应该常存忧患意识，没有什么事情是绝对的，眼下看起来也许是安定和平的生活，但这样的生活会持续到永久吗？如果我们的后代过上这种“患难颠沛”的生活，那该是多么不幸的一件事。推己及人，在物质精神生活富足的今天，仍然有人过着食不果腹的生活，对这样的人，我们应该感同身受，伸出援助之手，帮助他们走出困苦。

又或者见到有人蒙受不白之冤，如果能力所及，并且清楚他是被冤枉的，就应该伸出援手，为他申冤辩白。正如崔子所说，恩惠不一定非得多大，只要能够救急就是很难得的恩惠；正所谓救急不救贫，正是这个道理。至于那些贫困的人，如果要帮助他们意识到自己的谋生能力，帮助他独立，就是最大的恩惠。

[原文]

何谓兴建大利？小而一乡之内，大而一邑之中，凡有利益，最宜兴建。

[译文]

什么叫作兴建大利呢？讲小的，在一个乡中，讲大的，在一个县内，凡是有益公众的事，最应该发起兴建。

[浅释]

了凡先生在这一部分里讲述了“兴建大利”的含义，行善积德没有大小之分，如果能力有限，可以为身边之人，为一乡之人谋求幸福，如果能力很大，则可以为一县、一市谋幸福，兴建大利，主要是针对那些有能力的人、机关政府而言的。政府应该多做那些有利于一方百姓的事情。

“凡有利益，最宜兴建”，只要这个工程对一个地方有好处，就应该努力去做。因为只有百姓都幸福安康，自己才会得到更多的福报。反之，如果大家没福，只一个人有福，最终也在劫难逃。如果我们能敞开心胸，造福百姓，最终受益的也一定是我们自己。

[原文]

或开渠导水；或筑堤防患；或修桥梁以便行旅；或施茶饭以济饥渴。随缘劝导，协力兴修，勿避嫌疑，勿辞劳怨。

[译文]

或是开辟水道来灌溉农田；或是建筑堤岸来预防水灾；或是修筑桥梁，使行

鉴源施舍

唐代僧人鉴源，品行高洁，斋会期间，他每天供千人粥食，而他的仓库中只有数百斛的粟米。奇怪的是，他仓库中的粮食却一直取之不尽。了凡先生说，“释门万行，以布施为先”。修行的方法有很多，但是最重要的修行方法就是施舍。施，不仅仅是指舍弃钱财，真正明白通达的人能够做到“内舍六根，外舍六尘”。世间人最难的就是放下！能放下一分，心就清静一分。

旅交通方便；或是施送茶饭，救济饥饿口渴的人。随时遇到机会，都要劝导大家，同心协力，出钱出力来兴建；纵然有别人在暗中毁谤你，中伤你，你也不要为了避嫌疑就不去做；也不要怕辛苦，担心别人嫉妒怨恨，就推托不做，这都是不可以的。

［浅释］

我们的国家是农业大国，因此水利灌溉是国家十分重要的工程建设。“或筑堤防患”，地势低洼的地方，应该修筑水坝防止水灾。“或修桥梁以便行旅；或施茶饭以济饥渴。随缘劝导，协力兴修，勿避嫌疑，勿辞劳怨。”做事情不应该只想到自己，应该以人民群众，以百姓为出发点，为地方造福，就算在工程进行过程中会遭遇一些挫折，也不可以因为小事就停止这样的善行。因为只有冲破一切阻碍为民造福，这样的善事才称得上是真正的圆满。刚开始做这些事情的时候可能会有些反对意见，但是，只要你坚定信念，知道这是对百姓有益的事情，等到做成以后，人们深受其益，自然会明白这件事的好处，自然会感恩戴德！因此，做善事要有远大的目光，要有智慧、有恒心、有毅力，最重要的是有爱心，以仁爱之心为出发点，这才能做成善事。

［原文］

何谓舍财作福？释门万行，以布施为先。

［译文］

什么叫作舍财作福呢？佛门里的万种善行，以布施为最重要。

［浅释］

怎样才能为自己修福？了凡先生说，舍财才能修福。肯放弃自己的钱财的人，才可能为自己修来福分。佛法无量，有千万种善行可言，而最重要的善行，就是布施了。所谓“布施”，分为有财布施、法布施、无畏布施三类。这三类布施将佛法的全部修行都囊括其中，行门再多都不出“布施”的范围。因此，了凡先生才说布施就是修福。这份福祉里面包括智慧、健康、长寿、财富等多方面。如果能多做布施，自然多得福报。

［原文］

所谓布施者，只是舍之一字耳，达者内舍六根，外舍六尘。

［译文］

讲到布施，就只有一个舍字，什么都舍得，就合佛的意思了。真正明白道理的

人，什么都肯舍。譬如自己身上的眼睛、耳朵、鼻子、舌头，身体、念头，没有一样不肯舍掉；譬如，佛陀曾在因地修行的时候，舍身饲虎；在身外的色、声、香、味、触、法，也都可以一概舍弃。

［浅释］

所谓“布施”，就是心甘情愿放下，就是舍，佛教认为，愈舍反而愈自在。所谓“达者”，指的是真正明白通达的人，正如那些菩萨都有真正的智慧。“内舍六根，外舍六尘”，“六根”与“六尘”都是尘世凡夫俗子最基本的欲求，又怎么忍心舍掉呢？其实，这里所说的“舍”，并不是表面意义上的“舍”，试想一下，人又如何能舍弃自己的肉身呢？而且，就算是不要自己的肉身，如果不能明白布施的真正含义，也无法解决实际问题。因此，这里的舍其实指的是从心意上舍，也就是让自己的内心抛弃执着之念，于外则不为尘境诱惑。内外俱舍，则可以明心见性，有成佛的希望了。

［原文］

一切所有，无不舍者。苟非能然，先从财上布施。世人以衣食为命，故财为最重。吾从而舍之，内以破吾之悭，外以济人之急，始而勉强，终则泰然，最可以荡涤私情，祛除执吝。

［译文］

一个人所有的一切，没有一样不可以舍掉，能够如此，那就身心清净，没有烦恼，就如同佛菩萨了。若是不能什么都舍，那就先从钱财上着手布施。世间人都把穿衣吃饭，看得像生命一样重要，因此，钱财上的布施也最为重要。如果我能够痛痛快快地施舍钱财，对内而言，可以破除我小气的毛病；对外而言，则可救济别人的急难。不过钱财不易看破，起初做起来，难免会有一些勉强，只要舍惯了，心中自然安逸，也就没有什么舍不得了，这最容易消除自己的贪念私心，也可以除掉自己对钱财的执着与吝啬。

［浅释］

世人需要依仗衣食财物度日，因此将财物看的格外重要，在这样的大前提下，如果你能心甘情愿舍掉自己的财物，用此进行布施，那么你就破除了自己的吝啬之心，能救人于危急，可谓大善。如果财物都不能诱惑我们，我们的心就不会被财物所控制。也许，这样的舍掉起初会于心不忍，但是，如果能长期坚持，终究会处之泰然。这就能帮助我们洗涤念虑之根，去除贪吝的念想。

［原文］

何谓护持正法？法者，万世生灵之眼目也。不有正法，何以参赞天地？何以裁成万物？何以脱尘离缚？何以经世出世？

［译文］

什么叫作护持正法呢？法是千万年来，有灵性的有情生命的眼目，也是真理的准绳。但是法有正有邪，如果没有正法，如何能够参加帮助天地造化之功呢？怎样会使得各式各样的人以及种种的东西，都能够像裁布成衣那样的成功呢？怎样可以脱出那种种的迷惑，离开那种种的束缚呢？怎样可以建设整理世上一切的事情，和逃出这个污秽世界，这个生死轮回的苦海呢？这都需要靠正法，这才有了光明的大路可走。

［浅释］

所谓“正法”，指的是古代的圣贤经过长时间的实践和思索，运用智慧总结出来的规律和道理。了凡先生说：“法者，万世生灵之眼目也。不有正法，何以参赞天地？何以裁成万物？何以脱尘离缚？何以经世出世？”护持正法才能有清醒的头脑，才能协助天地造化，才能成功把握尘世万物，才能挣脱尘世束缚，既然护持正法有这么多的好处，自然要努力维护。

就我国而言，“护持正法”首先应该维护儒法，何为儒法？就是孔、孟、老、庄之道，如果不先在这上面打牢基础，根本谈不上佛法的修行，因为这就相当于一棵树没了根，是不可能生长下去，并且枝繁叶茂的。不了解孔孟之道，不了解老庄之道，就相当于佛法就没有了根。了凡先生生活的明朝，是一个重视儒学的时代，当时，读书人全都要精通四书五经，至于诸子百家，也都有相当扎实的基础。儒家教导我们为人处世的方式和方法，教我们做人，这些道理在当今社会仍然具有很高的指导意义。所以，时至今日，“四书”就算不能全部通读，也一定要读读《大学》《中庸》和《论语》。

既然正法有这么多好处，自然要努力维护了。从“正法”中，我们能明白中国的历史文化内涵，加强对国家、民族的热爱。如果一个人忘记了自己的根，忘记了自己的本源，还有什么资格谈论礼义廉耻呢？只有维护正法，才能进一步教化众生转恶为善。

“正法”是万世生灵的眼目。没有正法，就没办法参悟天地养育万物的功德。天生之，地养之；天与地一起养育了世间万物。假如人们了解这个道理，就会懂得尊重天地，尊重大自然，不随意破坏生态平衡，并且努力为大自然的可持续发展做出贡献。然而，现实生活中，很多人忘记了天与地的恩赐，反倒认为这一切都是理所当然，是自己辛苦打拼得回来的。他忘记了，如果没有天与地，你的一切收获都

将失去归宿，没有天地，就没有蓝蓝天空，就没有青青草地，就没有禾苗万顷，就没有汩汩清泉……因此，真正有道德、有学问的人，都懂得对天与地的养育加以感恩。然后将这种感恩之心推而广之，尽心尽力帮助一切众生，也就是了凡先生所说的“裁成万物”，帮助万物获得圆满。在这一过程中，你的功德就会圆满，就可以拜托烦恼的根源，获得清净脱俗的自己。

我国历来很尊重圣贤，圣贤的行为是众人的楷模，圣贤的话语则是众人的教化，圣人的言行可以穿越时间、穿越空间，甚至穿越民族，对我们今天的行为进行指导。这就是“经世出世”。经世出世的差别，只在迷、悟之间，一念迷惑了就是世间，一念觉醒了就是出世。

［原文］

故凡见圣贤庙貌，经书典籍，皆当敬重而修饬(chì)之。

［译文］

所以凡是看到圣贤的寺庙、图像、经典、遗训，都要加以敬重，至于有破损不完全的，都应该要修补、整理。

［浅释］

因为圣人的理论是经世致用的，所以遇到供奉圣贤的寺庙，圣贤的画像，记录圣贤言论的经典著作，都应该额外敬重，如果发现有任何损毁，应该力所能及加以修补和整理。这样才能让更多的后人瞻仰圣人的遗迹，学到更多有用的道理。

我国的教育模式是发展理性、启发智慧，让那些接受教育的人明白伦理道德、明白是非黑白；以便让他彻底认清人与人之间的关系，人与物之间的关系，以及人与天地、大自然间之关系，从而做一个顶天立地的人，只有这样，我们才有可能获得自己的幸福，只有这样，我们的国家、民族才会真正前途无量，这也是我们现行教育模式的意义所在。民国初年，为了顺应历史变革，人们废除了四书五经，这是一个让多少当时的贤哲痛心疾首的事情。而今天，国学的再次复兴，证明了我国古代先哲们的大智慧，直到今天，仍然具有广泛意义。

古时候读书人读书，是不可以在书上做标记的，因为书本不属于自己，在用过以后，这些书还要流传给下一批人去念，如果自己需要的话，就需要动手抄一本。那时候印刷术不发达，得到一本书是非常珍贵的，因此，人们都格外珍惜、爱护、甚至尊重这原本无生命的事物。如果古书出现破损，就应该主动修补，这样才不会失传，因而修补图书、圣像、寺庙等是一件造福后世的事情，功德最大。

［原文］

至于举扬正法，上报佛恩，尤当勉励。

［译文］

而讲到佛门正法，尤其应该敬重地加以传播宣扬，使大家都重视，才可以上报佛的恩德，这些都是应该加以全力去实践的。

［浅释］

了凡先生的这句话是教导我们要弘法利生，要将儒家、佛家对人的教化发扬光大，让佛家的真言能够造福众生。如果要做到这一点，就一定先要做到两件事：首先是要替佛教培养可以弘扬佛法的人才。其次是要建立可以弘扬佛法，传经诵佛的道场，这样才能让那些弘扬佛法的人有一个安定、良好的修学环境。当今社会，这类弘扬佛法的人才少之又少，与其求人，倒不如求己。因为如果你请别人发心，诚心诚意邀请，还不一定能得到他人的肯定答复。因此，既然你有诚心诚意请他人发心的劲头，何不反过来自己诚心诚意地为自己发心？这样做的好处很多，首先，这比你千方百计求人要方便很多，其次，没有人比你更了解你自己需要什么。至于建立大的道场，则是希望有更多的人有机会来接触佛法、瞻仰佛法；而在科技发达的今天，我们已经不能再像传统传扬佛法的大师那样，坐在场中央，向各位信徒口传佛法了。最简单易行，也是最有效的方法，就是通过网络，或者无线电台，电视台等，将佛法送到每个家庭里面去。而佛法是建立在儒、道的基础之上的，所以我们应该先讲“四书”，然后再逐步深入，就会取得很好的效果。

［原文］

何谓敬重尊长？家之父兄，国之君长，与凡年高、德高、位高、识高者，皆当加意奉事。在家而奉侍父母，使深爱婉容，柔声下气，习以成性，便是和气格天之本。

［译文］

什么叫作敬重尊长呢？家里的父亲、兄长，国家的君王、长官，以及凡是年岁高、道德高、职位高、见识高的人，都应该格外虔诚地去敬重他们。在家里侍奉父母，要有深爱父母的心，与委婉和顺的容貌，而且声要和，气要平，这样不断地薰染成习惯，就变成自然的好性情，这就是和气可以感动天心的根本办法。

［浅释］

中国人历来注重伦理教育，强调长幼有序，强调父慈子孝，因此，能够做到敬重尊长是一个人行善立世的根本。那么，敬重尊长都包括哪些方面呢？在一个家庭里，应该做到孝敬父母、尊敬兄长；在“职场”上，应该忠于君主，敬重长官。在古代人眼里，家庭与社会、国家的构造是相同的，强调“君君臣臣，父父子子”，

亲尝汤药

“何谓敬重尊长？”了凡先生说：“家之父兄，国之君长，与凡年高、德高、位高、识高者，皆当加意奉事。”人们应该有敬重父母、师长，应使这种好的品德成为自己的习惯，自然为之，而不是有意而为。图为有名的孝子故事：汉文帝刘恒，以仁孝闻名天下。母亲卧病三年，他常常目不交睫，衣不解带服侍；母亲所服的汤药，他亲口尝过后才放心让母亲服用。

长幼、尊卑有序。也有“修身、齐家、治国、平天下”的说法。如果想要做成一番大事，首先应该培养自身的优良品德，提高自身的修养。当自身的修养达到一定境界后，再扩大一点范围，应该治理好自己的小家，所谓“家和万事兴”，一个小家是一个社会的缩影，只有治理好自己的小家，才有能力去辅佐皇帝治理国家。自己的小家和和睦睦，父慈子孝，自然没有后顾之忧。“齐家”的目标实现以后，就可以辅佐君王“治国”了。在治国过程中，应该明确自己的使命，始终坚守岗位，事事为皇帝着想，做一个先天下之忧而忧的人。如果偌大的国家，你都可以治理好，那么辅佐君王平定天下更是指日可待。所以，服侍好父母才有可能侍奉好君主，在家里服侍父母的时候，态度一定要和颜悦色，声音一定要温柔，养成这些好习惯，久而久之，习惯就会变成你的本性，你就会成为一个可以感应上天，明白什么该做，什么不该做的通达之人。

［原文］

出而事君，行一事，毋谓君不知而自恣也。刑一人，毋谓君不知而作威也。事君如天，古人格论，此等处最关阴德。试看忠孝之家，子孙未有不绵远而昌盛者，切须慎之。

［译文］

出门在外侍候君王，不论什么事，都应该依照国法去做，不可以为君王不知道，自己就可以随意乱做呀！审问一个犯罪的人，不论他的罪轻或重，都要仔细审问，公平地执法；不可以为君王不知道，就可以作威作福冤枉人！服侍君王，像面对上天一样的恭敬，这是古人所订的规范，这种地方关系阴德最大。你们试看，凡是忠孝人家，他们的子孙，没有不发达久远而且前途兴旺的，所以一定要小心谨慎地去做。

［浅释］

在家服侍好双亲，出门才能侍奉好君主。在君王身边，每做一件事都应该经过深思熟虑，不要以为自己的事情君王并不知情，若要人不知，除非己莫为，这世界上没有不透风的墙，更何况，墙的那边，还是数不清的好处。为进一步说明应该如何辅佐君主，了凡先生在这里做了举例说明。如果一个人犯了法，由你负责审讯，在审讯过程中，无论他所犯下的罪行是重还是轻，都应该仔仔细细，调查得清清楚楚，不应该以为皇帝不知道自己如何审讯，就作威作福，对犯罪的人严刑逼供，又或者收受贿赂，私下为有罪之人开脱。侍奉君主，一定要小心谨慎，恭敬有加，这样就能为自己积累阴德，不信，你可以回头看看历史，历史上的忠孝之家，其子孙向来都连绵不绝，兴隆昌盛。

［原文］

何谓爱惜物命？凡人之所以为人者，惟此恻(cè)隐之心而已。求仁者求此，积德者积此。

［译文］

什么叫作爱惜物命呢？要知道一个人之所以能够算是人，就是在他有这一片恻隐的心罢了。所以孟子说：没有恻隐之心就不是人。求仁的，就是求这一片恻隐之心；积德的，也是积这一片恻隐之心。有恻隐心就是仁；有恻隐心，就是德。没有恻隐心，就是无仁心，没道德。

［浅释］

所谓“恻隐之心”，指的其实就是仁者爱物之心。善良的人看见其他人甚至动物陷入苦难之中，心中自然无比同情，这就是所谓的“恻隐之心”。相信任何人都有恻隐之心。只是有的人没有发现罢了。例如，有些敏感的人可能只是看一出悲剧就会痛哭流涕，这就是恻隐之心的表现。因为无论是电视剧还是电影中的悲剧，其实都是假的，经过编剧改编的。面对这些假的悲剧，你都会痛哭流涕，更何况是看见真人真事呢。所以，很多人如果看到人或动物正遭受痛苦，一定都会于心不忍，伸出援助之手。

人与动物的显著差别，就是人除了具有恻隐之心以外，还懂得行善积德。动物或许也会同情自己的同类，但是它们仅限于本能的反映。而人不但具有本能的恻隐之心，还能够通过教化，获得更多的仁义、道德，这是动物不可能具备的。恻隐之心就是人的怜爱之心、怜悯之心，是从人的本性里流露出来的。我们“求仁”求的就是这个;“积德”，积的也是这个。仁者爱物，仁者更爱人。

［原文］

《周礼》，孟春之月，牺牲毋用牝(pìn)。

［译文］

《周礼》上曾说：每年正月的时候，正是牲畜最容易怀孕的时间，这时候祭品不要用母的。

［浅释］

古时候祭祀，都会用牺牲。《周礼》上说，早春的祭祀用品，尽量不要用母的。这就是恻隐之心的表现。因为每年初春的时候正是牲畜繁殖下一代的时间。如果用母的牲畜做牺牲，杀一头牲畜相当于杀害了两条生命。因此，《周礼》说，最好不要用母牲，这是仁慈的表现。

［原文］

孟子谓君子远庖厨，所以全吾恻(cè)隐之心也。故前辈有四不食之戒。谓闻杀不食，见杀不食，自养者不食，专为我杀者不食。学者未能断肉，且当从此戒之。

［译文］

孟子说：君子之所以远离厨房，就是为了要保全自己的恻隐之心。所以，前辈有四种肉不吃的禁忌。即听到动物被杀的声音，不吃；或者在它被杀的时候看见，不吃；或者是自己养大的，不吃；或专门为我杀的，不吃。后辈的人，若要学习前辈的仁慈心，一下子做不到断食荤腥，也应该依照前辈的办法，禁戒少吃。

［浅释］

孟子所说的君子远庖厨的初衷，与佛法中所说的“三净肉”有相似之处。佛法中所说的“三净肉”，指的是不见杀、不闻杀、不为我杀。因为印度早期僧人，都是亲自外出化缘，既然是化缘，自然是别人施舍什么就吃什么，一切随缘，不分辨、不执着，那时候供养僧人的就叫“三净肉”。这正是大慈大悲的选择。直到今天，泰国这些信小乘佛教国家的僧人仍然保留着这一习俗。

“远庖厨”，即远离厨房。因为他们看不见牲畜被杀、听不见牲畜被杀时的叫声，这样就能吃得安心一点。其实，君子的内心还是不安的，这样做只是因为无法断绝吃肉，只能退而求其次，不亲眼看见、亲耳听见动物被杀的场面和声音，这样才能培养大慈大悲之心。

［原文］

渐渐增进，慈心愈长，不特杀生当戒，蠢动含灵，皆为物命，求丝煮茧，锄地杀虫，念衣食之由来，皆杀彼以自活。故暴殄(tiǎn)之孽，当与杀生等。

［译文］

如此渐渐增进，慈悲心越来越多，不仅要戒除杀生心，只要能活动含有灵气的，都是生命。为了得到丝而煮蚕茧，锄地的时候会杀死虫子，念及衣食的由来，这都是杀害物命而养活自己。所以浪费衣物，与杀生有着相同的罪过。

［浅释］

人生在世，不过短短数十载，为了维系自己的生命而杀害其他生物，都是残忍的表现。应该一视同仁地对待所有生命。对于那些弱小的生命，更应该懂得爱惜。

我们在抽取蚕丝的时候需要煮茧，在耕地除草的时候需要杀虫，无形之中，我们已经伤害了很多低等生物，由此可知，我们这几十年有多罪孽深重！因此，我们应该尽量戒除杀生，对一切众生都应该存有爱护怜惜之心。

我们已经有这么多的罪孽了！因此应该尽早觉醒过来，这样才对得起天地一切众生。不但要严持“不杀生”这一条戒，还要在饮食起居方面勤俭节约，不随意浪费食物。

“暴殄之孽”，指的是肆意糟蹋生活用品，不懂得珍惜。如果一个人不懂得勤俭节约，就很难过上好日子，如果一个国家不懂得勤俭节约，就很难走上富强之路，因此，我们应该爱惜一切资源物力。

［原文］

至于手所误伤，足所误践者，不知其几，皆当委曲防之。古诗云：“爱鼠常留饭，怜蛾不点灯。”何其仁也。

［译文］

至于随手误伤的生命，脚下误踏而死的生命，又不晓得有多少，这都应该要设法防止。宋朝的苏东坡有首诗说：“爱鼠常留饭，怜蛾不点灯。”意思是说：恐怕老鼠饿死，所以为老鼠留些饭；哀怜飞蛾扑到灯上烫死，所以灯也不点。这话是多么的仁厚慈悲呀！

［浅释］

正所谓“上天有好生之德”，对一切生命都要爱惜，因此，我们应该尊重生命。古人曾经说过：“爱鼠常留饭，怜蛾不点灯。”这只是夸张说法，强调生命的可贵。我们的观念应该随着社会的进步而不断进步，这里的“鼠”和“蛾”，我们完全可以大而化之，将他们看成是弱小生命的载体，这句古诗只是劝我们要与各种动物和谐共处。但是，像老鼠这样的“四害”，有传播疾病的危险，该消灭还是要消灭的。了凡先生认为，大慈大悲者能怜惜天地万物，不会伤害一切众生，不与它结怨，更不欠人家的债，这样才能让自己一辈子心安理得。自己的子孙后代也才可能因此而得到福报。

［原文］

善行无穷，不能殚（dān）述；由此十事而推广之，则万德可备矣。

［译文］

善事无穷无尽，不能说得完；只要把上边说的十件事，加以推广发扬，那么无数的功德，就都完备了。

[浅释]

善心善行没有穷尽，不是用几篇文字就可以说得完的，如果能从了凡先生前面所说的这十个方面来敦促自己，推而广之，其他德行也就不难具备了。第三训是《了凡四训》里最主要的一章。我们应该知道的是，“积善”是建立在“改过”的基础之上的，而“改过”又是建立在明白事情的前因后果的概念上。第一章讲述的是因果报应，第二章教会我们懂得改过，在这一章，则劝导世人积善，这样以后，最后一章的“谦德之效”就顺理成章成为全书的总结了。

第四训　谦德之效

第四章，了凡先生主要讲“谦虚之德所带来的效验”。“谦”就是谦虚，谦逊；“效”就是效验，好处。谦德之效就是在日常生活中保持谦虚的美好德行，所能够带来的好处。第三章了凡先生列举了各种积善的方法，指导我们在生活之中如何行善积德。而懂得了何种行为能够积善，也一定要明白保持善果的方法。这一章了凡先生指出，日常生活之中所获得的种种好处都是由于谦虚这一美好德行而得来的。拥有谦德，便可以保持善果，便能获得福报。

[原文]

《易》曰：“天道亏盈而益谦，地道变盈而流谦，鬼神害盈而福谦，人道恶盈而好谦。”是故谦之一卦，六爻（yáo）皆吉。

[译文]

《易经》谦卦上说：“天的道理，不论什么，凡是骄傲自满的，就要使他亏损，而谦虚的就让他得到益处。地的道理，不论什么，凡是骄傲自满的，也要使他改变，不能让他永远满足；而谦虚的要使他滋润不枯，就像低的地方，流水经过，必定会充满了他的缺陷。鬼神的道理，凡是骄傲自满的，就要使他受害，谦虚的便使他受福。人的道理，都是厌恶骄傲自满的人，而喜欢谦虚的人。这样看来，天、地、鬼、神、人，都看重谦虚的一边。”所以，谦卦当中，六爻都吉利。

[浅释]

这一段话，了凡先生主要讲谦逊是一种重要的德行。他引用了《易经》中谦卦的内容来说明谦虚的重要性。谦卦从天道、地道、人道、鬼神之道四个方面说明宇宙间的道理全都推崇谦虚之德。

俗话说“盛极必衰，月盈必亏”，无论是一个人，还是一个家族，一个国家，全部都遵循着这样的一个规律。繁荣昌盛达到极致的时候，就会转而衰败。天上的月亮每个月也都要经历盈亏的变化。每当月亮一天天逐渐增加变亮，达到圆满的时候，就会转而逐渐削弱减小。无论事物形象的演变，还是社会现象的更替，无不体现出“亏盈而益谦”的道理。这就是大自然所奉行的定律。从大地的基本规律来看，也是如此。形象地讲，大地之上的水满了就会溢出来，流到低洼不足的地方。所以说大地所遵从的规律也是削弱自满的，补足谦逊低下的。

鬼神之道也是如此。一些谦虚之人，恭谨做事，往往能够得到福报，而那些骄

纳箴赐帛

《易》曰:“天道亏盈而益谦,地道变盈而流谦,鬼神害盈而福谦,人道恶盈而好谦。”这样看来,天、地、鬼、神、人都看重谦虚的美德。一个人的知识、经验等再多也都是有限的,别人身上总有过己之处,所以要保持谦虚的品德。唐太宗是中国历史上最善于纳谏的皇帝。他有着至高无上的权力,但仍能够保持谦虚谨慎的作风。上图就是唐太宗乐于纳谏的故事之一:唐太宗初登基时,有一书记官张蕴古上《大宝箴》一篇。唐太宗认为蕴古之言很对,立即采纳,还赐他束帛,升他做大理寺丞。太宗纳善之诚之速如此,深得人心。

傲自满的，往往会受到损害，获得恶报。从人的基本规律来看，也是与天地鬼神之道完全相符的。人们往往会厌恶骄傲自满的人，而喜爱尊崇有谦逊之德的人。

如此看来，天、地、鬼神和人是完全一致地损盈益谦，可见谦虚是符合了宇宙中基本定律的重要德行，所以一定要保持谦逊的德行。

《易经》六十四卦是占卜吉凶的重要参考。其余六十三卦的卦象之中都是有凶有吉，唯独谦卦例外。正是因为谦虚的德行是符合宇宙之道的，因此，谦卦的六爻，全部是吉祥的。

［原文］

《书》曰："满招损，谦受益。"予屡同诸公应试，每见寒士将达，必有一段谦光可掬。

［译文］

《尚书》上也讲："自满，就会遭到损害，自谦，就会受到益处。"我好几次和许多人去参加考试，每次都看到贫寒的读书人，快要发达考中的时候，脸上一定有一片谦和，而且有安详的光彩发出来，仿佛可以用手捧住的样子。

［浅释］

《尚书·大禹谟》中记载："满招损，谦受益，时乃天道。"在现实生活中，往往是谦逊之人能够得到很大的好处，而骄傲自满则会为自己招致祸患。"虚心使人进步，骄傲使人落后"是学习知识的过程中所应遵从的至理名言，它所化用的也是"满招损，谦受益"的道理。

《易经》和《尚书》所讲的关于谦虚的道理可谓是殊途同归。这些道理在现实生活中，也都能够找到佐证。科举考试是读书人求得飞黄腾达的重要途径。了凡先生在自己科举求仕的生涯中，经常会遇到一些印证这一道理的现象。他屡次参加考试，经常会见到一些人脸上满布谦和之光。俗话说"相由心生"。这样的面相，恰恰说明他们内心的谦逊恭谨。而往往是这些谦虚的人，最终独占鳌头，飞黄腾达。按照这样的规律来看，一个人科考是否能中，并不是很难预料的，而是有迹可循的。

［原文］

辛未计偕(xié)，我嘉善同袍，凡十人，惟丁敬宇宾，年最少，极其谦虚。予告费锦坡曰："此兄今年必第。"费曰："何以见之？"予曰："惟谦受福。兄看十人中，有恂恂款款，不敢先人，如敬宇者乎？有恭敬顺承，小心谦畏，如敬宇者乎？有受侮不答，闻谤

不辩，如敬宇者乎？人能如此，即天地鬼神，犹将佑之，岂有不发者？”及开榜，丁果中式。

[译文]

辛未年，我到京城去会试，我的嘉善同乡一起去参加会试的，大约有十个人，只有丁敬宇，这个人最年轻，而且非常谦虚。我告诉同去会试的费锦坡说：“这位老兄，今年一定考中。”费锦坡问我说：“怎样能看出来呢？”我说：“只有谦虚的人，可以承受福报。老兄你看我们十人当中，有诚实厚道，一切事情不敢抢在人前，像敬宇的吗？有恭恭敬敬，一切多肯顺受，小心谦逊，像敬宇的吗？有受人侮辱而不回答，听到人家毁谤他而不去争辩，像敬宇的吗？一个人能够做到这样，就是天地鬼神，也都要保佑他，岂有不发达的道理？”等到放榜，丁敬宇果然考中了。

[浅释]

这里了凡先生举出了一个例子来印证自己的观点。“计偕”本指与计吏同行，这里用来代指进京参加会试。在那次进京参加会试的时候，了凡先生在同去的十人之中，注意到了丁敬宇这个人。了凡先生是非常注意观察生活的，同时也具有很高的洞察力。通过观察，他发现这个人虽然年纪轻轻，却相当谦虚。在同行的十人中，他尤其诚实厚道，甘随人后，恭敬谦逊，忠厚老成，胸中有大气量，能够忍受毁谤。了凡先生知晓“惟谦受福”的道理，看出了其中的端倪。他预先就知道丁敬宇能够高中。同行的朋友不解其中的道理，尚不能看透其中的缘故，因而向了凡先生问起缘由。了凡先生告诉他因为丁敬宇的品行谦逊忠厚，有容人之量，这就是他能够显达的征兆。这样具有很高德行的人是受到鬼神护佑的。谦虚之德能够为他带来福报。后来在放榜的时候，果然不出了凡先生所料，丁敬宇考中了。

[原文]

丁丑在京，与冯开之同处，见其虚己敛容，大变其幼年之习。李霁岩，直谅益友，时面攻其非，但见其平怀顺受，未尝有一言相报。

[译文]

丁丑年在京城里，和冯开之住在一起，看见他总是虚心自谦，面容和顺，一点也不骄傲，大大地改变了他小时候的那种习气。他有一位正直又诚实的朋友李霁岩，时常当面指责他的错处，但只看到他，平心静气地接受朋友的责备，从来不反驳一句话。

[浅释]

了凡先生认为保持谦逊的德行能够带来福报。这是他举出的第二个例子。丁丑年的时候，了凡先生在京师与自己的朋友共同居处，观察了他的言行举止，发现他相对于幼年的时候发生了很大的改变。几年未见，冯开之变得非常有修养，他虚怀若谷，神情庄重，总是处于一种虚心谦逊的状态之中。“敛容”，就是面容和顺，这正是他内心之中谦逊的态度所带来的面目表现。

冯开之自身具有极高的德行。他身边的好朋友也是直谅益友。孔子曰：“益者三友，损者三友：友直，友谅，友多闻，益矣；友便辟，友善柔，友便佞，损矣。”身边有正直诚信的朋友相互提点，可以促进学习和进步。了凡先生说李霁岩这个人非常正直坦率，时常当面指责冯开之的过失。即使是面对这样好友的面斥，冯开之依然能够保持面容不改，虚心地接受，不会说出一句反驳的话。这是内心谦和，有容人之量。这就是我们前面所说的，面对他人的指责呵斥，并不反驳。如果自己有过错，朋友的提醒有助于改过；如果自己没有过错，朋友的斥责有助于反省和自我约束。冯开之是智慧的，他能够明白友人的责备是出于对自己的爱护，对于自己的修行改过，保持德行具有帮助作用。因此，他始终平心静气地接受批评指责。

[原文]

予告之曰：“福有福始，祸有祸先。此心果谦，天必相之，兄今年决第矣。”已而果然。

[译文]

我告诉他说：“一个人有福，一定有福的根苗；有祸，也一定有祸的预兆。只要这颗心能够谦虚，上天一定会帮助他，你老兄今年必定能够登第了！”后来冯开之果然考中了。

[浅释]

了凡先生是智慧的。他能够明白福祸皆有预兆的道理。他告诉冯开之，在福祸到来之前，必然有征兆显现出来。只要他内心始终保持虔敬虚心，必然会获得鬼神的庇佑，上天的帮助，当年一定会考中。了凡先生之所以有这样的推断，是因为他看到了冯开之断恶修善，一改往日过失，知道他必然积累善果，终得福报，并且冯开之虚怀若谷，依据“惟谦受福”的道理去推测，当然可以准确地看出冯开之可以高中。最后的结果印证了了凡先生的推理，冯开之果然高中。

[原文]

赵裕峰，光远，山东冠县人，童年举于乡，久不第。其父为嘉善三尹，随之任。慕钱明吾，而执文见之，明吾悉抹其文，赵不惟不怒，且心服而速改焉。明年，遂登第。

[译文]

赵裕峰，名光远，是山东冠县人，不满二十岁的时候，就中了举人，后来又考会试，却多次不中。他的父亲做嘉善县的三尹，裕峰随同他父亲上任。裕峰非常羡慕嘉善县名士钱明吾的学问，就拿自己的文章去见他，哪晓得这位钱先生，竟然拿起笔来，把他的文章都涂掉了。裕峰见了不但不发火，并且心服口服，赶紧把自己文章的缺失改了。如此虚心用功的年轻人，实在是少有，到了第二年，裕峰就考中了。

[浅释]

这是了凡先生举出的关于"惟谦受福"的第三个例子。山东冠县的赵裕峰可谓是少年得志。他在不满二十岁的时候就中了举人。当时通过科举考试来求取功名的读书人非常多，而得中的机会少之又少。而赵裕峰能够在不到二十岁的时候就中举人，这说明他是非常有才华的。然而他在继续上进的时候却遭遇了挫折，屡试不中。"三尹"又称少尹，一般是一个县的主簿，是一个县中第三大的官职。他的父亲做嘉善县三把手的时候，县中有一位非常有学问、有德行的钱明吾先生。赵裕峰对他非常钦佩，因而带着自己的文章前去拜访求教。钱先生也是一位正直诚实的人，他并没有给赵裕峰留情面，对他的文章大肆涂抹。赵裕峰没有因此生气，心服口服地虚心接受了钱先生的指导。从这里我们可以看到赵裕峰具有谦虚的美好德行，他能够认真，恭敬地学习改过。正是这样的人才能够获得进步。因此，第二年，他就考中了。

[原文]

壬辰岁，予入觐(jìn)，晤夏建所，见其人气虚意下，谦光逼人。归而告友人曰："凡天将发斯人也，未发其福，先发其慧；此慧一发，则浮者自实，肆者自敛；建所温良若此，天启之矣。"及开榜，果中式。

[译文]

壬辰年我入京城去觐见皇帝，见到一位叫夏建所的读书人，看到他虚怀若谷，毫无一点骄傲的神色，而且他那谦虚的光彩，就像会逼近人的样子。我回来告诉朋友说："凡是上天要使这个人发达，在没有发他的福时，一定先发他的智慧；这种智慧一发，那就会使浮华的人自然变得诚实，放肆的人也就自动收敛了，建所他温

和善良到这种地步，是已发了智慧了，上天一定要发他的福了。”等到放榜的时候，建所果然考中了。

[浅释]

这是了凡先生举出的关于“惟谦受福”的第四个例子，也是了凡先生再一次运用这一道理预言成功的又一实例。壬辰年，了凡先生在入朝觐见天子的时候遇见了夏建所。这个人也是一个拥有谦逊之德的人。他谦逊有礼，光彩照人。这是谦逊受福的征兆。了凡先生这里讲了一段重要的理论。他指出在获福之前，必定要先获得智慧。上天想要使某人飞黄腾达，在将这样的福报赐予他之前，一定要先开启他的智慧。有了智慧才能够真正地修福。拥有智慧的人，必然会谦虚稳重，虔敬忍让。做到了谦虚，必然会为自己带来福报。

[原文]

江阴张畏岩，积学工文，有声艺林。甲午，南京乡试，寓一寺中，揭晓无名，大骂试官，以为眯目。

[译文]

江阴有一位读书人，名叫张畏岩，他的学问积得很深，文章做得很好，在许多读书人当中，很有名声。甲午年南京乡试，他借住在一处寺院里，等到放榜，榜上没有他的名字，他不服气，大骂考官眼睛不清楚，看不出他的文章好。

[浅释]

了凡先生继续举例说明自己“谦受益”的观点。江阴的读书人张畏岩先生学问很好，他写得一手好文章，在读书人的圈子里相当有名气。这样的情形之下，可以料想的出张畏岩必然是相当自负的。于是，在甲午年参加乡试落第之后，他的内心相当不平衡。他没有从自身去找原因，而是归咎于考官，认为他们有眼不识金镶玉。因此，落第之后，他对考官破口大骂。这里我们可以看出张畏岩心量是十分狭窄的，不能够平心静气地分析自身的不足，还对考官大加侮辱。他不仅不具备谦虚的德行，更没有恭谨的态度。

[原文]

时有一道者，在旁微笑。张遽(jù)移怒道者。道者曰：“相公文必不佳。”张益怒曰：“汝不见我文，乌知不佳？”

[译文]

那时候有一个道士在旁边微笑。张畏岩马上就把怒火发在道士的身上。道士说：

"你的文章一定不好。"张畏岩更加愤怒，说："你没有看到我的文章，怎么知道我写得不好呢？"

[浅释]

在张畏岩因为落第而恼羞成怒的时候，有位老道在旁边微笑。这位老道必然是位智者，能够洞明世事，看透其中的玄机。看到张畏岩的烦恼，老道报以会心一笑。张畏岩正值心情烦躁，心中有火气没处发泄，看到有老道在那里微笑，于是就一股脑地将怒火倾泻在他的头上。道士是个内心清净之人。无视责难，他直接否定了张畏岩的文章，说你的文章一定不好。这一句话更激起了张畏岩的怒火。张畏岩必是对自己的文章相当自信，才在落地之后怒火中烧。而道士竟然随口就说他的文章不好。他不禁反驳一句："你没有看到我的文章，怎么知道不好呢？"道士并没有看到过张畏岩的文章，为什么却敢如此笃定地做出论断？我们常说"文如其人"，一个人文章的风格必然会反映出他的性格特点，世界观，人生观等等。看到一个人的文章，就可以想见这个人怎么样。反过来看，也是一样。

[原文]

道者曰："闻作文，贵心气和平，今听公骂詈，不平甚矣，文安得工？"张不觉屈服，因就而请教焉。道者曰："中全要命，命不该中，文虽工，无益也。须自己做个转变。"

[译文]

道士说："我常听人说，做文章最要紧的，是心平气和，现在听到你大骂考官，表示你的心非常不平，气也太暴了，你的文章怎么会好呢？"张畏岩听了道士的话，倒不自觉地屈服了，因此，就转过来向道士请教。道士说："要考中功名，全要靠命，命里不该中，文章虽好，也没益处，仍不会考中。一定要你自己改变改变。"

[浅释]

老道从张畏岩的个人品行去推测他所做的文章。张畏岩性格如此暴躁自负，他的文章也必然会呈现出相同的特点，而做文章贵在心平气和，心境坦荡平静才能够做出纡徐曼妙的文章来。张畏岩是读书人，还是有一定的慧根的。听了老道的这一番话，他意识到了自己的不足，并且心悦诚服地向老道求教。张畏岩虽然高傲自负，但在意识到自己的不足之后，能够立刻虔诚地想要改过。知错就改，这是难能可贵的品质。

老道是开悟了的智者，他懂得命运之中定数与变数的道理。见到张畏岩如此诚恳请教，老道给他一些指点。老道告诫张畏岩一定要明白命运中因果报应的道理。自己命中注定有的东西，必然会有，但是命中没有的东西咒骂也不能得到。张畏岩

命中不第，即使他的文章写得再好，也是无济于事的。因此要想办法断恶修善，改变自己的命运。通过个人的努力积极去求得功名。改造命运才是正途。因此，老道告诉张畏岩，一定要让自己做个转变，就是要改过修善。要把自己先前的过错恶习去除掉，积极修善，才能获得善果。

［原文］

张曰："既是命，如何转变？"道者曰："造命者天，立命者我；力行善事，广积阴德，何福不可求哉？"

［译文］

张畏岩问道："既然是命，怎样去改变呢？"道士说："造命的权，虽然在天，立命的权，还是在我；只要你肯尽力去做善事，多积阴德，什么福不可求得呢？"

［浅释］

张畏岩也和没开悟之前的了凡先生一样，他不懂得命运是能够被改变的，也不明白改变命运的办法。了凡先生幸运地遇到了云谷禅师，他改变了自己的命运。张畏岩也是有一定善缘的。在他咒骂命运的时候，他遇到了老道。老道告诉了他改造命运的方式方法。这和云谷禅师教授了凡先生的理论是完全一致的。就是命运中有定数，也有变数。虽然命中的定数由上天安排，但改变命运的权力在我们自己手中。我们可以通过自己的努力改变自己的命运，达到立命的目的。这就要求你一定要断恶修善，广做善事，广积阴德，所求得福也就会到来。至于如何断恶修善了凡先生已经在前文做了详细的论说，道士教给张畏岩的方式方法，都是和它完全相同的。

［原文］

张曰："我贫士，何能为？"道者曰："善事阴功，皆由心造，常存此心，功德无量。且如谦虚一节，并不费钱，你如何不自反，而骂试官乎？"

［译文］

张畏岩说："我是一个穷读书人，能做什么善事呢？"道士说："行善事，积阴功，都是从心做出来的，只要常常存做善事、积阴功的心，功德就无量无边了。就像谦虚这件事，又不要花钱，你为什么不自我反省，不认为自己功夫太浅，自己不能谦虚，反而骂考官不公平呢？"

［浅释］

对于老道所说的广行善事改造命运的方法，张畏岩还是心存疑虑。他说我一介

贫寒书生，没有多余的资财，怎么去做善事积累德行呢？老道接着给他讲明白了积德修福的道理。积德行善并不是说越有钱越好，花费越大越有功德。积德行善都是由心造出来的。由心造出，并不需要花费钱财。常常是一些内心虔诚向善的贫寒人士能够积累很大的福报。道士接着举例说明。谦虚是一项非常重要的德行，虚心就是善。“惟谦受福”，因此只要保持谦虚的德行，就能够为自己积累福报。而保持谦虚并不需要花费钱财，只要自己内心虔敬恭谨就能够做到。张畏岩考试没有中，不仅不反思自己的不足，反而态度傲慢，辱骂考官，这是非常大的过错。“满招损，谦受益”，一念之间就能够带来很大的差别。

[原文]

张由此折节自持，善日加修，德日加厚。丁酉，梦至一高房，得试录一册，中多缺行。问旁人，曰：“此今科试录。”问：“何多缺名？”曰：“科第阴间三年一考较，须积德无咎(jiù)者，方有名。如前所缺，皆系旧该中式，因新有薄行而去之者也。”后指一行云：“汝三年来，持身颇慎，或当补此，幸自爱。”是科果中一百五名。

[译文]

张畏岩听了道士的话，从此以后就有意转变一向骄傲的态度，很留意把持住自己，勿走错了路，天天加功夫去修善，天天加功夫去积德。到了丁酉年，有一天，他做梦到一处很高的房屋里去，看到一本考试录取的名册，中间有许多的缺行。他看不懂，就问旁边的人这是什么？那个人说：“这是今年考试录取的名册。”张畏岩问：“为什么名册内有这么多的缺行？”那个人又回答说：“阴间对那些考试的人，每三年考查一次，一定要积德，没有过失，这册里才会有名字。像名册前面的缺额，都是从前本该考中，但是因为他们最近犯了有罪过的事情，才把名字去掉的。”后来那个人又指着一行说：“你三年来，很留心地把持住自己，没犯罪过，或许应该能补上这个空缺了。希望你珍重自爱，勿犯过失！”果然张畏岩就在这次的会考中，考中了第一〇五名。

[浅释]

这段话说的就是“天地在上，鬼神难欺”。佛教认为人间之外，还存在着鬼神境界。我们的一言一行都有鬼神监督，并根据我们的德行来安排福祸报应。张畏岩按照学问本该中第，但他修行不足，积德不够，所以被取消了中第的资格。三年来，他认真改过，积德修善，终获福报。

观器论道

了凡先生认为，只有虚心屈己的人，才有享受福报的根基；那些满怀傲气的人，因为气度不够，即使能发达也不能长久地享受福报。“修业进德”最关键所在就是“谦”。圣人孔子谦虚好学，闻过则喜，有“我非生而知之者”“三人行，必有我师焉”“敏而好学，不耻下问”等语，圣人尚且如此，我们这些凡人更应谦虚。图中是孔子教学生要谦虚的情形：孔子在鲁桓公庙内见到欹器说：“欹器空时是斜的，装一半水就正，水满就翻。”弟子们一试果然这样。孔子叹息说：“没有什么东西能满而不覆的，把水舀出来减少一些就可以了。”

［原文］

由此观之，举头三尺，决有神明。趋吉避凶，断然由我，须使我存心制行。毫不得罪于天地鬼神。而虚心屈己，使天地鬼神，时时怜我，方有受福之基。彼气盈者，必非远器，纵发亦无受用。

［译文］

从上面所讲的看来，举头三尺，一定有神明在监察着人的行为。所以，利人、吉祥的事情，都应该赶快地去做；凶险、损人的事，应该避免，不要去做。这是可以由我们自己决定的事情，只要我存好心，约束一切不善的行为就可以了。这样做丝毫不会得罪天地鬼神。而且还要虚心，自己肯迁就别人、不骄傲，使得天地鬼神，时时哀怜我，才可以有福的根基；那些满怀傲气的人，一定没有远大的气量，就算能发达，也不会长久地享受福报。

［浅释］

古人常说“举头三尺有神明”，又有“人在做，天在看”的警示语。这样的话都是在告诫世人，多行善事，莫作恶。因为，你的一举一动，神灵都看在眼里，所以，一旦你觉得自己近来诸事不顺，绝不是毫无原因的，可能你之前做了什么错事，才会受到这样的惩罚。又或者你最近诸事顺利，就要心存感恩，继续勉励自己多做善事，心怀宽广。古人很重视鬼神之说的，几千年来，中国民众有诸多信仰，自然信仰、图腾崇拜、鬼神崇拜、祖先崇拜以及对历代圣贤的尊敬和崇拜等等。他们用这些信仰来严格约束自己，从而鞭策、勉励自己成为一个存好心、做好事、说好话的好人。

了凡先生认为，是吉是凶，其实完全可以由我们自己决定，如果能动心忍性，约束好自己，上不得罪于天，下不得罪于地，为人谦逊有礼，俯仰天地之间，能够心胸坦荡，这样的人终究会得到福报的。而那些盛气凌人、气压他人的恶霸，就算是一时之间享有功名利禄，他的子孙后代，也不会有什么福泽可言的。

［原文］

稍有识见之士，必不忍自狭其量，而自拒其福也。况谦则受教有地，而取善无穷。尤修业者，所必不可少者也。

［译文］

稍有见识的人，一定不会让自己的度量狭窄，而使自己得不到原本能够得到的

福报。况且谦虚的人，他还有地方可以受到教导，若人不谦虚，谁肯去教他？同时，谦虚的人，肯学别人的长处，别人有好的行为，他就去学，那么得到的善行，就没有穷尽了。尤其对进德修业的人，一定不可缺少的啊！

［浅释］

了凡先生的这段话与我们常说的“谦虚使人进步，骄傲使人落后”有异曲同工之妙。谦虚的人懂得宽宏大量，因为他知道这样做对自己有好处，并且可以得到他人的教导，在他人的帮助下，自己才能不断进步。而那些自大的人，往往目中无人，为人处世骄傲自满，就算有什么不足，又怎么会有人主动去指点他、帮助他呢？这里所说的谦虚和有见识，应该是由内而外的，如果只是外表假装谦虚，内心实则傲慢无礼，就算是其他人没察觉到，“举头三尺”的“神明”也全都看在眼里，不会让他们得到什么福报的。因此，我们一定要牢记，谦虚好学永远都不过时。

［原文］

古语云：“有志于功名者，必得功名；有志于富贵者，必得富贵。”人之有志，如树之有根，立定此志，须念念谦虚，尘尘方便，自然感动天地。

［译文］

古人有几句老话说：“有心要求功名的，一定可以得到功名；有心要求富贵的，一定可以得到富贵。”一个人有远大的志向，就像树有根一样；树有根，就会生出丫枝花叶来；人要立定了这种伟大的志向，必须在每一个念头上，都要谦虚，即使碰到像灰尘一样极小的事情，也要使别人方便；能够做到这样，自然会感动天地了。

［浅释］

正如了凡先生所说，凡事只有立定志向、谦虚精进，才能满愿；如果真的能为实现自己的志向而严格要求自己，“自然感动天地”。

［原文］

而造福由我，今之求登科第者，初未尝有真志，不过一时意兴耳；兴到则求，兴阑则止。孟子曰：“王之好乐甚，齐其庶几乎？”予于科名亦然。

［译文］

而造福全在我自己，自己如果真心想要造福，就一定能够造成。像现在那些求取功名的人，当初哪有什么真心，不过是一时的兴致罢了；兴致来了，就去求，兴致退了，就停止。孟子对齐宣王说：“大王如果真的喜好音乐到了极点，那么齐国的国运大概可以兴旺了。但是大王喜好音乐，只是为了追求个人的快乐罢了，如果能把个人追求快乐的心，推广到与民同乐，使百姓都快乐，那么齐国还有不兴旺的么？”我看那些追求科举之名的人，也是这样，如果能将追求科名的心，落实推广到积德行善上；并且尽心尽力去做，那么又怎么不会有福报呢？

［浅释］

了凡先生引用孟子的话，为四训作结。孟子曾经进言齐宣王，认为齐宣王如果真的喜欢音乐，就一定懂得与民同乐的道理，因为音乐是一种用来分享的东西，只有一起享受，才有无穷尽的快乐。也就是说，齐宣王如果能全心全力治理国家，百姓没有不安居乐业的道理。同时，了凡先生还说了自己对那些求取功名的人的看法，他们数年寒窗苦读，只是为了榜上有名，在了凡看来，如果他们真的有志于科举，就会排除万难，矢志不渝地努力进取，又怎么有不成功的道理呢？除非他们只是一时兴起，三分钟热血，等到兴致尽了，也就很难继续坚持了。积德行善与求取功名一样，只要长期坚持，就一定会有收获。正所谓“有志者，事竟成”，说的就是这个道理。

袁了凡居士传

（清）彭绍升 撰

袁了凡先生，名黄，字坤仪，江南吴江人。了凡之先，赘以婿作子曰赘嘉善殳氏，遂补嘉善县学生。

隆庆四年，举于乡。万历十四年，成进士，授宝坻知县。后七年，擢升、拔也兵部职方司主事。

会朝鲜即与我国东三省东边接近之高丽国被倭难倭音涡，东海岛寇也，来乞师，经略官名，掌一路兵民之事权，任甚重，在总督之上宋应昌奏了凡军前赞画犹今之参谋也兼督朝鲜兵。

提督旧官制官名，明代于重要省份设提督，统辖全省水陆各军，为武职最高之官，犹今之督军也李如松，以封贡绐倭绐音殆，欺诈也，倭信之，不设备，如松遂袭破倭于平壤。乘人不备而掩取之曰袭。平壤，朝鲜安南道之香邑，面江背山，形势险要。了凡面折如松当面折服直言无隐，不应行诡诈也道，亏损国体义正辞严。

而如松麾下部下兵士也又杀平民为首功，了凡争之强据理力争、刚正不阿也。如松怒，独引兵而东。倭袭了凡，了凡击却之攻退也，而如松军果败，思脱罪，更以十罪劾了凡劾弹章考覆罪状奏请惩处也。

而了凡旋以拾遗被议被忌者诬陷也，欲加之罪何患无辞，罢职归。

居常善行益切，年七十四终。熹宗天启庙号朝，追叙征倭功，赠尚宝司少卿。

了凡自从也为诸生，好学问，通古今之务。象纬律算兵政河渠之说，靡不晓练先生博学尚奇，凡河洛理数律吕水利兵备旁及勾股堪舆星命之学，无不精密研求，富有心得，有《两行斋集》《历法新书》《皇都水利评注》《八代文宗群书备考手指纲鉴》行世。

其在宝坻，孜孜求利民。县数数，入声，音朔，累遇也被潦潦，音老，水患也，了凡乃浚开通也三岔河，筑堤岸也以御抵挡也之宝坻属于直隶之京兆，南临渤海，西近白河，为北方易受水患之地。

又令民沿海岸植柳，海水挟沙上，遇柳而淤停积也，久之成堤。治沟塍界水之田塍也，课督策也耕种，旷荒废也土日辟开垦也，省诸徭省，减少或免除也，省徭役，使民从事于义务工作也，以便民家。

不富而好施，居常诵持经咒，习禅观寂坐内照止念去妄也，日有课程日有常课，公私遽匆遽冗烦冗未尝暂辍辍，废止也，著作也戒子文四篇行于世。

夫人贤，常助之施，亦自记功行，不能书作字也，以鹅翎茎鹅毛管也渍朱，遂日标记也历本。或见了凡立功少，辄每也颦蹙皱眉蹙额。

尝为子制冬袄，将买花絮冬袄用棉胎也。了凡曰："丝绵轻暖，家中自有，何必买絮。"

夫人曰："丝贵花贱，我欲以贵易贱，多制絮衣，以衣施衣与人也冻者耳。"

了凡喜曰："若如是，不患此子无禄福分也矣。"子俨，后亦成进士，终高要属广东粤海道知县。

附注：彭绍升，江苏长洲人，字允初，号尺木，又号知归子，法名际。清乾隆间进士，工古文，初慕贾谊之为人，思赫然树功烈。

后读儒先正书，尤喜陆宋陆象山王明王阳明之学。尝与吴县汪大绅，瑞金罗有高等游，遍阅藏经。居深山，习静，素食，持戒甚严，欲以彻儒佛之樊。

有《一行居集》《居士传》《无量寿经起信论》《净土圣贤录》《善女人传》等刊行于世，远近传诵。

云谷先大师传

（明）憨山德清撰

［原文］

师讳法会，别号云谷，嘉善胥山怀氏子。生于弘治庚申，幼志出世，投邑大云寺某公为师。初习瑜伽[1]，师每思曰：“出家以生死大事为切，何以碌碌衣食计为？”年十九，即决志操方[2]，寻登坛受具。闻天台小止观法门，专精修习。法舟济禅师[3]，续径山[4]之道，掩关于郡之天宁。师往参扣，呈其所修。舟曰：“止观之要，不依身心气息，内外脱然。子之所修，流于下乘，岂西来的意耶？学道必以悟心为主。”师悲仰请益，舟授以念佛审实话头[5]，直令重下疑情。师依教日夜参究，寝食俱废。一日受食，食尽亦不自知，碗忽堕地，猛然有省，恍如梦觉。复请益舟，乃蒙印可。阅《宗镜录》，大悟唯心之旨。从此一切经教，及诸祖公案，了然如睹家中故物。于是韬晦丛林，陆沉贱役。一日阅《镡津集》，见明教大师[6]护法深心，初礼观音大士，日夜称名十万声。师愿效其行，遂顶戴观音大士像，通宵不寐，礼拜经行，终身不懈。

时江南佛法禅道，绝然无闻。师初至金陵，寓天界毘卢阁下行道，见者称异。魏国先王闻之，乃请于西园丛桂庵供养，师住此入定三日夜。居无何[7]，予先太师祖西林[8]翁，掌僧录，兼报恩住持，往谒师，即请住本寺之三藏殿。师危坐一龛，绝无将迎，足不越阃[9]者三年，人无知者。偶有权贵人游至，见师端坐，以为无礼，谩辱之。师曳杖之摄山栖霞[10]。

栖霞乃梁朝开山，武帝凿千佛岭，累朝赐供赡田地。道场荒废，殿堂为虎狼巢。师爱其幽深，遂诛茅[11]于千佛岭下，影不出山。时有盗侵师，窃去所有，夜行至天明，尚不离庵。人获之，送至师。师食以饮食，尽与所有持去，由是闻者感化。太宰五台陆公，初仕为祠部主政，访古道场，偶游栖霞，见师气宇不凡，雅重之。信宿[12]山中，欲重兴其寺，请师为住持。师坚辞，举嵩山善公以应命。善公尽复寺故业，斥豪民占据第宅，为方丈、建禅堂、开讲席、纳四来。江南丛林肇于此，师之力也。

道场既开，往来者众，师乃移居于山之最深处，曰“天开岩”，吊影如初。一时宰官居士，因陆公开导，多知有禅道，闻师之风，往往造谒。凡参请者，一见，师即问曰：“日用事如何？”无论贵贱僧俗，入室必掷蒲团于地，令其端坐，返观自己本来面目，甚至终日竟夜无一语。临别必叮咛曰：“无空过日。”再见，必问别后用心功夫，难易若何。故荒唐者，茫无以应。以慈愈切而严益重，虽无门庭设施，见者望崖不寒而栗。然师一以等心相摄，从来接人软语低声，一味平怀，未尝有辞色[13]。士大夫皈依者日益众，即不能入山，有请见者，师以化导为心，亦就见[14]。岁一往来城中，必主于回光寺。每至，则在家二众，归之如绕华座。师一视如幻化人，曾无一念分别心。故亲近者，如婴儿之傍慈母也。出城多主于普德，臞鹤悦公实禀其教。

先太师翁，每延入丈室，动经旬月。予童子时，即亲近执侍，辱师器之，训诲不倦。予年十九，有不欲出家意。师知之，问曰：“汝何背初心耶？”予曰：“第厌其俗耳。”师曰：“汝知厌俗，何不学高僧？古之高僧，天子不以臣礼待之，父母不以子礼畜之。天龙恭敬，不以为喜。当取《传灯录》《高僧传》读之，则知之矣。”予即简书笥，得《中峰广录》一部，持白师。师曰：“熟味此，即知僧之为贵也。”予由是决志薙染[15]，实蒙师之开发，乃嘉靖甲子岁也。丙寅冬，师愍禅道绝响，乃集五十三人，结坐禅期于天界。师力拔予入众同参，指示向上一路，教以念佛审实话头，是时始知有宗门事[16]。比南都诸刹[17]，从禅道者四五人耳。

师垂老，悲心益切。虽最小沙弥，一以慈眼视之，遇之以礼，凡动静威仪，无不耳提面命，循循善诱，见者人人以为亲己。然护法心深，不轻初学，不慢毁戒。诸山僧多不律，凡有干法纪者，师一闻之，不待求而往救，必恳恳当事[18]，佛法付嘱王臣为外护，惟在仰体佛心，辱僧即辱佛也。闻者莫不改容释然，必至解脱而后已，然竟罔闻于人者。故听者，亦未尝以多事为烦。久久，皆知出于无缘慈也。了凡袁公未第时，参师于山中，相对默坐三日夜，师示之以唯心立命之旨。公奉教事，详《省身录》。由是师道日益重。隆庆辛未，予辞师北游。师诫之曰："古人行脚，单为求明己躬下事，尔当思他日将何以见父母师友，慎毋虚费草鞋钱也。"予涕泣礼别。

壬申春，嘉禾吏部尚书默泉吴公、刑部尚书旦泉郑公、平湖太仆五台陆公与弟云台，同请师故山[19]。诸公时时入室问道，每见必炷香请益，执弟子礼。达观可禅师，常同尚书平泉陆公、中书思庵徐公，谒师扣《华严》宗旨。师为发挥四法界圆融之妙，皆叹未曾有。

师寻常示人，特揭唯心净土法门，生平任缘，未常树立门庭。诸山但有禅讲道场，必请坐方丈。至则举扬百丈规矩，务明先德典刑[20]，不少假借。居恒安重寡言，出语如空谷音。定力摄持，住山清修，四十余年如一日，胁不至席。终身礼诵，未尝辍一夕。当江南禅道草昧[21]之时，出入多口之地，始终无议之者，其操行可知已。

师居乡三载，所蒙化千万计。一夜，四乡之人，见师庵中大火发。及明趋视，师已寂然而逝矣，万历三年乙亥正月初五日也。师生于弘治庚申，世寿七十有五，僧腊五十。弟子真印等，茶毗葬于寺右。

予自离师，遍历诸方，所参知识，未见操履平实、真慈安详之若师者。每一兴想，师之音声色相，昭然心目。以感法乳之深，故至老而不能忘也。师之发迹入道因缘，盖常亲蒙开示。第末后一着，未知所归。前丁巳岁，东游，赴沈定凡居士斋。礼师塔于栖真，乃募建塔亭，置供赡田，少尽一念。见了凡先生铭未悉，乃概述见闻行履为之传，以示来者。师为中兴禅道之祖，惜机语失录，无以发扬秘妙耳。

释德清曰：达摩单传之道，五宗而下，至我明径山之后，狮弦[22]将绝响矣。唯我大师，从法舟禅师，续如线之脉。虽未大建法幢，然当大法草昧之时，挺然力振其道，使人知有向上事。其于见地稳密，操履平实，动静不忘规矩，犹存百丈之典刑。遍阅诸方，纵有作者[23]，无以越之。岂非一代人天师表欤！清愧钝根下劣，不能克绍家声，有负明教。至若荷法之心，未敢忘于一息也。敬述师生平之概，后之观者，当有以见古人云。

［注释］

①瑜伽：在汉传佛教中，常用指专为修福、荐亡所做的法事仪规。明太祖时，曾规定僧人分为三类，除了“禅僧”和弘扬诸经义旨的“讲僧”外，其为人诵经礼忏的应赴僧，统称为“瑜伽僧”（又名“教僧”）。

②操方：行脚参方。

③法舟济禅师：明代临济宗僧道济，字法舟，又称济关主。嘉靖三十九年（1560）秋示寂，世寿七十四，法腊五十二，有语录行世。

④径山：指南宋临济宗禅僧宗杲，号妙喜，孝宗时赐号“大慧禅师”，常住杭州径山弘法，时有径山宗杲之称。其法脉被称为大慧派，后世有元叟行端、楚石梵琦等承其宗风。

⑤念佛审实话头：又称“念佛审实公案”，方法是提起一句佛号作话头，即在佛号提起之处，发起“念佛是谁”的疑情。以此斩断妄念，一门深入，直至打破疑团，亲见本来面目。

⑥明教大师：北宋云门宗僧契嵩，常顶戴观音像，日诵其号十万声。后游京师，献所著《辅教篇》《传法正宗记》等，甚为仁宗嘉赏，乃诏令入藏，并赐“明教大师”之号。

⑦无何：不久。

⑧西林：明代僧永宁，字西林，任南京僧录司左觉义兼大报恩寺住持，是憨山大师的出家剃度师。嘉靖四十四年（1565）示寂，世寿八十三。

⑨阃：门槛。

⑩曳杖之摄山栖霞：拖着手杖前往摄山栖霞寺。之，前往。摄山，今称栖

霞山。

⑪诛茅：剪除荒草以营居。

⑫信宿：连宿两夜。

⑬未尝有辞色：指说话和表情都很平和。

⑭就见：指下山接受众人的参见。

⑮薙染：剃染，指出家为僧。剃除须发、身着染衣，为佛弟子出家之相。染衣，用木兰色等坏色来染成的衣，即僧衣。

⑯宗门事：指禅宗参究向上，悟明心地之事。

⑰比：合。南都：南京。

⑱当事：当政者。

⑲浙江嘉兴府别称嘉禾，所辖有嘉善、平湖等县。师为嘉善胥山人，因此几位同乡的宰官护法，共同请师归乡，休老于山中。

⑳典刑：可资效法的规范、准绳。

㉑草昧：初创尚未明了之时。

㉒狮弦：以狮子之筋做成的乐弦，奏之则余弦悉绝，喻指如来正法眼藏。

㉓作者：指出世弘法者。

云谷禅师授袁了凡功过格

参云栖大师自知录

陈癸丞提供

准百功：

救免一人死。完一妇女节。阻人不溺一子女。为人延一嗣。

准五十功：

免堕一胎。当欲染境，守正不染。收养一无倚。葬一无主骸骨。救免一人流离。救免一人军徒重罪。白一人冤。发一言利及百姓。

准三十功：

施一葬地与无土之家。化一为非者改行。度一受戒弟子。完聚一人夫妇。收养一无主遗弃门孩。成就一人德业。

准十功：

荐引一有德人。除一人害。编纂一切众经法。以方术治一人重病。发至德之言。有财势可使而不使。善遣妾婢。救一有力报人之畜命。

准五功：

劝息一人讼。传人一保益性命事。编纂一保益性命经法。以方术救一人轻疾。劝止传播人恶。供养一贤善人。祈福禳灾等，但许善愿不杀生。救一无力报人之畜命。

准三功：

受一横不嗔。任一谤不辩。受一逆耳言。免一应责人。劝养蚕、渔人、猎人、屠人等改业。葬一自死畜类。

准一功：

赞一人善。掩一人恶。劝息一人争。阻人一非为事。济一人饥。留无归人一宿。救一人寒。施药一服。施行劝济人书文。诵经一卷。礼忏百拜。诵佛号千声。讲演善法。谕及十人。兴事利及十人。拾得遗字一千。饭一僧。护持僧众一人。不拒乞人。接济人畜一时疲顿。见人有忧，善为解慰。肉食人持斋一日。见杀不食。闻杀不食。为己杀不食。葬一自死禽类。放一生。救一细微湿化之属命。作功果荐沉魂。散钱粟衣帛济人。饶人债负。还人遗物。不义之财不取。代人完纳债负。让地让产。劝人出财作种种功德。不负寄托财物。建仓平粜、修造路桥、疏河掘井、修置三宝寺院、造三宝尊像及施香烛灯油等物、施茶水、舍棺木一切方便等事。自“作功果”以下，俱以百钱为一功。

准百过：

致一人死。失一妇女节。赞人溺一子女。绝一人嗣。

准五十过：

堕一胎。破一人婚。抛一人骸。谋人妻女。致一人流离。致一人军徒重罪。教人不忠不孝大恶等事。发一言害及百姓。

准三十过：

造谤污陷一人。摘发一人阴私与行止事。唆一人讼。毁一人戒行。反背师长。抵触父兄。离间人骨肉。荒年积囤五谷不粜生索。

准十过：

排摈一有德人。荐用一匪人。平人一冢。凌孤逼寡。受畜一失节妇。畜一杀众生具。恶语向尊亲、师长、良儒。修合害人毒药。非法用刑。毁坏一切正法经典。诵经时，心中杂想恶事。以外道邪法授人。发损德之言。杀一有力报人之畜命。

准五过：

讪谤一切正法经典。见一冤可白不白。遇一病求救不救。阻绝一道路桥梁。编纂一伤化词传。造一浑名歌谣。恶口犯平交。杀一无力报人之畜命。非法烹炮生物，使受极苦。

准三过：

嗔一逆耳言。乖一尊卑次。责一不应责人。播一人恶。两舌离间一人。欺诳一无识。毁人成功。见人有忧，心生畅快。见人失利、失名，心生欢喜。见人富贵，愿他贫贱。失意辄怨天尤人。分外营求。

准一过：

没一人善。唆一人斗。心中暗举恶意害人。助人为非一事。见人盗细物不阻。见人忧惊不慰。役人畜，不怜疲顿。不告人取人一针一草。遗弃字纸。暴弃五谷天物。负一约。醉犯一人。见一人饥寒不救济。诵经差漏一字句。僧人乞食不与。拒一乞人。食酒肉五辛，诵经登三宝地。服一非法服。食一报人之畜等肉。杀一细微湿化属命以及覆巢破卵等事。背众受利，伤用他钱。负贷。负遗。负寄托财物。因公恃势乞索、巧索，取人一切财物。废坏三宝尊像以及殿宇、器用等物。斗秤等小出大入。贩卖屠刀、渔网等物。自“背众受利”以下，俱以百钱为一过。

附录　安士全书

文昌帝君阴骘文广义节录

上卷

吾一十七世为士大夫身

［原文］

（发明）篇中所言，皆为帝君现身说法。故以“吾”字发其端，曰“一十七世”。特将吾身中亘古亘今，生生不坏之物，指示后人也。人惟生不知来，死不知去，便谓形神消灭，无复来生，所以肆行罔忌。帝君深惧此种自误误人，流毒不浅。故以自己之一十七世，晓然正告天下也。帝君既有一十七世，则吾侪(chái)皆有一十七世。由是将为善，思及身后之福，必果；将为不善，思及身后之福，必不果。（人唯知道有来春，所以留着来春谷。人若知道有来生，自然修取来生福。）识得此篇开端语，亦思过半矣！

［译文］

（发明）这一篇目中所说的，都是文昌帝君的现身说法。因此用“我”字作为开头，说一十七世的事情。只是特别把我们身上发生过的过去现在都无损坏的东西，指明出来给后人。人只因为生不知从哪里来，死不知到哪里去，就说人形体和灵魂都消失了，死去了，一切都没有了，所以他就无所不为，行为没有一点顾忌，非常放肆。文昌帝君生怕这种想法既耽误了自己又耽误了别人，成为社会的流毒，那样就误人不浅了。于是就用自己一十七世的亲身经历的事情，来让天下人明白这件事并忠告天下所有的人。既然帝君就有一十七世，我们每个人也都有一十七世。所以，如果现在做了善事，种了善因，就会知道下世一定会有好的报答；如果心术不正，做了不善的事，种了不善的因，来生就一定不会有好的报应。（人只知道明年春天会到来，所以预备留着来春的谷子。如果知道有来世，今生就自然会去修来世的福。）懂得了这篇开头的语句，也就是说已经思考了一半以上的人生之路。

［原文］

人读善书，每心粗气浮，不能沉思默会。即如“吾”字、“身”字，未有不蒙笼混看者。若识得吾可为身，身不可为吾，方知吾

警谕贪顽

文昌，星名，亦称文曲星，或文星，古时认为是主持文运功名的星宿。文昌帝君为民间和道教尊奉的掌管士人功名禄位之神。图为文昌帝君惩治贪官污吏：东晋永和年间的官吏王仔、马谔搜刮民脂民膏，文昌帝君分别将其变为牛、马，以示惩处。

是主人，身是客矣。主则旷劫长存，无生无死。客则改形易相，乍去乍来。譬如远行之人，或乘舟坐轿，或跃马驱车，种种更变，人无更变。舟车轿马，身也；乘舟车轿马者，吾也。又如人作戏，或扮帝王，或扮官吏，或扮乞儿，种种改易，人无改易。帝王、官吏、乞儿，身也；扮帝王、官吏、乞儿者，吾也。以一身言之，其能视听者，身也；所以视听者，吾也。身唯有生死，故目至老而渐昏，耳至老而渐塞。吾唯无生死，故目虽昏，而所以视者不昏；耳虽塞，而所以听者不塞。（若作视听即吾，又是认贼为子。）是故大人从其大体，身能为吾用。小人从其小体，吾反被身用也。

[译文]

人读善书精品，往往心浮气躁，粗心大意，不能沉静思考，默默地认真领会。就比如“我”字、“身”字，没有不蒙混模糊地一瞥而过的。如果知道“我”可以解释为“身”，“身”却不能解释成“我”，才会明白“我”是主人，“身”是客人了。主人就是历尽劫难长世而存，没有所谓生也没有所谓的死。客人则是改变形象，变换模样，改头换面，忽然去了又忽然来了。好像出门远行的人，有的时候乘舟坐轿，有的时候则骑马驾车，只是每次乘坐的工具有种种不同，人却没有变化。出行人乘坐的舟、车、轿、马是“身”，而乘舟车轿马的人是“我”。又比如人演戏，同一个人有时候扮演帝王，有时候扮演官吏，有时候扮演乞丐，这些只是角色上的种种改变，而演员本身却没有任何改变。帝王、官吏、乞丐是“身”，而扮演帝王官吏乞丐的人是“我”。从这一角度来说，那个能够看、能够听的，是“身”；能够操纵、指挥看和听的，是“我”。身有生有死，所以眼睛到老了就昏花模糊看不清东西了，耳朵到老了就不好用，渐渐听不清声音了。“我”却没有生死，所以眼睛虽然昏花了，但不影响指挥他对事物的感知能力；耳朵虽然听不清，但心灵不会失去对世界万物的听觉感受。（如果认为眼睛耳朵就是“我”的一部分，那么就是认贼为子。）所以有智慧的人能得到大体，“身”能被“我”所用；智力低浅的人则随从小体，“我”反而被“身”所用。

[原文]

既可以十七世，即可以十七劫，即可以无量无边劫。帝君之吾无穷，则吾辈之吾亦无穷矣。即可以士身，可以大夫身，即可以天龙八部、地狱、鬼、畜身。帝君之身无定，则吾辈之身亦无定矣。且托生既多，则宿世父母六亲亦多。帝君宿缘既多，则吾

辈宿缘亦多矣。然则吾者，主人也；一十七世，旦暮也；为者，机缘也；士大夫，傀儡（kuǐ lěi）也；身者，革囊也。诚难与俗人道也。

［译文］

既然一个人可以有十七世，也就可能有十七次劫难，就可以有无数无量无边的劫难。帝君的“我”没有穷尽，那么我们的“我”也可以没有穷极了。帝君可以成为平常人，也可以成为贵人，还可以成为天龙八部（天、龙、夜叉、乾达婆、阿修罗、迦楼罗、紧那罗、摩睺罗伽）、地狱、鬼、畜身。既然帝君的“身”没有一定的变数，那么我们的“身”也没有固定的了。来世轮回转世的次数多了，那么前世的父母亲族也便会很多。既然帝君前生的缘分多，那么我们前世的缘分也完全有可能会像他们那样。这样看来，“我”是主人，一十七世只是一早一晚，人生的瞬间；投胎出生，都只是靠的机缘；那些贵人士大夫只不过是人生的傀儡，在人生中扮演着不同的角色；而人的身体则是皮袋。这其中蕴含的道理真的是很难与一般人说清楚啊！

［原文］

前世后世，犹之昨日来朝，吾生合下自有，并非佛家造出。譬如五脏六腑，本在病人自己腹中，奈何因其出诸医人之口，竟视为药笼中物乎？

人若无有后世，不受轮回，则世间便有多少不干事，即圣贤议论，亦有无证不信者矣。且如孔子言仁者寿，力称颜子之仁，而颜反夭矣。极恶盗跖（zhí）之不仁，而跖偏寿矣。君子枉自为君子，小人乐得为小人，何以成其造物？唯有前世后世以为销算，而后善有所劝，恶有所惩。上帝不受混账之名，孔子可免无稽之谤。大矣哉，一十七世之说也。

［译文］

这前世后世，好像昨天和明天早上一样，来得快，去得也快，从我们生下来就这样固定存在着的，并不是佛家所发明创造的。例如五脏六腑，本就在病人自己的腹中，虽然他们自己看不见，但为何只因为出自医生之口，知道病在哪个部位，就竟然把它们作为用药的地方了呢？

如果人没有后世，没有生死轮回，那么世界上有很多不公平的事，即使圣贤站出来议论评价，也会因为证据不足，人们便不再相信了。比如说孔子说有仁心的人一定长寿，时常称赞颜子的仁德，但颜子反而很早就死了。而无所不为、罪大恶极的盗跖非常不仁，但他反而偏偏得到了长寿。这样一来，君子就枉作了君子一场，而小人就乐得作小人，天下造物怎么能够这样呢？只有把前生后世互相加起来清算，互相抵偿，我们才知道修善积德的人会得到好的结果，不断得到人生的进步，而那些作恶的人终会得到他应有的惩戒。这样上帝就不受混账的名声，孔子也可免除没有根据的毁谤。一十七世之说，其中蕴含的道理真是智慧无穷啊！

[原文]

虚无寂灭之学，非吾儒所以痛恨乎？即已恨之，不可身自蹈之。今之述佛理以劝世者，必曰作善得福，作恶得祸。明有因果，幽有鬼神。已往者是前生，未来者为后世。步步据实。试问：虚无二字，如何可加而谤佛者？则以地狱天堂为荒诞，前世后世为渺茫。谓此身来无消息，去无踪影。静言思之，恰中虚无二字之病。学佛者之言曰：肉躯虽有败坏，真性原无生死。而谤佛者辄(zhé)云：无有前生，无复后世。夫曰舍一身复受一身，则是虽寂而不寂，虽灭而不灭也。若其舍一身不复受一身，则是一寂而长寂，一灭而永灭矣。平心自揣，试问：寂灭二字，毕竟谁当受之？嗟乎，身若侏儒(zhū rú)，而反讥防风氏为短小，亦已过矣。

[译文]

虚无寂灭这门学问，不是那些迂腐的儒生们所厌恶的吗？既然十分厌恶它，就不能自己来亲身实践，自己打自己的嘴巴。现在讲述的佛理是用来规劝世人的，一定会说些作善得福、作恶得祸；明里，事情有因果轮回；暗里，则有鬼神看着。已过去的是前生，还没有来的是后世。步步依据事实来说话。试问：虚无二字怎么能够拿来诽谤佛呢？如果认为地狱天堂是离奇虚妄的，前世后世是渺茫不见的鬼话，说人生来没有什么预兆，归死没有踪影。静静思考一下，就知道，这种说法很荒诞，恰恰是中了虚无二字的病毒。学佛的人说：肉体虽有败坏，真性原本并没有生死。而诽谤佛的人则说：没有前世，也就没有来生。又说：舍去一次生命却又转生迎来又一次来生，则是虽然孤寂而不寂寞，虽然泯灭而没有真正泯灭。如果舍去一次生命不再有来生，那么就是一次消失而永久孤寂，一次泯灭而永久泯灭了。平心而自问，寂灭这两个字，毕竟谁能解释清楚它呢？可叹啊！自己是小个子侏儒，反而嘲笑防风氏（防风氏，大禹时代的巨人）个子矮小，这也未必是太愚痴了吧？

[原文]

以刀杀人，不过斩人肉躯。若言无有后世，直是断人慧命。

斩肉躯者，害止一生。断慧命者，杀及世世。故知劝人改恶修善，犹是第二层工夫。先须辨明既有今世，必有来生，方是根本切要语。

无后世之语，出之凶恶小人，人皆轻而忽之。譬诸投鸩毒于臭食之中，啖(dàn)者自少故，其为害浅。若出之正人君子，人必尊而信之。譬若置砒(pī)霜于膏粱之内，食者必多，故其为害深。苟能侃侃凿凿，唯以救世为心，不作以顺为正之妾妇，则其阴功大矣！

［译文］

用刀子杀人，也只不过是伤害了人的肉体。如果说没有后世的话，却是斩断了人的慧根。斩断了人的肉体，危害的也只有一生，而斩断了人的慧根，人就不能觉悟，就毁及后世了。因此可以知道，规劝人改掉恶习，修养善德，还是第二的、次要的工夫。先必须认识明白，如果有今世，就必会有来生，这才是最根本的、切要的工夫。

如果人生只有今世，没有后世，这种说法出自凶恶小人之口，人们就不重视甚至会忽略掉这个问题。例如把剧烈的毒药放到发臭的食物里面，吃的人会因为气味不好，吃的自然就少，这种危害相对比较浅。如果人生只有今世，没有后世，这种说法出自正人君子的口中，人们就会因为尊重他的人而相信他所说的话。这就好比是把剧毒投入到美食之中，因为是美食，吃的人必定会吃得津津有味，吃得很多，这种危害就显而易见，很大了。如果能够做正直的人，堂堂正正，一心把救世作为自己的人生责任，不作争权攀比的以偏为正的卑鄙妾妇，那么他的功绩就无边无尽了！

［原文］

吾辈一为书生，即有书生习气，闻三世轮回，无论不信，即信，亦不肯出诸口。今悟一十七世之说，出自帝君宝训，可明目张胆告人矣，何则？向唯不知有后世，所以屈指将来，光阴无几。今悟肉躯虽死，真性不亡，可知当身寿算，原来地久天长。是能易短命为长年者，此一十七世之说也。向唯不知有前生，故见天帝天仙、帝王卿相，不觉自顾渺小。今知六道轮回，互为高下，则知豪贵之途，宿生何者不历？是能等贫贱于富贵者，此一十七世之说也。向惟昧于宿因，故每逢失意，不免怨尤。今悟荣枯得失，皆宿业所招。则虽横逆相加，亦可安然忍受。是能消愤怒为和平者，此一十七世之说也。向惟不达祸福，所以无恶不为。今知行善始足庇身，损人适以害己，则暗室屋漏之中，自存战兢(jīng)惕厉之想。是能化贪残为良善者，此一十七世之说也。向惟不信因果，故见善人得祸，恶人得福，便谓天道难凭。今能参观前世后世，则知福善祸淫，本是毫发无爽。是能转愚痴为智慧者，此一十七世之说也。识得此言真意味，何劳读尽五车书。

[译文]

我只不过是一个书生而已，身上自然带有书生的诸多习气，如果平常听说三世轮回这样的说法，无论信还是不信，都不会、也不肯轻易对别人讲出口。现在悟出一个出自帝君宝训的十七世之说，就可以大胆明目、毫不隐讳地把这些告诉世人了，为什么会这样呢？只因为我以前并不知道还有后世，所以整日悠悠度日，现在屈指一算，自己所剩的光阴已经不多了。现在，我知道了肉体虽然会死去，但人的真性情不会永远消失，才明白生命原来也可以有今生来世，可以地久天长。所以如果能够把短暂的生命改为长久的生命，只是一十七世的说法。只因为自己以前不知道还有前生，所以看见天皇天仙、君主帝王、卿相大臣，就觉得自己实在是太渺小了。而现在知道了有六道轮回，可以互相为高下，那么富贵的路，自己的前世怎么会没有经历过呢？所以，能够把贫穷与富贵的差别看得很轻薄，是一十七世的说法。以往只因为不知道有前因，所以每当遇到失意的时刻，总是时常怨天尤人。现在才明白了贫富荣辱、利害得失，都是自己以前的所作所为而招致的。那么当遇到逆境的时候，也就应该能够安然承受了。这种能够消除怨恨愤懑而转化为平和淡薄的做法，是一十七世之说。以前不知道祸福出现的缘由，所以什么坏事都做。现在明白了行善正是为了保护自己，而损害别人才正是伤害自己。所以，即使在没有别人的暗室之中，别人看不到的地方，也是心惊胆战，警惕自己并告诫自己不要有什么邪恶的念头。所以，能够化贪婪残忍为善良，是一十七世的说法。只因为以前不相信因果，所以看到善人得到祸患，恶人得到了福禄，就认为天道本来就是不公平的。现在能体悟察明前生后世的道理，也就知道了福是因为作善而得来，而祸患因为作恶而起，这一点，是一丝一毫也不会出错的。所以，能把愚笨呆痴转变为智慧，是一十七世的说法。如果明白了这些言语蕴含的真正意味，何必还去辛劳地去读尽五车的书呢？

人寿有古延今促之异

[原文]

经云：增劫之时，从人寿十岁后，每过百年，备增一岁。如

是增之又增，至八万四千岁而止。自后每过百年，各减一岁。如是减之又减，至于十岁而极。十岁以还，又复增益。犹之日永日短，循环无已也。

[译文]

经传上说：增劫的时候，人从十岁的寿命以后，每过一百年，就增加一岁。这样一直增加上去，增之又增，到八万四千岁才停止。从这以后便开始减劫，每过一百年，便减去一岁。这样一直减下去，一直到十岁时停止。而十岁以后，又开始增劫。人的寿命，就好像是太阳照射大地，白昼而出，到晚上落下，第二天早上又重新升起，这样循环往复，永远不停止。

修福修善

[原文]

（发明）世人之所蓄积，有人夺得去，吾带不去者；有人夺不去，吾亦带不去者；又有我带得去，人夺不去者。金银财宝，家舍田园，此人夺得去，吾带不去者也。博学鸿才，技艺智巧，此人夺不去，吾亦带不去者也。若夫吾带得去，人夺不去者，惟有修善与福耳！修善到极处，能使七祖超升，百神拥护；修福到极处，能使火不能焚，水不能漂。善者福之基，福者善之应。

但修福而不修慧，每因享福而造业；但修慧而不修福，又虑薄福而少资。昔迦叶佛时，有兄弟二人，共为沙门，兄持戒坐禅，一心求道而不布施，弟则修福而常破戒。后释迦成佛时，兄已得罗汉果，然因未曾修福，食尝不饱。弟因破戒，生在象中，然余福尚多，虽作畜生，为王所爱，珍珠璎珞（yīng luò），常挂其身，食邑至数百户。故曰：修福不修慧，象身挂璎珞；修慧不修福，罗汉应供薄。唯佛称两足尊，以其福慧具足耳。

[译文]

（发明）世上的人们所蓄存的东西，有的是别人夺得去，但我却带不去的；有的是别人夺不去，而我也带不去的；有的则是我带得去，而别人却不能夺得去。财宝金银，家舍房屋，田园土地，这些东西是别人夺得去，而我带不去的。博学多才，超凡的技艺和过人的智慧，这些是别人夺不去，而我也带不去的。至于我带得去而别人却夺不去的东西，就唯有修善行修福气啊！如果修善修到最高的境界，就能够使七祖超升，百神庇护；修福修到最高的境界，就能够使火不能燃烧，水不能淹没东西。修善行是得到福禄的基础，得到福禄是修善行的最终结果。

但是只管修福禄而不管修智慧的人，常常会因为享福而不能使业绩有成；而只管修智慧而不管修福禄的人，反却要担心福薄而物资、钱粮缺乏。从前迦叶佛在世的时候，有兄弟两人，同是出家之人，出家为沙门，兄长严格遵守出家人的戒律，专心坐禅，一心修道，而不布施其他的人，弟弟则是修福禄而经常破戒。以后释迦成佛的时候，兄长已经修得了罗汉果，但因为他以前没有布施其他人，没有修福，所以常常吃不饱饭。弟弟因为经常破戒，所以就不再为人，而转成为大象，留下来的福禄还有很多，虽然他做了畜生，但仍然被国王爱护，在他的身上常常挂着珍珠璎珞，拥有几百户的封地。因而可以这样说：如果只修福不修慧，就只能做象，身挂璎珞；如果只修慧不修福，虽然能做罗汉但却常常饥寒受苦。只有佛才能福慧都具备，所以被人们称之为两足尊。

孝亲

[原文]

（发明）甚矣，孝之难言也！《诗》曰：“欲报之德，昊天罔(wǎng)极！”我之所以致于亲者，其能胜于天乎？古今劝孝书，所在多有，姑述其罕见罕闻者。

人而不知有后世，不信有因果，是犹盲而无见，聋而不闻，真天下之穷民，而无告者也。何则？自己不知后世，则亦不知亲有后世，而所以欲致其爱敬者，暂矣！自己不信因果，则亦不知亲有因果，而所以欲去其苦患者，小矣！余见母鸡之伏雏，而尝惕然自凛(lǐn)也。方其舒翼而护子也，子母甚相爱也。曾几何时，而次第被杀，子母各不相顾矣。吾辈为人，亦复如是，父子夫妻，方其聚首时，则难割难舍，一到生死分途，则疾病不能相代，罪业亦不能相代，甚有冥间方万苦千愁，而阳世正欢呼畅饮者矣！锦衾徒在，欲扇枕以无从；双鲤空陈，卧寒冰而何用？古人云，孝子不忍死其亲，正以吾亲实未尝死耳！岂特虚设此想乎？

佛言：父母之恩，世莫能报。假令左肩担父，右肩担母，

卧冰求鲤

晋朝的王祥，早年丧母。继母朱氏并不慈爱，常在其父面前数说王祥的是非，因而他也失去父亲的疼爱。继母朱氏时常想吃鲤鱼，但因天寒河水冰冻，无法捕捉，王祥便赤身卧于冰上祷告，忽然间冰裂，从裂缝处跃出两尾鲤鱼，王祥喜极，持归供奉继母。

大小便利，随之而下，亦不能报。又使尽世间珍羞，供养父母，经恒沙劫，亦不能报。由是观之，然则佛门之所以报亲者，必有道矣。

[译文]

（发明）孝的内容真是难以言说得完啊！《诗经》说："所要报答的父母的恩德，就好像是苍天那样没有尽头啊！"而我能回报给父母的，又怎么可能胜得过广大无垠的天际呢？古今的劝孝书，现在存留下来的还有很多，在这里只姑且记述一些我们很少见到很少听到的事情。

人如果不知道有来世，不相信有因果报应，就如同是看不见东西的瞎子，听不见声音的聋子，而他们真是天下最可悲的人，却不能将他们的苦楚诉说给他人！为什么会这样呢？自己不明白有来世，就不会知道亲朋好友有来世，想要使大家互相尊重就很难保持下去了；自己不相信有因果相应，就不会明白亲友也会有因果，想要使别人离开苦难得到最大的快乐，就做不到了。我看到母鸡孵卵的时候，就突然有种凛然的感觉。在母鸡舒展开羽翼，保护雏子的时候，母子之间的情感是多么亲密无间啊！怎么会想到有那么一天，它们相继被杀死，各自不能相互照顾了。我们做人也是这样，父子之间，夫妻之间，在一起的时候，亲情无间，难舍难分，但一到生死关头，疾病不能相互代替对方承受，罪恶和功业也不能相互替代了，甚至有的人在阴间正饱受苦难，而阳间的人却正欢呼雀跃，开怀畅饮。床头之上的绣枕仍然还在，夫妻双方却阴阳相隔，不能重温旧梦；双鲤空自点缀在绣枕之上，但独卧寒冰，凄冷无比，已经没有什么温馨和甜蜜可言了。古人们说：孝子往往不能承受住亲人的死亡，那正是因为他的亲人实在还没有死啊！这种观点只不过是空自设想罢了。

佛说：父母的养育之恩，即使几生几世也难以报答。即使左肩背着父亲，右肩背着母亲，事情无论大小，都顺随着父母的心意，随着他们的意愿随时把他们从肩头放下来，也是不能报答完的。即使让父母享用尽世上所有的珍宝佳肴，供养父母，但经过恒沙劫，也是不能报尽的。由此看来，佛门提倡的报亲人之恩的观点，还是有一定道理的。

下附征事　五母悲哀（《五母子经》）

[原文]

昔有沙弥，年七岁，出家得道，自识宿命，因叹曰："吾之一身，累五母悲恼。为第一世母子时，邻家亦生，我独短命，母见

邻子长成，即生悲恼。为第二母子时，我复早夭，母若见人乳儿，即生悲恼。为第三母子时，十岁即亡，母见他儿饮食类吾，即生悲恼。为第四母子时，未娶而死，母见同辈娶妇，即生悲恼。今当第五世，七岁出家，我母忆念，复生悲恼。五母聚会，各说其子，咸增哀苦。吾念生死轮回如此，当勤精进修道。”

（按）父母一生精血，大半为人子耗尽，而怀胎十月，乳哺三年，以及推燥就湿之苦，则为母者尤甚。自顾不肖形骸，遗累于亲者甚多，报答于亲者甚少。吾从无量劫来，所饮母乳，多于大海之水；大小便利，污及于亲者，多于大海之水；甚至生而不寿，累亲哭泣，所出目泪，亦多于大海之水。凡此皆因生死轮回，辗转投胎之故也。纵使世世尽孝，得亲欢心，终不若不累其亲之为愈矣。孔子谓听讼犹人，必使无讼。不其然乎！

［译文］

很久以前有个小沙弥，当他只有七岁的时候，就出家得道了，但他自己看见了自己的前生时，不由十分感慨地说：“我自己一个人，却曾经让五位母亲苦恼受累。做第一世母亲儿子的时候，我出生时，邻家也生了一个孩子，而我却很短命，早早夭折死掉了，母亲看见邻家的儿子长大成人，每每看到他时，就会想起早就夭折的我，引起她无尽的悲哀苦楚。做第二世母亲儿子的时候，我又早早死了，我的母亲如果看见别人给自己的孩子喂奶，就会想起嗷嗷待哺的我正是在这个喂奶的小小年纪而死，又会产生无尽的悲苦。做第三世母亲儿子的时候，我十岁就死去了，母亲一看到别人家的孩子吃饭的样子像我，就生悲伤苦楚。做第四世母亲儿子的时候，我还没有娶媳妇的时候就死了，母亲一看到同辈的人娶媳妇，就会想起死去的我，生出无尽的悲伤苦恼。现在正是第五世的时候，我却七岁就出了家，我的母亲十分思念我，也常常感到悲伤苦恼。如果这五位母亲能够相会聚在一起的话，她们说出各自孩儿的遭遇，就更增苦楚悲痛了。我在想，既然生死轮回这样痛苦，就应当更加努力发奋修道，以争取早点报答母亲的恩情。”

（按）父母一生的心血，大半都放在自己子女的身上，在他们身上耗尽自己的一生精力，父母两人其中的母亲更为辛苦，她怀胎儿十月，又乳哺三年，含辛茹苦地把儿女拉扯大，那种推燥就湿的苦楚，做母亲的体会更多。看看自己这个不肖的躯体，耗费了亲人的多少心血，而又回报了自己的亲人多少呢！我从无量劫来，所吃母亲的乳汁比大海里的水还要多；受到亲人的大小关照，比大海的水还要多；甚至于我生下来短命死去，母亲为失去我而痛哭所流下来的眼泪，也比大海的水多。这些悲苦的原因，都是因为生死轮回，转世投胎的缘故。即使能世世尽孝，让亲人得到欣慰欢心，也还是不能报答完亲人对自己无限的恩情啊！孔子说："判决案件，解决纠纷的能力，我没有胜过别人的地方，我要做的只是断绝产生这些事情的根源，没有缘起了，哪里还能有后果呢！"因此，佛门所提出的这种报答亲人恩情的方式，是很正确的啊。

信友

[原文]

（发明）据字义言，则多人为朋，少人为友。然此处不必强分，凡同朝、同类、同窗、同事者，皆可为友。信即不欺之谓，非独指践言一端。是故谋事不忠，非信也；负人财物，非信也；面誉背毁，非信也；缓急不周，非信也；知过不规，非信也。绝其不信之端，所谓信者，在是矣。

[译文]

（发明）依据字表面上的含义来解释，那么很多人在一起为朋，少数人只能为友。但这种多少的区别不必强行分清，凡是同一朝代、同一类人、同窗共读、共同做事的人，都可以称他们为朋友。信就是不欺诈人的意思，并不是专门指实践诺言这一意思。所以谋划事情不忠实不是信，拖欠人的财物也不是信，当面褒扬别人，背后却毁谤别人不是信，处理事情快慢不协调不是信，知道犯错了却不改正不是信。只要绝断了不信的这一条，所谓的信，就在所剩下的其中了。

下附征事　千里赴约（《史林》）

[原文]

卓恕，还会稽（jī），辞太傅诸葛恪（kè），恪问："何日复来？"恕言某日。至日，恪宴客，停不饮食，欲以待恕，客皆曰："会稽、建康相去千里，道阻江湖，安能必来？"俄而恕至，一座尽惊。

（按）此特信中之一耳，然能不爽千里之约，信何如之！

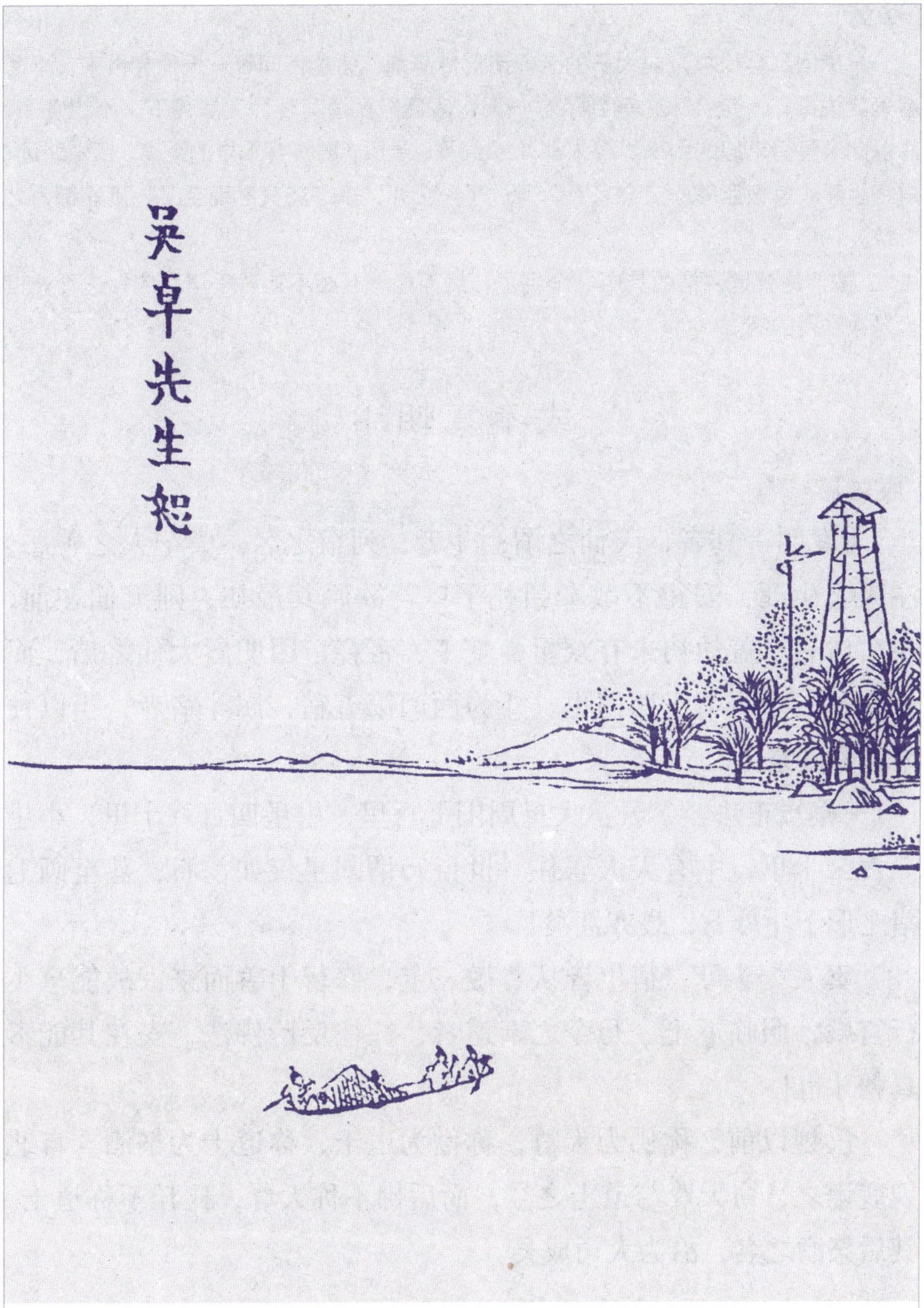

卓公行千里如期

卓恕，字公行，浙江上虞人。他为人笃实讲信义，答应办的事就立即去办；与人约会，纵然遇到暴风疾雨、雷电冰雪，也都没有不如期到达的。文中就讲到了卓恕诚实守信，不爽千里之约的故事。

[译文]

卓恕回到会稽县，向太子的老师诸葛恪辞别，诸葛恪问哪一天他会再来，卓恕就确定说某日一定会来。等到了这一天，诸葛恪宴请宾客，突然停下来不饮食了，想以此来等待卓恕的到来。客人都说："会稽、建康，离着有千里的距离，江湖路远，道路阻隔，怎么能够一定会来？"但过了一会儿，卓恕就突然而至了，满座都为之大惊。

（按）这就是讲信的其中一个例子，然而能够互相不违背千里之约，这种诚信也是很难得的啊。

或奉真朝斗

[原文]

（发明）真者，天仙之谓；斗者，列宿之名。尝记人之善恶，注人之生死，安得不敬奉朝礼乎！若欲原其最初，则天仙在前，斗宿居后。盖劫初未有众星，梵王、帝释，因驴唇大仙之请，而后安置二十八宿于四门也。斗为西门第五宿，属斗宿者，当以粳(jīng)米花和蜜祭之。

《楼炭正法经》云：大星周围七百里，中星四百八十里，小星一百二十里，中有天人居住。世俗乃谓陨星仅如拳石，甚至画七猪之形于斗母下，亵(xiè)亦甚矣！

真人、斗母，宿生皆从尊敬三宝，修行十善而来，故能享飞行宫殿，照临下土。乃今之奉道者，往往反谤佛法，安在其能奉真朝斗也！

汉魏以前，称佛为天尊，称僧为道士，称道士为祭酒。自北魏寇谦之，窃天尊与道士之号，而后佛不称天尊，比丘不称道士。其后祭酒之名，沿为大司成矣。

[译文]

（发明）真，是对天仙的称谓；斗，是对星宿的命名，他们曾经记载人的善恶，控制着人的生死，怎么能不对他们敬奉朝礼呢！若是想要探寻他们的最初起源，则是天仙最先产生，星宿之后才出现。大概这一劫难最初的时候，天上并没有众多的

星星，梵王、帝释，因为驴唇大仙提出了这样的请求，之后才在四门之上安置了二十八宿星。斗是西门的第五颗宿星，关于斗宿之类，应该把爆米花与蜜搅和在一起，以此来祭祀斗宿。

《楼炭正法经》说：大星周围长达七百里，中星则有四百八十里之长，小星的周围则有一百二十里，这中间有仙人在此居住。我们世俗之人只能看到陨落下来的陨星只有人的拳头那么大，这是对星宿极为不恭敬的做法，有的甚至还在斗母星下描画出七头猪的图案，这真是对他们的亵渎不尊啊！

真人、斗母，是天仙星宿，他们都尊崇三宝，是修行够十件善事的人才能得到这样的尊重，因为行善，所以他们能够依靠前世所修的福禄，能够高高飞行在宫殿之中，照耀尘俗下界，光芒四射。但是今天的修道之人，反而往往诽谤佛法，这样怎么能有颜面敬奉天仙，敬奉真朝斗呢！

在汉魏之前，人们称佛为天尊，称僧人为道士，称道士叫祭酒。而到了北魏寇谦的时候，他私自盗取了天尊和道士的称号，自那之后佛就不被称为天尊了，比丘也不被称道士了。此后就连祭酒的名字也改了，称大司成了。

下附征事　七星救焚（《劝惩集》）

［原文］

常熟奚浦钱氏，聚族而居，有小四房者，素奉斗，姑媳孀居。正德丙寅，其房旁失火，延烧三昼夜。恍惚见朱衣者七人，于檐前举袖一麾，火光随灭，四面皆成灰烬。

（按）《普门品》云：设入大火，火不能烧。即此可信。

［译文］

常熟奚浦有家姓钱的人家，他们的整个族人都聚集在一起居住，其中的一个人家只有小小的四间房屋，但这家平日向来尊奉星斗，家里只有婆媳两个人寡言少语，相依为命。正德丙寅年间，在她家之旁的房屋失火了，连续烧了三日三夜。她们婆媳两个在恍惚之中，看到七个身穿红色衣裳的人，在她家的屋檐前面，举起衣袖一挥，燃烧的火焰就随之而灭了，婆媳两个再看时，她家周围都已经全部烧为灰烬。

（按）《妙法莲花经》“观世音菩萨普门品”说：假如被大火围困，依靠信奉佛祖的力量，大火就不能烧毁自己。这件事情可以证明这说法是让人信服的。

或拜佛念经

[原文]

（发明）佛者，觉也，自觉觉他，觉行圆满，名之为佛。自心中人人有觉，则自心中人人有佛矣。若云泥塑木雕，方名为佛，则是愚夫愚妇之佛也。若云降祸降福，斯名为佛，是又唐宋诸儒之佛矣。愚夫愚妇终日言佛，而佛实未尝敬。唐宋诸儒终日谤佛，而佛实未尝毁者。以其皆不知有佛也。

佛为三界大师，即诸天、诸仙，梵王、帝释，犹当恭敬礼拜，而况具缚凡夫乎！

礼一佛，即当观想礼无数佛，礼现在佛，即当观想礼过去、未来佛，要使十方三世微尘数如来前，一一皆有我身修供养。方为善拜佛者。

[译文]

（发明）佛，如果翻译成中文，意思就是觉悟，就是自觉领悟的意思，如果你的觉悟修行圆满了就可以被称为佛。我们每个人心中都有自己的觉悟，所以每个人心中都会有佛，都有成为佛的可能。假如说泥制的和木制的雕塑才能称为佛，那只是愚笨的男人和愚蠢的女人心中的佛。如果说能够给人间降祸、降福才能称为佛，那也只是唐宋时期各派的儒家所认为的佛。愚笨的男人和愚蠢的女人整天谈论佛，但事实上他们并没有对佛持恭敬的态度。唐宋时期各派的儒家整日诽谤佛，但是实际上佛并没有被他们所中伤毁谤。这是因为他们都不明白佛究竟在哪里。

佛是天界、人界、地界三界的大师，即使是天上的诸位神仙，梵王、帝释，他们对佛也要敬重朝拜，何况对于我们这些处处受到束缚的世俗之人呢！

我们遵奉佛，对他实行礼拜，就应该看到想到有无数的佛都需要我们礼拜朝奉，对现在的佛恭敬礼拜就应该想到也礼拜以前的和未来的佛。我们遵奉佛，就要使四面八方、今世、现世和来世这三世，这么多的像空气中的尘土一样数不清的佛前，都有我们在朝拜供养。这样才算是善于信佛、真正拜佛的人。

[原文]

诸佛经典，与世间之善书不同。一则但知谋及身家，一则直欲救人慧命；一则止能谈议现在，一则直欲福利多生。世间若无佛经，则天上天下皆如长夜。所以《胜天王经》云："若法师所行之处，善男子、善女人宜刺血洒地，令尘不起。如是供养，未足为多也。"

念经能解其义，复能如说修行，固为上也。若不能解其义，但存敬慕之心，亦得无量福报。譬之儿童服药，虽未谙其方，却能除病。

[译文]

各种佛书的经典著作，和世上劝人行善的书有诸多差别。世上劝人行善的书只讲述立身安家的智谋，而佛书却想直接拯救人的心灵和慧命；世书只谈论现在的事，而佛书却涉及过去、现在和未来，只想使人得到几世几生的福禄。如果这世上没有佛书的存在，那么天上地下，都会像漫漫长夜那样昏暗不明。所以《胜天王经》中说："凡是法师所到的地方，好的信奉佛法的男子和女人都应该用刀刺入身体，把血洒在地上，使尘土不能飞扬起来，以保持法师不沾染灰尘。这样供养佛，信奉佛，并不算过激的行为。"

阅读经文如果能够理解其中的含义，之后又能像经文中所说的那样去修行，这是上策，最好不过的了。若是不能明白其中的含义，只要对佛保持着恭敬的态度，也能得到无限的福禄。就比如小孩子吃药，虽然他不清楚医生给他开的什么药方，但是能使他的病得到痊愈。

下附征事　经救全城（《法苑珠林》）

[原文]

晋刘度，平原人也，其乡有千余家，俱奉佛法，供养僧尼。值北虏有逃人，多匿城内，虏主大怒，将屠此城。刘率城内大小，尽诵观世音菩萨。未几，虏见天上有物坠下，入其庭中，绕于屋柱。视之，乃《观音普门品》也。虏心大喜，此城由是得释。

（按）平时既知植福，临难又能哀恳，虏之回心也，固宜。

[译文]

晋朝时期的刘度是平原人，他的家乡有一千多户人家，全部都信奉佛法，供养着僧尼。就在这个时候，有一些北方少数民族的人有逃犯，逃来隐匿在城里，少数

僧实救难

诸佛经典，直欲救人慧命，直欲福利多生。僧实救难的故事也是通过念经，消灾救难，得无量福报的故事。北周和尚僧实，一日突然登上钟楼猛急撞钟。他召集了寺里所有的和尚，说：“江南梁国有一座寺庙要倒塌，我们要一起尽心诵念《观音经》才能帮他们免除灾祸。”当时南梁杨都寺庙中正在讲法，当时有上千听众在寺堂里听法。忽然闻到西北方传来念经的声音，并还有一股奇异的香气。于是所有的人都出来观看，所有的人都出来后，寺庙就倒塌了。

民族的首领特别气愤，想要把全城血洗掉。刘度就带领全城的大大小小的人，都来念诵观世音菩萨。这样没有多长时间，北方少数民族首领看到天上有一个东西坠落下来，飞落到他的房屋内，并环绕在了屋内的梁柱上面。他让人取下来一看，原来是一本《观世音菩萨普门品》书。他心里感到十分喜悦，就取消了原来的血洗全城的计划，全城因此得以保全。

（按）平常的时候就已经知道栽植福禄，遇到困难的时候又能诚心诚意地向菩萨哀求庇佑。北方少数民族首领，之所以能改变屠城的心意，是十分合乎情理的。

广行三教

［原文］

（发明）三教圣人，皆具救世之念，但门庭施设不同耳。儒用入世之事，佛行出世之法，道则似乎出世，而实未尝出世者也。孔颜虽圣，然欲藉以却鬼驱妖，则迂；佛道虽尊，然欲用以开科取士，则诞。此三教所以有不得不分之势也。

人非一途可化，故圣教必分为三。譬如三大良医，一精内科，一精外科，一精幼科，术虽不同，而其去病则一也。若三人共习一业，所救必不能广。故曰：为善不同，同归于治。

［译文］

（发明）凡是儒家、佛家、道家这三教的圣人，都有济世救世的想法，只是他们各派所实行的方法不尽相同。儒家是专门讲述让人入世、建立功业的事情，而佛家则专门用来讲述让人出世，不问尘世的方法，道家讲述的东西表面上是出世，而事实上并没有真正教人出世，不问人事情愁。孔子和颜子虽然都是圣人，但是如果想借圣大的儒道来吓唬鬼魔驱赶妖孽，这就显得很迂腐不堪了；佛、道虽然很尊贵，但想要用它们来取得功名，开科取士，就很荒诞不稽、不切实际了。所以，儒家、佛家、道家这三教不得不分，这种趋势是非常明显的。

人是不能只用一种方法教化的，所以圣人的教育必须分为三种。比如说三大好的医生，其中一个精通内科，一个精通外科，而另一个则精通小儿科，他们的医术虽然不同，但救治病人的目的却都是一样的。若是他们三个人都研习同一种医术，所能医治的人数肯定就不会太多。因此可以这样说：虽然做善事的方法不同，但都使这个世界走向治平安泰。

[原文]

余阅贵州《铜仁府志》，知向来本名铜人，因其地有铜人山，故名，后改人为仁，而地与山，俱更其旧。山在巨浸中，其下皆水，曾有一年大旱，见山下尽空，但有三大铜人，头顶此山，岿然直立，而三人恰是三教服式。窃思此山，乃开辟时物尚无三教名色，而铜像又非人力所铸，始知三教门庭，本天造地设，合下当有，况帝君德位，超乎人类之上！岂不知孔颜大道，已如日月经天，而必欲牵合释、道，以之训饬（chì）士子乎！又考南阎浮提，名虽一洲，其中国土甚多，每一国土，各有圣贤持世立教，如孔子、老子者不计其数，但各国姓名不同耳。至于书法，亦有六十四种，今儒者所读，不过举业之书，此外所见，能有几何？所以三藏十二部之文，龙宫秘笈之语，不唯不见，见之反加排斥。以为苟不如此，便不似儒道。不特宣之于口，并著之于书。无不曲肆诋毁，一片意必固我之私，习成党同伐异之套。至考其旦昼所为，幽独所念，无非争名逐利，欺世害人。甚至夤缘奔走，赌博樗（chū）蒲，无所不至。凡吾儒正心诚意之学，济世安民之道，全然不讲。但损儒门之望，何增学术之光！帝君示以广行三教，可作午夜之钟矣。

[译文]

我阅览了贵州《铜仁府志》，才明白铜仁原来本名叫作铜人，因为这个地方有座铜人山，所以这个地方就得以命名，取了铜人这个名字。后来又改人为仁，地名成为铜仁，而这里的地和山也同样随着时间的变迁改变了它从前的风貌。山浸透在巨大的水流之中，山底下都是水，也没有人知道它底下的水有多深，但曾经的一年大旱，把这里的水都耗尽了，使水都干涸了，只剩下了山。这时就看到山下什么都没有了，完全空了，山下有三个铜人露出了它们的样貌，它们的形象特别魁梧，三个铜人的头上顶着这座大山，它们都岿然伫立，神态安详。正是由于这三个铜人刚好穿着儒家、佛家、道家三教的衣服，就让我思考到了一个问题：盘古开辟天地的时候，那时还没有儒家、佛家、道家这三教的名称，而这三个铜人又像不是靠人的力量所能建造而成的，所以我就得出这样的结论：这三教分派，原本就是上天注定好了的，天造地设的，无论是在过去还是现在和未来，都是永久不变的真理。帝君

的品德尊位远远胜于我们人类，他提出了广泛推行三教，还有什么值得我们质疑呢？说到这里就难免有人要问，孔子和颜子他们所推行的儒家大道已经是十分神圣的了，好像日月升上天空，没有人可以有所怀疑，难道一定非得要融合佛家的道理，才能对读书人实行教育吗？我翻阅了南阎浮提，虽然它们都属于同一个洲，但是其中所分属的不同国土却很多。在这里每个国家都各自有圣贤人创立教派，像孔子、老子这样的圣贤之人，多得不计其数，只不过是各国圣贤人的姓名不同而已。至于各个国家的文字和书籍也多达六十四种，今天儒生们所读的书，只是限于一些科举用的书，此外其他方面的文化和知识还不知有多少呢！所以对于那些三藏十二部的经文，龙宫秘典的神秘语言，我们从来没有见到过。因为它们十分奇特，所以我们今世之人一旦见到它们就不分青红皂白地批判它们，对它们加以排斥。我们以为如果不符合我们的想象的，就必定会不符合儒道。所以我们不仅在口头上进行反对，还著书立说表示排斥。我们对此固执己见，大加歪曲，放肆诽谤，不可理喻，这种恶劣的做法与党同伐异根本没有什么差别，完全是顺我者昌、逆我者亡的做法。如果去查考一下这些儒生他们平时的所作所为，他们的私自想法，就可以发现，他们无非是争名夺利，欺骗世人，害人不浅。有的甚至于是谄媚巴结，吃喝赌博，游乐放纵，为非作歹，什么坏事都干。对于儒家所提倡的正心诚意、济世安民的道理，完全不加理会。到头来，也只是损害了儒门的名声，怎么能够替学子们争荣增光呢！帝君指示要广泛地推行儒、佛、道三教，这可以成为我们行动的长久的醒世鸣钟啊！

［原文］

人能学孔子，释迦必喜；人能学释迦，孔子亦必喜。若必欲从我教而善，则悦，不从吾教而善，即不悦，则是奴投主，兵投将之法而已，岂三教圣人乎！

广行二字，以心言，不以迹言。人能修仁慕义，即是行儒道，不必青衿(jīn)墨绶(shòu)，而后为士也。人能见性明心，即是行佛道，不必圆顶方袍，而后为僧也。

［译文］

如果每个人都能向孔子学习，那么释迦牟尼肯定会很高兴；如果每个人都能向释迦牟尼学习，那孔子也肯定会很高兴。若是一定要和自己的教派的观点相同才高兴，与自己的教派的观点不同就不高兴，那样的情况只会出现在奴隶对奴隶主的身上，或者是士兵对将领的投靠罢了，怎么能是儒家、佛家、道家这三教圣人的意图呢！

广泛推行这几个字，是从内心出发来说的，不是指表面的情况而言。只要人们能够修行仁义，有这个向道义的心就是推行儒道了，不一定必须要穿青衫系黑衣带，

这样才算是真正的儒士。只要人们能够心性明彻，这就是推行佛道的表现，不一定必须要剃光头发，穿着道袍，才能算是真正的僧人。

[原文]

拘儒闻“广”字，必嫌学问之杂，不知杂亦有辨。如天理而杂以人欲，王道而杂以霸术，米粟而杂以糠秕（bǐ），此决不可杂者也。至于三教所言，皆有益身心之务。太山不辞土壤，故能成其大；沧海不择细流，故能就其深。奈何亦患其杂耶！一家之中，有食有衣，有财有宝，有仆婢田园，可谓杂极矣，然苟不如此，其家必不能富。若论腹中所食，则为饭为糜，为羹为炙，为醯醢（xī hǎi）盐梅，亦可谓杂极矣，然苟不如此，其人必不能肥。何独于三教而疑之？

[译文]

迂腐的儒学者每当听到“广”这个字，就肯定会厌烦学问太过庞杂，但他并不知道庞杂和杂乱还是有区别的啊！比如，如果天理中含杂有人欲，王道中杂含有王霸之术，米粟中混杂有秕糠，如果是这些混杂，那肯定是行不通的。至于儒家、佛家、道家三教所讲述的道理，都是对身心有好处的。泰山只有不嫌弃小土，才能成就它的高大；沧海只有不对细流过分苛责，多条细流才能融汇在一起成就沧海的深邃。如果是这样，怎么能够说它是杂乱呢！在一个大家庭里，有吃的有穿的，有财物有珠宝，有仆婢也有田园，这可以说很杂了，但如果不这样的话，家里就一定不能富裕啊。再比如我们每个人所吃进肚子里的东西，也是很杂的，有饭食有米粥，有稀汤也有蔬菜，有酱油也有醋，有油也有盐，也可以说是很杂乱了，但如果不这样的话，人就不能身体康健，心广体胖。既然这样的道理大家都很明白，为什么还偏偏会对广泛推行的儒、佛、道三教，产生很多疑惑呢？

下附征事　毁教现果（《魏书》）

[原文]

北魏司徒，崔浩，博闻强记，才智过人，太武帝甚宠任之，而独不信佛，劝帝毁教灭僧。见妻郭氏诵经，怒而焚之。崔颐、崔模，其弟也，深信三宝，见佛像，虽粪壤中必拜。浩笑而斥之。后浩以国书事，触怒太武，囚之槛车，送于城南，拷掠极其惨酷，

更使卫士数十人，溲(sōu)溺其上，哀声嗷嗷，闻于道路。自古宰执戮辱，未有如浩者。崔氏之族，无少长，皆弃市。唯模与颐，以志向不合，独得免焉。

[译文]

北魏时期的司徒崔浩，具有广博的见闻，记忆力非常好，他才智出众，大大超过一般的人，太武帝对他十分恩宠，但他就是不信佛，还规劝太武帝毁掉佛教铲灭僧人。他一看到自己的妻子念诵佛经，就会大发雷霆，并把那些佛教经书烧毁殆尽。他的两个弟弟，崔颐、崔模，都虔诚地信仰三宝，他的这两个兄弟对佛非常虔诚，即使看到在粪土中污秽不堪的佛像，也肯定会恭敬地礼拜。崔浩常常嘲笑他们，并对他们不断斥责。不久之后崔浩因为国书事件，惹恼了太武帝，使太武帝雷霆大怒，崔浩也因此受到处罚，被关进囚车里，押解到城南，遭受残酷的严刑拷打，情状极其悲惨。审刑官还派了几十个侍卫，把肮脏的屎尿往他身上泼，他哀叫不断，凄惨的哀叫声不断从旷野传来。自古以来凡是宰执有罪被处罚的人，从来没有像崔浩这样凄惨的。崔氏的整个族人也都因为他的缘故而遭到牵连，尸首被抛在街市上，落得个死后无人收埋的悲惨下场。只有崔模和崔颐因为与崔浩的志向不同，才得以免除祸患。

[原文]

（按）太武灭法之后，有沙门昙始者，振锡诣阙，帝遣斩之，无伤，帝怒，抽佩刀自斩之，亦不伤，投之虎槛，虎皆怖伏，乃复以天师寇谦之，至其所，虎遂咆哮欲噬。帝始惊悟，延之殿上，再拜悔罪，许以复教（见《北山录》）。嗟乎！三教圣人，无非欲化人为善耳，岂愿各立门庭，絜(xié)长较短哉！秦始皇惑李斯之计，焚书坑儒，卒之身死沙丘，李斯赤族。汉之桓、灵，唐之昭、宣，惑于宦官嬖幸，尽诛天下名士，而助者杀身，主者亡国（俱见《资治通鉴》）。魏太武帝，惑于崔浩，毁寺焚经，不四三年，崔浩赤族，魏太武父子，皆不得死（出《魏书》）。周武帝，惑于卫元嵩，而灭法不四五年，元嵩贬死，武帝忽遇恶疾，遍体糜烂，年三十六而崩，末路丑恶，所不忍言（出《周书》）。唐武宗，信赵归真、李德裕，毁天下佛寺，不一年，归真被诛，德裕窜死，武宗三十二而夭，身无继嗣（出《唐书》）。五季之君，莫贤于周世

渔人求度

佛教最讲究因果报应，认为一个人来到这个世界上是有前因的，人生在世的一切举止行为、德行善恶，也决定了后世的贵贱，弘扬人性从善。有一班捕鱼人，网得一条大鱼，只见这条鱼身上长着百头，有若干种类，驴、马、骆驼、虎、狼、猪、狗、猿猴、狐狸等等，极为恐怖。这时世尊走过来说："从前有一位婆罗门，生有一男，名迦毗犁，博学多才。他母亲问说：'你的学问这么高，世间还有谁能胜过你？'儿子答说：'只有出家的沙门可以。'母亲就劝他向沙门学习。迦毗犁即往沙门处习学三藏，虽通晓义理，然犹不如沙门定慧，每与比丘谈论，自知理屈，便口出恶言，骂比丘是畜生，并以百兽比之。因此果报，今受鱼身而有百头。"

宗，然不知佛法，遂至毁像铸钱，故不六年，而社稷殒灭（出《通鉴》）。究竟秦废儒后，未及三十年，而儒教复兴。汉唐禁锢后，未及数年，而士林渐盛。魏废教后，七年而即复。周废教后，六年而即复。唐废教后，不一年而即复。岂非仰口唾天，反污其面乎！李斯、崔浩最为灭儒、灭释之首，故其受现报尤为惨酷。宋徽宗，虽改天下寺院为道观，然未至灭法，故身虽被辱，而国祚(zuò)复延。此皆前事之彰灼可考者！伏愿普天之下，皆仰体广行三教之意。儒者为儒，释者为释，道者为道，戮力同心，共襄治化，彼此无相诋毁，是则天下生灵之厚幸已！

［译文］

太武帝消灭圣教的佛法之后，有一位僧人昙始者，登到皇帝的大殿之上，太武帝命令武士把他给杀掉，但武士却伤害不了这位僧人。太武帝十分生气，大发雷霆，他抽出随身佩带的宝刀，亲自来砍僧人，也竟然丝毫不能伤到这位僧人。太武帝就把他打入有很多凶猛老虎的大牢，连老虎见到这位僧人都感到恐惧，不断畏缩后退。太武帝又派国师寇谦之去虎门大牢查探情况，老虎一见到他就咆哮不止，险些把他吃掉。太武帝到这时才突然醒悟，赶忙恭敬地邀请僧人来到大殿之上，对他再三恭迎礼拜，对他忏悔自己不该毁掉圣教的罪恶，并应允僧人立刻会使圣教得以恢复（见《北山录》）。唉！儒家、佛家、道家这三教的圣人设立圣教目的就是想要引导世人积善德，行善事，怎么会想到以后的人竟然会各立门户，相互不容，比长论短呢！秦始皇被李斯的话所迷惑，昏庸地错听从了他的计谋，焚书坑儒，到最后秦始皇落得个身死野外的下场，而李斯也终得到被杀掉全族的结局。汉朝的桓帝灵帝时期，唐代的昭宣时期，皇帝们被宦官和宠姬所迷惑，一味宠信他们，把天下有名的士人都枉杀了，等这些辅佐的大臣忠臣都被杀身之后，皇帝们也就失去了天下（俱见《资治通鉴》）。魏太武帝被崔浩所迷惑，毁烧寺庙，焚烧经文，还没三四年的时间，崔浩就被太武帝斩杀全族，而魏太武父子也都不得好死（出《魏书》）。周武帝被卫元嵩的话所惑乱，但消灭圣教佛法还没有四五年的时间，卫元嵩就被贬谪蛮荒之地，悲惨地死去了，武帝也在某日突然得了恶疾，全身糜烂，才三十六岁就早早地走上了死亡之路，所受的痛苦就更加无法说尽了（出《周书》）。唐武宗对赵归真、李德裕十分宠信，以至于纵容他们毁坏全国的佛教寺庙，于是不到一年的时间，赵归真就被杀了，李德裕也被流放，死在流放的途中，武宗也三十二岁就早早死去了，还没有给后世留下继承人（出《唐书》）。五代时期的君主，智谋才略没有能与周世宗所匹敌的，但周世宗不信佛法，就导致他毁坏佛像，

用这些金属铸造钱币，所以他执政不到六年的工夫就丢掉了天下江山（出《通鉴》）。再回过头来看一看：秦始皇废掉儒学之后，还不到三十年工夫，儒教就重新复兴起来。汉唐这中间也多次废掉佛教，但没过几年时间，圣教就又重新兴盛起来了。北魏时期废教后，七年之后佛教就又重新恢复了。周代废教后六年时间，圣教就重新恢复。唐代废掉圣教后，不到一年时间就又重新恢复了。那些主张毁废圣教的人，在历史的事实面前，不正是犹如仰天吐痰，到头来反而弄脏了自己的颜面吗！李斯和崔浩是主张消灭儒学消灭佛教的首犯，所以他们在现世遭到的报应也就最残忍、残酷。宋徽宗虽然把天下的寺院改为道观，但是他还没有消灭圣教，所以他虽然受到了亡国被擒的污辱，但帝位还能够暂且得到延续。这些历史都记载得清清楚楚，并且有证据可以查找。但愿普天下的人们都能广泛地竭尽全力去奉行儒、道、佛这三教的精髓！儒者认真践行儒教的道义，释者认真实践佛教的道法，道者则能认真履行道教的教义，这三教同心协力，共同引导人们向善，千万不要水火不容，相互诋毁。如果这三教的人们都能和睦相处，那才真的是普天之下人民的真正幸福啊！

下卷

印造经文

［原文］

（发明）虽有佳肴，弗食不知其美；虽有至道，弗学不知其善。天下最易失者，人身；至难闻者，佛法。如来不出世，则天上人间，皆如长夜。不特庸流局于所见，即儒者亦囿于所闻。仰首观天，以为止此日月，而不知有微尘之刹土。以为厥初生民，始于盘古，不知旷劫以来，阅历无边劫数。天帝、天仙，以为至尊无对矣，不知轮回六道。尚等凡夫，身死之后，以为形灭神消矣，不知一点灵光，生生不昧。父母眷属，身殁之后，遂谓无可如何，岂知得此法门，纵经千生万劫，自有酬偿之道。善士坎坷，恶人得志，即谓天道难凭，岂知宿业所招，纤毫未爽。大矣哉！如来之教典。真所谓渡海之慈航，幽途之宝炬，婴儿之乳母，而凶岁之稻粱也。宜阿难结集之时，梵王、帝释，皆执持幡盖，四大天王皆捧持高座之四足也，岂世间之书籍，可仿佛其万一乎！印之造之，其容已乎！

［译文］

（发明）虽然面前有美味可口的菜肴，但如果不去品尝的话就不知道它有多么美妙的滋味；虽然无可置疑的绝对真理，但如果不去领会学习它的话就不知道它的妙处。世上最轻易会丧失的是人们的肉体，而最不容易听到的就是佛法的道理。如果如来佛祖不出世，与我们同生在这个世界，那么普天之下，大地人间都会好像漫漫长夜那样晦暗不明。如果如来佛祖不出世的话，不只是凡夫俗子见识粗浅，就是连读书人也没有多少广博的见闻。我们抬头仰望天空，就会以为天上只有太阳和月亮，整日运行，而永远不会知道在无垠的太空还有无穷无尽的更奇妙的大千世界。我们探寻人类的起源，就只会从盘古开始，绝对不会知道自从无量劫以来，连我们自己也不知已经轮回了多少次数不清的生命岁月。天皇大帝和天仙们自以为地位是至高无上的了，但却不知道他们也曾经历了六道轮回。普通的凡夫俗子自以为人死了以后就失去了所有，形神都失去了，再也没有灵魂，而不明白人的灵魂是生生存在，永远也不会消失的。父母亲朋眷属认为人死了以后，就会恩爱分离，没有任何办法表达彼此的情意了，他们哪里了解只要学习了佛法，就会明白，即使经过千生万世，只要有机缘，彼此还会再次相遇，就还会再有彼此相聚感恩的日子。好人往往一生过得很不得意，十分坎坷，恶人却往往春风得意，看到这种情况就说天道是不公平的，天道难以让人凭依信服，哪里了解因果报应相连前世、今生和来世这三世，在这三世里为善的一定会有善报，为恶的必定会得到恶毒的下场，善恶报应一定不会有丝毫差错。如来的圣典是多么智慧伟大啊！真像是渡海时的航标，漫漫旅途的指标，婴儿的乳母，和饥年的稻粱。难怪阿难集录经典的时候，梵王和帝释都拿着彩色的锦旗和高高的车盖来做供奉，而四大天王则捧着高座四足来给如来作护法。佛教的圣典，是那些世间的普通书籍难以匹敌、难以相比的啊！后世印刷经书，这是后人延续众生的慧命的一种行为，怎么能够停息呢？

［原文］

世尊于无量劫前，为求佛法，亡身舍命。有时为求一句一偈，或捐王位，或弃妻子，无所不至。夫固以甘露法门，不能常有于世耳！世俗不知，往往轻视佛典，岂知二三千年后，欲求片纸只字，而不可得乎！《法灭尽经》云：“法欲灭时，比丘所服袈裟，自然变白。”况三藏教典乎！（《楞(léng)严经》最先去，《弥陀经》最后去。）自此以后，当过八百八十万六千余年（前八百四十万六千余年，在第九小劫内算，后四十万年，当在第十小劫内算），而后弥勒菩萨，从兜率天宫，下生成佛，此间方有佛法（贤劫中第五佛）。第十一、十二、十三、十四，共四小劫，皆无有佛（人寿一减一增，为一小劫，每一小劫，计一千六百八十万年）。至第十五小劫，师子佛出世后，相继成佛者，共有九百九十三尊，可称最盛。而十六、十七、十八、十九,四小劫，又无有佛。迨二十小劫，楼至如来出世后（即韦驮菩萨），而后千佛之数方满，娑婆世界亦坏矣。自是以后，复经六十小劫（二十小劫世界坏，二十小劫世界空，又二十小劫，未来星宿劫之世界复成），方有日光如来出世（此未来星宿劫第一尊佛）。夫以佛法之难遇如此，吾辈幸生其际，岂可入宝山而空手乎？

［译文］

世尊在无量劫出现之前，为了追求得到佛法，宁愿舍弃自己的生命，舍生入死。有的时候为了求得一句偈，或者捐弃自己的王位，或者承受着失去妻子、亡掉家园的痛苦，只要能够求得高妙的佛法，所有的一切都可以丢弃。本就像甘露一样滋润万物、浇灌心田的圣大佛法，世间怎么能够时常遇到呢？但世上的凡人却不了解佛法难得遇到，更难以估量它的价值，经常轻视佛教的圣典教义。他们哪里了解再过上两三千年，如果想要再看见佛法圣典的一片纸，甚至是一个字，也已经是很难得了,是不可能的了。《法灭尽经》说："佛法即将要消失的时候,比丘身上所穿的袈裟,就会自然状态地变成白色。"佛法将要消失，怎么还谈得上有三藏的圣典呢？（《楞严经》最先失传,《弥陀经》最后失传。）自这以后，必须要经历八百八十万六千多年（前八百四十万六千余年,在第九小劫内算,后四十万年,应当在第十小劫内算）,而后弥勒菩萨,从兜率天宫,下生人间成佛,才会再有佛法的出现（贤劫中第五佛）。第十一、十二、十三、十四，共四个小劫，都不会有佛的影踪（人的寿命一减一增视为人生的一个小劫，人生的每一个小劫都会有一千六百八十万年）。直至第十五小劫的时候，师子佛出世以后，相继成为佛的有九百九十三尊，这个时期可以说是佛出世的最为兴盛的一段时间。到第十六、十七、十八、十九，共四个小劫的时候，又没有佛了。直到等到第二十小劫，楼至如来出世以后（即韦驮菩萨），才会修满一千个佛的数目，到这个时候，娑婆的世界就大乱了。从这之后，再经过六十小劫（二十小劫世界大乱，二十小劫世界空洞无物，只有又经历过二十小劫，未来新的星球才会形成），才会有日光如来佛祖的出世（这是未来世界星球显示的第一尊佛像）。佛法是这样的难以计算其价值，难以相遇到，而我们很幸运地生活在释迦牟尼佛出世以后的这个时代，有幸恩遇了释迦牟尼讲述的三藏圣典，怎么能不有所修德，而做一个身在宝藏的大山中却空手而回的败者呢？

[原文]

北俱卢洲，寿皆千岁，思衣得衣，思食得食，目不见愁忧之状，耳不闻争夺之声，较之唐虞三代时，犹胜百千倍。自世俗观之，以为非常之盛世矣，然犹列于八难之中者，以其但享痴福（宿生所修止于痴福），不信三宝，不知出世之法耳（韦驮菩萨，不能感化此洲，故仅曰三洲感应）！吾是以读“人其人，火其书”之句，而不胜怜悯云。

[译文]

北俱卢洲，这个地方的人，寿命都很长，人都能活上千岁，他们生活富足，想穿什么样的衣裳就会得到什么样的衣裳，想吃什么就会得到什么样的食物；在他们的脸上看不到忧愁苦闷的神情，在他们的口中听不到彼此争吵打闹的声音，他们生活怡然自得，即使拿他们和我们历史上唐虞三代的人相比，他们的幸福也胜过唐虞三代的人百倍千倍。如果用世俗的眼光来看，肯定认为这些人遇上了一个特别的盛世，但从佛法的道理来看，他们的生活还排列在八重劫难之中；只因为他们只能痴痴地享受福禄（承接前世所修的痴福而来），但他们不信三教圣法，不了解有出世的大法啊（韦驮菩萨尚且不能使这一个洲的人得到感化，因而就把这种现象叫作三洲感应）！所以，每次当我看到“有人焚毁经书”这样的语句的时候，就不禁对他们这些人生出很多的怜悯和同情来。

创修寺院

[原文]

（发明）佛法僧三宝，谓之福田。而所以庄严供养者，则惟寺与院而已。无寺院，则无佛像经文，僧尼四众，一应礼拜烧香，受持读诵之福，皆无由种矣。然则创之修之者，厥功愿不大乎！

《正法念处经》云：“若有众生，见塔寺僧坊，涂饰修补，复教他人，修治故塔。命终生天，其身鲜白，入珊瑚林，共诸天女，五欲自娱。业尽为人，其身鲜白。”又《法灭尽经》云：“将来劫火起时，曾作伽蓝之地，不为火焚。”

佛言："假使有人，费金百千，造成一寺，有一持戒比丘，曾住其中，受用其宿。纵令此寺，随为水火所坏，已为不虚施主之恩。"况寺院告成，因之广造福德乎！

[译文]

（发明）佛法僧三宝，称为我们芸芸众生的福田。而要恭敬、郑重地供养，广泛培育福田的地方，只有寺庙和佛院最为合适。如果没有寺院，就不会有佛像经文，四方信佛的弟子也就无法烧香对佛进行恭奉礼拜，就无法念佛诵经，这样的话三宝福田也就没有办法种植了。所以，创立和维修寺院的用途和功勋是很伟大的啊！

《正法念处经》说："假如有众生的话，看到塔寺和僧房，对这些塔寺和僧房进行装饰和修补，又能教别人怎样修理旧塔。那么这个僧人死去后，就会转生到天上，身体呈现出纯洁的白色，让他住进有美丽珊瑚相伴的珍贵树林，和许多美丽的天仙美女，一起戏耍玩乐。享尽上天带给他的福禄以后，再次转生为人，身体仍然呈现纯白色。"《法灭尽经》说："未来劫难的大火烧起来的时候，曾经被作为寺院使用过的地方，是不会被烧掉的。"

佛说："假如有人，耗费了自己上千成百的钱财，修建成了一座寺院，有一位手拿戒尺的比丘居住了进去，接受众生的供养。那么，即使有一天，这个寺院在水火中被损坏，而出钱修建这座寺院的施主的福禄也将是永远也不会减弱的。"何况这样的寺院一经建成之后，就已经成为众生广种福田、积善行德的地方了啊！

下附征事　舍宅为寺（《金汤编》）

[原文]

宋范仲淹，字希文，广修众善，笃(dǔ)信佛法。凡所莅守之地，必造寺度僧，兴崇三宝。与琅琊觉禅师，荐福古禅师，最厚。初读书长白山，于寺中得窖金，覆之不取。及贵，语僧出金修寺。又尝宣抚河东，得故经一卷，名《十六罗汉因果颂》，公为之序，授沙门慧哲流通。晚年以所居宅，改为天平寺，延浮山远禅师居之（苏州府学，亦其所舍）。仁宗朝，累官枢密、参知政事，追封楚国公，谥文正，子孙簪缨(zān yīng)不绝。

（按）家舍田园，不过暂时逆旅，乐得以之修福。晋镇西将军谢尚，因父鲲(kūn)之梦而免难，永和四年，舍宅为庄严寺（出《建康

录》)。中书令王坦之，舍其园为安乐寺(见《搜神记》)。刺史陶范，于太元初，舍宅为西林寺(出《晋书》)。李子约，岁饥设粥，全活数万，后舍其屋宇为佛寺(见《法喜志》)。王摩诘，以丧母表请辋(wǎng)川之地为佛寺。白乐天，王介甫，亦皆以所居，施为梵刹(各见本传)。较之后世刻剥他财，经营大厦，甘为不肖子孙拆毁，不舍分文修福者，不啻神龙之与蝘蜓(yǎntíng)矣!

[译文]

宋代人范仲淹，字希文，他曾经做过很多好事，并虔诚地信奉佛法。凡是他足迹所到达的地方，就必定会修建寺庙，普度出家之人，并竭力敬奉佛教三宝。他和琅琊觉禅师、荐福古禅师的关系非常友好。他曾经在长白山刻苦攻读的时候，从一个寺庙的地窖中发现里面贮藏的全是金子，他没有起贪念，而是又把它小心翼翼地覆盖起来,并没有拿走一分一毫。等他荣登官场之后,就把这件事告诉了寺里的僧人,告诉他们把金子拿出来修建寺庙。他在河东作宣抚的时候，发现了一卷古经，经名叫作《十六罗汉因果颂》，范仲淹就为它作了小序，嘱托沙门慧哲为这本经书的后世流传做些努力。范仲淹晚年的时候，把自己所住的房宅改建为天平寺，并恭请浮山远禅师来这里居住(连苏州府学也是他出资捐赠的)。宋仁宗时期，范仲淹升为枢密官，之后一直做到了参知政事，后来又追封他为楚国公，他死后谥尊号为文正，他的后世子孙世代为官，家道昌盛，门庭兴旺。

(按)人的房屋住宅和田园，只不过是人三世生命轮转中的一个短暂的落脚点，倒不如用它来布施别人，修行福禄。晋代时期的镇西将军谢尚，因为父亲托梦给他才得以免难，就在永和四年(348)的时候，捐出了自己的住宅作为庄严寺(出《建康录》)。中书令王坦之，也曾捐赠出自己的住宅作为安乐寺(见《搜神记》)。在太元初年的时候，刺史陶范，也曾捐出自己的住宅作为西林寺(出《晋书》)。在饥荒年岁，李子约设粥布施别人，救活了数以万计的人，后来他又捐出了自己家的住宅作为佛寺(见《法喜志》)。王摩诘因为母亲去世而上奏皇帝回家守丧，并请求皇帝在辋川修建佛寺。白乐天、王介甫，都曾经把自己的住宅捐赠出来作为佛寺(各见本传)。他们与后世那些剥削他人血汗的人相比，真是神龙和壁虎的差别啊!那些靠剥削他人血汗而建起高楼大厦的人是多么卑微啊，而这些高楼终究不能长存，又有多少被不肖子孙拆掉损毁的呢!

或持斋而戒杀

[原文]

(发明)劝人戒杀，犹或相信；若言持斋，未有不以为迂矣!

不知天下唯有食肉之人，所以有杀生之人；亦唯其有杀生之人，所以有食肉之人。二者相为勾引。世人只缘习见习闻，所以不知不觉。假令每日天将晓时，各得神通天眼，亲见无量无边屠户，手执利刀，将一切猪羊牛犬，捆缚在地，加以极刑。尔时，一切物类，大声疾呼，魂飞魄战，号天而天不赐梯，掉地而地不借孔。瞬息之间，尖刀尽断其喉；瞬息之间，尖刀尽入其腹；瞬息之间，热血尽从刀缝喷出；瞬息之间，沸汤尽从刀缝注入。由是，注目，则如热钉烙眼；注背，则如沸铁浇身；注舌，则如烊(yáng)铜灌口；注腹则如滚锡缠腰。此时，一切物类，因痛极而紧闭其目，因痛极而渐低其声，因痛极而百骸俱为伸缩，因痛极而五脏尽若牵抽。俄而，阎浮世界，几万万生灵，头足异处，骨肉星罗。积其尸，可以过高山之顶；收其血，可以赤江水之流；览其状，惨于城郭之新屠；听其声，迅于雷霆之震烈。如是所造无量凶恶，其端皆为吾等食肉所致。然则食肉之招报，亦不小矣。万一此种物类，宿世曾为吾之六亲，将若之何？曾为吾之眷属，将若之何？不然，未来世中，或为吾之六亲眷属，将若之何？更不然，吾之他生后世，同于此种物类，或吾六亲眷属之他生后世，同于此种物类，又若之何？谚云：一日持斋，天下杀生无我分。若一日不持斋，则天下杀生有我分矣。可不惧哉？

[译文]

（发明）规劝别人不要杀生，还是可行的，有人相信；但假如说要吃斋念佛，就没有人不认为这是迂腐不堪的做法了。不明白天下因为有吃肉的人，所以就必然会有杀生的人；世上又因为有杀生的人，所以才有吃肉的人。吃肉和杀生虽然是一对矛盾，但二者却是紧密联系在一起的。因为世人都把这些事情看得习惯了，就会不自觉地这样去做了。如果每天天刚蒙蒙亮的时候，我们就都得了天眼通，亲眼看见无量无边在黎明前挨家挨户地屠杀，手里拿着锋利的刀刃，把所有的牲畜，猪、羊、牛、狗，都捆绑在地上，对这些牲畜加以杀戮。这个时候，一切有生命的生物都会大声叫喊，吓得魂飞魄散，叫天天不应，叫地地不灵，这种恐怖感无处可逃。就在很快的一瞬间，尖刀就砍断了这些牲畜的喉咙；转眼一刹那，锋利的尖刀又刺入了它们的肚子；一时间，汩汩的热血就从刀的缝隙中喷洒出来；又一刹那，烧开的滚烫滚烫的开水从刀缝里灌进这些牲畜的肚子里去。滚开的热水泼到它们的眼睛上，就好像是用烧红了的热钉子戳伤它们的眼睛；滚开的热水滴淋到它们的背上，就好像是烧开的红铁水浇到它们身上；滚开的热水灌进它们嘴里，就好像是把烊铜灌到它们口中；滚开的热水进入这些牲畜的肚子，就好像是滚烫的锡铜缠在它们腰上灼烧。这时，所有的物类因为痛苦到了极点，就紧紧地闭着它们的眼睛，因为痛苦到了极点，所以也就渐渐喊叫不出声音了，因为惨痛到了极点，就开始全身抽搐，因为惨痛到了极点，就可以看见它们的五脏都在受着巨大的煎熬。就在这一瞬间，我们这个世界上的亿万的生灵，就这样肢体破碎，头足分开，骨肉离散。它们的尸体累积起来，高度可以超过高山的顶峰；把它们的鲜血收集起来，可以让一江之水红遍大江南北；看到这种情形，真是比战争时期进城肆意屠杀更加悲惨；听它们那种凄惨的叫声，真比晴空响雷更加让人触目惊心。之所以造下这么大的杀孽，探究原因，都是因为我们吃肉的缘故。所以，吃肉所得到的恶报，今后一定是不小了。万一这些被杀的痛不欲生的生灵就是我们前世的父母亲族，怎么办呢？如果都是我们的最亲的家眷，又怎么办呢？或者它们成为我们来世中的六亲眷属，又将是怎么样呢？或者说我们自己在来世中成为这些被惨杀的物类，或者我们的六亲眷属成为这些被惨杀的物类，又该如何？谚语说："如果整天吃斋，那么天下杀生就没有我的责任。"如果有一天不吃斋，那么天下杀生就会有我的责任了。这样悲惨的因果报应，难道还不能令我们感到恐慌畏惧吗？

［原文］

据经典所云，将来过六千年后，人寿十岁时，有刀兵灾至。一切众生，自相杀害，地所生草，利如锋刃，触之即死。过七日七夜，其患方除。佛言，从饥馑刀兵死者，皆入恶道；从疾疫死者，多生天上。何以故？以有疾病时，但相慰问，无有毒害屠杀，及相争相夺之心故。

《婆沙论》云："若一日一夜持不杀戒，当于来世中，决不遇刀兵灾。"

［译文］

根据经典上所说的那样，将来再经历六千年之后，人的平均寿命达到十岁的时候，就将会有一场战争灾祸的降临。到那时，一切芸芸众生都将互相残杀，地上刚生长出来的草，都将会像锋利的刀刃一样，刀刃一碰就会枯萎死去。一直战斗七天七夜，这场灾祸才会停止。佛警示我们说，那些在饥饿和刀光剑影的灾祸中死去的人，都将会堕落到罪恶的地狱里面去；而在疾病和瘟疫的灾祸中死去的人，则多半

会升向天堂上去。这是怎么回事呢？这是由于遇到疾病瘟疫的时候，人们大都能够互相鼓励，相互慰问，没有你争我夺、毒害屠杀这些恶劣的想法。

《婆沙论》一书中说："如果人能够一天一夜不开杀戒，那么这个人投生在来世的时候，就肯定不会遇到残酷的刀刃和兵战灾祸的降临。"

下附征事　怨亲颠倒（《法句喻经》）

［原文］

舍卫国有婆罗门，富而悭(qiān)贪，每逢食时，坚闭其户。一日烹鸡作馔(zhuàn)，夫妇同食，中间夹坐一小儿，数取鸡肉，纳小儿口中。佛知此人，夙(sù)福应度，乃化作沙门，现其人前。婆罗门见而怒曰："道人无耻，何为至此？"沙门曰："卿自愚痴，杀父娶母，供养怨家，如何反谓道人无耻？"婆罗门问故，沙门曰："案上鸡者，是卿前世之父，以悭贪故，常堕鸡中。此小儿者，往作罗刹，宿生常被其害，以卿夙业未尽，又欲来相害耳。今此妻者，乃卿前世之母，以恩爱深固，还作汝妻。此种轮转，愚人不知，唯有道人，了了皆见。"佛于是即现威神，令识宿命。婆罗门忏悔受戒，佛为说法，得须陀洹道。

［译文］

从前舍卫国有一个名叫婆罗门的人，他非常富裕但是却特别贪婪吝啬，每到吃饭的时候，他就紧紧把自己家的窗户和门都关上，生怕别人瞧见他吃什么。有一天，他杀了一只鸡，烹鸡作食，夫妇两个人一起享用，夫妻二人中间坐着他们的小儿子，他们夫妻都多次夹着美味的鸡肉往自己小儿子口中送。佛知道这个人以往的福禄都已经享尽，已经到了该超度他到佛门的时候，就下凡变成了一位小沙门，显现在婆罗门面前。婆罗门看见这个小沙门以后非常愤怒地说："你这个不知道羞耻的烂道人，为什么走到我家门前来了？"沙门说："您才是愚痴啊，你把自己的父亲杀死，娶自己的母亲为妻，还供养着你的仇家，怎么还说我这个道人无耻呢？"婆罗门就问这个小沙门为什么会这么说，有什么缘由。沙门说："您现在桌子上正在津津有味地吃的鸡，就是您前世的父亲，因为你贪心吝啬的原因，就牵连他常常和鸡群为伍，堕落成鸡了。你的这个小儿子，他的前世是一个罗刹，前世经常害您，因为他的前世还没有完全结束，所以现在又来投生到今世，接着来害您。您现在的妻子，就是您前世的母亲，因为她对你的慈爱太深厚，所以今生又来做您的妻子。这种前世、

今生的轮回，凡夫俗子是不知道的，只有我们道人能够看得清清楚楚，明明白白。”佛于是就显露出了自己的神威之力，使婆罗门看到了自己的前世。婆罗门感到十分羞愧，他甘心忏悔，并接受戒法，并请佛为他讲道说法，开化他，最后他终于修得了须陀洹果。

善人则亲近之，助德行于身心；恶人则远避之，杜灾殃于眉睫。

[原文]

（发明）善人恶人，分明吉凶二路。言乎气味，判若薰莸；言乎品类，势同枭凤。故曰：“近朱则赤，近墨则黑。”自然之理也。善人所修者德行，亲之近之，便有熏陶渐染之功；恶人所酿者灾殃，远之避之，自无朋比牵连之祸。自天子以至庶人，未有不以亲贤远奸，为第一要务。良由观感赞助之力，默移人之性情者居多耳。

善人非必时时行善，然动静云为，较之恶自远矣；恶人非必事事为恶，然语默作止，较之善自远矣。且如吾欲作一善事，济一贫人，放一生命，善人见之，必多方赞成，以为此举必不容已；恶人见之，必无数阻抑，以为此事极其迂阔。言之者既已谆谆，听之者能无跃跃？吾知随之转移者多矣！

[译文]

（发明）善人和恶人，走的是吉和凶两条截然不同的道路，界限十分分明。如果用气味来打比方的话，善人就好像是熏衣草的香味，恶人就好像莸草发出的恶臭的气味；如果用品格种类来打比方，善人就好像是尊贵美丽的凤凰，恶人就好像是凶残成性的枭鸟。所以有谚语说：“近朱者赤，近墨者黑。”这是非常简单、显而易见的道理。善人总是修德行善，人们如果亲近他们，就会被他们的品性所感染，受到他们好的熏陶，走向超脱向善的道路；恶人则是经常无所不为，坏事做尽，行恶酿灾，人们只有远远避开他们，才不会受到他们带来的祸害的牵累，才不至于走向堕落的征途。从贵族天子到普通百姓，没有不把亲近贤臣远避奸诈小人作为头等大事的，因为这实在会在很大程度上受到环境的影响。不同的环境对人就有不同的影响，很多人就因为不能亲近贤能之人，远避奸佞小人，所以走上了与自己的本性并

邹孟轲母

孟子和他的母亲住在墓地旁边时，孟子就和邻居的小孩一起学着大人的样子，玩办理丧事的游戏。孟母觉得不妥，就搬家到市集旁边。到了市集，孟子又和邻居的小孩学商人做生意的样子。孟母又觉得不妥，就搬家到学校附近。孟子开始变得守秩序、懂礼貌、喜欢读书。近朱者赤，近墨者黑，孟母三迁都是为了让孟子能从小就能接触到优良的文化氛围。

不相同的道路。

善人并不一定是每时每刻时时行善，但无论他们是实践行动还是心静不为，都自然会离恶越来越远；恶人也并不一定是什么时候都做坏事，事事作恶，但即使他们是语言沉默举止娴静，离善也会很远。比如我想要做一件好事，接济一个穷人渡过生活的难关，使一个生命得到延续，如果是让善人看到了，就一定会从各个方面支持，表示对这一做法的赞成，善人肯定会认为这一举动是不能停止的；但假如让恶人看到，一定会从各个方面阻止这件事情的顺利进行，认为这件事情是十分迂腐的。既然说话的人言辞恳切，听他讲话的人怎么能够不受感动呢？我见过很多人就因为善人或恶人说的话而因此改变了他们的做法。

［原文］

孟母教子，必欲三迁，恶其习也。圣贤尚尔，何况庸人？岂惟人类，即异类亦然。昔华氏国有一白象，能灭怨敌，人若犯罪，彼国令象踏死。其后象厩，为火所烧，移象近寺。象闻比丘诵《法句经》，至“为善生天，为恶入渊”之句，象忽悚立，若有觉悟。后付罪人，但以鼻嗅舌舐，不忍踏杀。王知其故，移象至屠肆之处，象见屠杀，恶心复炽。然则见闻所系，顾不重哉？

［译文］

孟子的母亲教导自己的儿子，三次搬家迁移到别处居住，那是因为害怕孟子受那里恶习的影响。圣人尚且会受到环境的影响，更何况是我们这些普通人呢？不仅人类常受环境的影响，其他很多动物也是这样。很久以前华氏国里养有一头白色的大象，它骁勇无敌，正直行善，常常能够打败该国的劲敌，就连人如果犯了罪，这个国家就用象把他踩踏而死。之后不久这头大象的住所被一场突如其来的大火烧毁了，只得把大象转移到了附近的一个寺庙居住。大象时常能听到比丘念诵《法句经》，每当听到“做善事就能升入天堂，作恶就必然会下地狱进入痛苦的深渊”这句话，它就忽然感到无限害怕，每当这时它就站在那里，痴痴呆地不动，好像是有所觉悟了。再后来，把犯罪的人拉到大象面前，让象踩踏时，这头大象只用长长的鼻子嗅嗅那个犯罪的人，用舌头舔舔他，再也不忍心踏死他了。国王明白了这个原因后，就把这头大象转移到了屠宰牲畜的地方，这头大象每天都看到残忍的屠杀，残暴之心就又重新恢复到从前了。所以说，周围环境的影响，能不引起我们的高度重视吗？

［原文］

见善人，不独自己当亲近，即教其子弟亦当亲近；岂惟教其

子弟亲近，凡系一切亲戚知交，可以与之一谈者，皆当教其亲近。见恶人，不独自己当远避，即教其子弟亦当远避；又岂惟教其子弟远避，凡系一切亲戚知交，苟能进以忠言，皆当教其远避。何则？善恶两途，不容并立。人若不近君子，必近小人。由善入恶甚易，改恶从善甚难。每见里巷小民，群居终日，言不及义。有以酗酒撒泼，而致破家身亡者；有以好勇斗狠，而致破家亡身者；更有溺于赌博，耽于声色，而致破家亡身者。此种招灾酿祸，举目皆是。原其弊，始于二三知己，一时高兴，转相效学，而然初不料其祸之遂至于此也。假令以亲近匪类之心，亲近善类，以结交匪类之财，结交善类，则其进德修业，转祸为福，正未有艾！夫何计不出此？乃以父母妻子甚爱之身家，不思慎于保守，徒供匪类之丧败，良可痛惜！则与其悔之于后，不若慎之于始也。

[译文]

看到善人，不但是自己应该对他们表示亲近，还应该不断地教育自己的子弟也要向他们亲近，不断受到他们好的影响；不但应教育自己的子弟要亲近他们，还要告诉一切的亲朋好友，凡是能够与自己讲得上话的人，都应该告诉他们亲近这些善人。看到恶人，不但自己应该远远地避开，还应该教育自己的子弟也要远避这些人，以免受到他们恶劣的影响；不但应该教育自己的子弟要远远避开，凡是一切的亲朋好友，只要是能够听进忠言的人，都应该告诉他们远远避开。为什么要这样做呢？因为善与恶是两条截然不同的道路，它们二者是水火不容的。如果人不亲近君子，就必然会亲近小人。从行善到做坏事成为坏人很容易，但想改掉种种恶习开始走向行善的道路却很困难。经常看到村落城镇里聚居在一起的人，没有什么事情可做，从来不谈一些有关道义的事。他们中的有些人整日饮酒闹事，以致搞得自己家破人亡；有的人则善于好勇斗狠，也落得个家破人亡的悲惨下场；更多的人则沉溺于赌博之中，沉迷酒色，以致家里败落，人财两失。因这些事情而招来祸患灾害，酿成大祸的人，处处都是。探究这些情况出现的原因，一般都是从两三个知己朋友一起玩开始的，他们玩得一时高兴，就互相效仿学习，最初他们谁也没有料想到会惹出这样大的祸患。如果用亲近土匪的心来接近好人，用结交土匪用的钱财来结交好人，那么每个人都会进德修业，只行善事，少作恶事，因而也就能转祸为福，这对以后的益处还真是很大呢！为什么大家不这样去做呢？自己是父亲、母亲、妻子、儿女都很珍爱的人，为什么不好好庇护自己，得到更多的福禄呢？为什么反而要做土匪

的帮凶，最后只落得家破人亡，一无所有呢？这实在是太让人心痛了啊！与其直到最后才知道悔悟，为什么不在开始的时候就谨慎而为，做好各种防备呢？

执贽十注（见本传）

［原文］

宋马伸，字时中，弱冠登弟。崇宁中，禁元祐学术，其党为诸路学使，专纠其事，程门宿学老儒，皆惧而解散。时伸自吏部，求官西京法曹，锐然往依。先生恐其累彼也，却之。伸执贽(zhì)十往，礼益恭，且曰："使伸得闻道，即死何憾？况未必死乎！"自此出入三年，凡公暇，虽风雨必赴。同僚或以非语中之，公悍然不顾，多所进益。

（按）是时群议惶惑，同人惧其及祸，伸遂欲弃官往投。人皆闻而壮之，以为有志于学，其为德业之助何如！

［译文］

宋代，有个名叫马伸的人，字时中，不到二十岁，小小年纪就考试及第了。宋崇宁年间，朝廷颁发了诏令，禁止元祐学术（元祐学术，指司马光等人的儒家治国主张。）在全国的传播，一些党派的人士担任各路的学使，专门清查这件事情。程氏门下一些博学多才的老儒学者，都害怕受到牵连而纷纷解散了。当时马伸从吏部远到西京求官，担任法曹，却不害怕受到这件事的牵连，坚毅地前往老儒学士那里向他们学习请教。这些老先生都害怕拖累他，拒绝他前来请教。马伸却准备好礼物，多次上门拜访，前后共来了十次，而且礼数周全，一次比一次恭敬，而且还说："只要能够听到启发人智慧的道理，即使是死了也不会留下什么遗憾，更何况还并不一定会因为这件事情而招致死亡啊！"从此以后，马伸经常出入老儒们的住所，三年时间里只要他有哪怕是一点儿的空余时间，他就会风雨无阻地去拜访。有的同僚们开始说他的闲话，马伸却坚决不在乎，因此他在道德修养上，得到了老儒们的帮助，取得了很大的进步。

（按）当时人们议论纷纷，流言蜚语使人心混乱，马伸的朋友们都担忧他会招来大祸，马伸因此就准备放弃自己的官职而前往投奔关心自己的友人们去了。人们得知他做出这样的举动，都很受鼓舞，通过他的事，都认为只有坚决立志，并且不断地学习，才能在修德向善的进程中真正取得长足的进步，永远向前迈进。

党恶杀身（昆山共知）

［原文］

昆山甫里镇马继，自恃拳棒，结拜兄弟数人，日事杯酒。邻近有贾人，家本饶裕，二子误入其党。一日，马见客人钟聪，在镇收钱数百千，欲劫之，邀其党同行，二子不知其故。舟过莲花墩，尾客船，数人从后钩住，尽劫其钱。钟客登岸号呼近岸乡民，四起逐之。适遇捕盗船到，协力擒拿，无一免者。马继等先后死狱中，止存陈贵、顾祖、朱二，于康熙十一年七月枭斩半山桥上。贾人二子，有口难辩，竟陷大辟。

［译文］

昆山甫里镇有个人名叫马继，他总是靠着自己有几下拳棒功夫，就自以为很了不起，于是就在乡里结拜弟兄，组成一个团伙，整天喝酒闹事。他家的邻近有一个商人，家里的日子本来过得还很宽裕，但是两个儿子却因为胡乱结交朋友，误入了做恶事的团伙。有一天，马继看到客人钟聪，在镇上做生意收了很多钱，就打算抢劫他的钱物，便邀集自己的同伙一同实行，商人的两个儿子不了解是做什么事情，也跟着他们一同去了。他们这伙人乘着小船过了莲花墩，便追赶上了客人钟聪所乘坐的小船，几个人就从后面把船用钩子钩住，开始抢劫钟聪的钱财。钟聪登上岸来大声呼喊抓贼，在岸边的乡民听到了他的呼喊声，都从四面八方赶过来，帮他一起来追赶抢劫的人。这个时候正好遇到了追捕盗贼的船，于是乡民和追捕盗贼的船齐心协力，把这个抢劫钱物的团伙全部抓住，没有漏掉一人。这些人被抓捕之后，马继等人先后都死在了牢狱之中，只剩下陈贵、顾祖、朱二，他们在康熙十一年（1672）七月在半山桥上受斩。那个商人的两个儿子，虽然并不知道这伙人是去抢劫，但因为他们加入了团伙，所以也有口难辩，同样被斩而死。

见先哲于羹墙

［原文］

（发明）先哲者，谓往古圣贤；见之云者，谓心慕身行，如或见之也；羹（gēng）墙二字，勿泥，当与参前倚衡一例看。

圣贤道理，随处发现流行，活泼泼地；倘执着行迹，稍存意必固我，是犹叶公但知画龙，而不知有真龙矣。余昔年偶见一人，手执《中庸》，因与论《中庸》大义，且告之曰：“《中庸》本无形相，若执定三十三章者以为真《中庸》，孔颜之道，尚未梦见。”其人大怒曰：“君是禅学，非吾儒道。”遂将《中庸》反掷于案上。余曰：“子诚小人矣！”其人问故，余曰：“仲尼不常曰‘君子中庸，小人反中庸’乎？今子反《中庸》于桌子上矣！”其人曰：“小人反中庸，岂反置手内所执者乎？”余笑曰：“然则吾所谓无相之中庸者，固如此也。”其人默然有省。

[译文]

（发明）先哲，所说的就是指以往的古代圣贤；见到他们的意思，就是只要心里对这些古代圣贤存有仰慕，并且自己亲自修德行善，那么虽然与圣贤相隔几千年，也就等于是见到了他们的面目；羹墙这两个字，不要拘泥于表面的意思，应当参照前面倚衡例子来进行理解。

关于圣贤的道理，需要在现实生活中随时随处发现，并亲身实践，身体力行，是生动活泼、饶有趣味的；假如只拘泥于表面的现象，被表面的语言文字所控制，自以为得到了真谛，那就好像叶公好龙，只爱观赏图画上的龙，却不知道现实中的真龙。我在以前曾经偶然遇到过一个人，他手里拿着《中庸》这本书，好像对《中庸》很有研究，我就与他谈论起了《中庸》的大义。我告诉他说：“《中庸》里谈到本来并没有具体可感的形象，假如指定其中的第三十三章就是真正《中庸》的大义，那么孔子、颜子所谈论的大道，即使在梦里也不可能体现出来了。”这个人听到后很生气地说：“你修的是禅学，根本不懂我们儒家的道理。”之后就狠狠地把《中庸》反抛在桌子上。我对他说：“你的确够得上是小人了！”这个人便问我为什么这样评价他，我说：“孔子不是常说‘君子中庸，小人反中庸’吗？刚才你不就是把中庸反扔在桌子上了吗？”这个人说：“孔子所说的小人反中庸的意思，难道就是反手抛出所拿的《中庸》吗？”我笑着说：“我所说的不要以中庸为参照的道理，就在于此了。”这个人这时才沉默不语，不发一言了，好像是有所觉悟的样子。

[原文]

一日有人举“尽信书，不如无书”之说，余曰：“此语却未敢便道，孟夫子说得是。”此友拂然，余微笑。其人良久，始恍然曰：“君可谓善读《孟子》者矣，我几为君所卖！”

尧、舜、禹、汤、文、武、周、孔、颜、曾往矣，要其遗文固在也。闲尝神游千古，网罗百家之言以读之，反复沉思，参以

先儒议论。若其言与吾合，则密咏恬吟，悠然神往；间有一二欲合而必不可者，则笔之于书，质诸至圣先师，俾存其说于天壤。故三十年来，曾有《质孔说》一编，以自娱玩。非敢谓如见先哲也，只期发明圣学，不负先哲之训已耳。爰(yuán)摘数条，以公同志。

［译文］

有一天有人谈到了“尽信书，不如无书”这种说法，我对他说：“孟子的这句话不能这么轻易就给它定下结论，但孟子这句话说得确实很正确啊。”这个朋友不清楚我说的是什么含义，我只是对他微笑着不说话。过了一段很长的时间，他才开始恍然大悟，对我说：“您才能称得上是真正善于解读《孟子》的人了，我差点就被您给卖了！”

尧、舜、禹、商汤、文王、武王、周公、孔子、颜子、曾子都成为曾经的历史，已经成为了过去，但他们留下来的书籍还有幸存留在今世。我一有闲暇就搜集这些百家的学说来不断阅读，反复思考其中所蕴含的道理，又同时参考以往圣贤儒者们的各种议论。如果他们的评论与我心里所想的正好符合，我就慢慢朗读，心态十分平和，向往着那种神仙般的非凡境界；偶尔会有一二句语言似乎明白，却不清楚真正含义，就暂时把这些话记录下来，对这些圣贤的先师们存有一份怀疑，也便于使他们的学说永远存在于千古后世。因此，我这三十年来，写了《质孔说》一本，自己反复咀嚼体味其中的每句言论。我还不敢说我自己想象着已经见到了先哲圣人们，只是盼望能够把圣人的学说向今世后世的人解说明白，不辜负先哲们在书籍中对我们后世人的谆谆告诫。现在就摘录下来几条，向同样对先哲圣人们学说感兴趣的人公布一二。

万善先资集

卷一　因果劝（上）

劝阅是集者（此篇是戒杀之纲领）

[原文]

仁列五常首，慈居万德先。皇哉三教论，异口若同宣。人人爱寿命，物物贪生全。鸡见庖（páo）人执，惊飞集案前。豕闻屠价售，两泪涌如泉。方寸原了了，只为口难言。蓦受刀砧苦，肠断命犹牵。白刃千翻割，红炉百沸煎。炮烙加彼体，甘肥佐我筵。此事若无罪，勿畏苍苍天。古来生杀报，往复如轳（lú）旋。吾昔弱冠时，目击生哀怜。搜罗今昔事，将盈数万言。誓拔三途苦，此志久愈坚。落笔伤心处，一字一呜咽。绣板贫无力，劝募亦辛艰。崎岖三四载，今日方流传。奉劝贤达者，留神阅是编。

[译文]

仁排在五常的首位，慈居于万德最前面。三教的言论教义真是伟大啊，虽然出自不同的人之口但始终如一，好像是金口玉言。人人都想要长的寿命，所有的事物都很贪恋活和生的滋味。所以鸡看到厨师向自己扑来时，会吓得在屋前惊飞不止。猪看到屠户到它们跟前时，就会两眼泪如泉涌。它们心里很明白是怎么回事，但只是难以开口说话。忽然遭受到被刀杀死的苦痛，它们的肠子虽然断了，但命还没有完全止息。用刀子千翻宰割，在烧红的锅里反复沸煎。这些牲畜遭受千刀万剐，终于成为人们桌上的美味佳肴。这些杀生的事情所积累的罪孽真的是很重，我们头上有苍天，这一切都不会逃脱出它的眼睛。自古以来如果杀生的话都会遭到应有的报应，只是报复会在前世、今生、来世反复轮转罢了。我年纪还小的时候，就不断目睹杀生时这些牲畜的百般哀怜。如今搜尽现在发生和以前发生过的事情，将有数万句话要说。发誓要经历过三世三生的苦难，经过这些磨炼以后，自己向佛的志向会更加坚定。我落笔时感到无限的伤心，每当写一个字就停下笔来呜咽悲泣。靠书籍来传播佛法教义很是薄弱无力，规劝别人多做善事是一件多么辛苦和艰难的事情啊。我艰苦地写了三四年的时间，到今天才算完成，在世间流传。规劝那些懂得知识、

善无畏祈雨

戒杀就是最大的仁。莲池大师的戒杀书，上天都不敢违背。他居山中，猛虎都会为他让路。他祈雨，天会立即降雨。此图也是讲一位爱惜生灵的得道高僧求雨得雨的故事。唐代僧人善无畏常常饮酒食肉，宣律大师对他十分不满。一天，宣律大师捉住一只虱子摔在地上，善无畏突然喊："你要杀生？"宣律大师才觉察出他原来是个奇异之人。开元十月十日天大旱，善无畏求雨得雨。

博学多才的读书人，一定要加倍注意好好读一下这篇文章。

下附征事　冥主遵行（《感应篇广疏》）

［原文］

钱塘郑圭，病，梦已故孝廉陆庸成，来访，仪从盛于平时。问授何职，曰："冥曹观政。"因出二书以赠，一《孝义图》，一《放生录》。郑曰："此《放生录》，莲池大师所刻也。公在冥府，何以得之？"陆云："冥主遇世间嘉言善行，随敕(chì)记录，且颁布遵行，唯恐人之不信也。君能奉行，病将痊矣。"寤而随觅二书玩之，即坚持杀戒，病果痊安。

（按）道二，仁与不仁而已矣。戒杀，仁也。戒杀书，与人共广其仁者也。独善者，其仁小。兼善者，其仁大。莲大师，儒家麟凤，敝屣科名，后舍俗出家，为法门砥柱，所以祈雨而甘霖速沛，居山而猛虎潜踪。则知戒杀一书，天且不违，况于人乎？况于鬼神乎？

［译文］

钱塘有个名叫郑圭的人，他在自己生病的时候，有一天梦到已经去世的孝廉陆庸成来登门拜访他，并且陆庸成的气派远远胜于他曾经活着的时候。郑圭就疑惑地问他现在在阴间做的是什么职务，陆庸成回答他说："我现在在阴间担任的是观政官。"之后他就拿出两本书送给郑圭看。这两本书，一本是《孝义图》，一本是《放生录》。郑圭说："这本《放生录》本来是现世的莲池大师印刻的，您在阴间怎么能够看到呢？"陆庸成说："冥界的主宰阎罗王每当遇到现世上的善行善言，就随时命令记录官记录下来，而且还在阴间颁布效仿实行，只是忧虑阳间生还着的人们不会相信啊！假如您能够遵行善言善德，您的病立刻就会康复了。"郑圭梦醒之后找到这两本书认真阅读揣摩，从此以后就坚持不再杀生，他的病果然很快就好了。

（按）在人间为人处世，只有仁和不仁这两条截然相反的路。戒杀，不杀生就做到了仁！而戒杀书是劝诫人们一起来推行仁慈和关爱的啊！但如果只是一个人戒杀生，在他身上所体现出来的仁爱之心就很小；如果他能规劝跟他亲近的人们都一起戒掉杀生的念头，那么在他身上所体现出来的仁爱之心就大得多了。莲池大师本来就是儒家的杰出人物，如麒麟和凤凰那样尊贵，他淡泊名利，舍弃现世世俗的生活而出家为僧，专心修佛，最终成为佛门的佼佼者，堪称是佛门的中流砥柱。如果

莲池大师向上天祈求下雨，人间大地上马上就会有甘霖降临；如果大师居住在荒林深山中，凶猛的老虎就自然会隐蔽行踪，不再出没。因此我们就可以明白，莲池大师的劝诫人们不要杀生这本书，连上天都不敢背弃不理，何况是对于我们现世中的人呢！更何况是阴界的鬼神呢！

劝养亲者（以下言居家不宜杀生）

［原文］

人子养亲，其道各别。全乎下养者为小孝，全乎次养者为中孝，全乎上养者为大孝，惟全乎最上养者为大孝之大孝。何则？下养者，惟知口腹之奉，酒食甘旨，不致有无余之叹，是亦世所难能，谓之小孝。次养者，体亲之志，父母所爱亦爱，所敬亦敬，使亲心安乐，是名中孝。上养者，谕亲于道，善则赞成，过则几谏，使父母圣德在躬，是名大孝。至于最上养者，更有进焉。常念父母之恩，同于覆载，父母之寿，易于推迁。当用何法可报亲恩？何法可延亲寿？何法可使父母出离生死？何法可使父母罪障消除？何法可使父母得入圣流，究竟成佛？譬如刀兵劫至，负亲而逃。遁入山中，得毋亦有寇至乎？遁入水中，得毋亦有寇至乎？遁入旷野，得毋亦有寇至乎？辗转熟思，必置父母于万全之地。是名最上养，亦名无上养，亦名超出一切世间养。岂非大孝之大孝乎！若杀物养亲，使物类抱冤来世，父母偿债多生，不啻以漏脯救亲饥，鸩酒止亲渴矣，何逆重之，而可托言孝耶？或曰：士人功成名遂，光祖扬宗，可谓孝乎？答曰：功成名遂，固足取也。若以此济其善，固为荣亲。倘以此济其恶，不反为辱亲耶？桧、嵩之父，亦宰相亲也，假令起于今日，人必恶之疾之矣。故知孝子荣亲，莫如积德，功名其次焉者耳。

［译文］

儿子赡养父母亲人，所用的方法各不相同。只满足父母吃喝的下养为最基本的孝；不但能供给父母吃喝，而且能够体谅亲人的心愿的次养是高一点层次的孝；而能够常常想念父母的恩情，并且常常想着用各种方式报答，这样的上养才被认为是真正的大孝；能使父母脱离生死，消除父母的所有罪障，广利于父母的来世今生，这样的上养，才是大孝之中的最大的孝。为什么会这么说呢？下养只懂得满足父母的吃喝，使父母吃的喝的以及各种补品，都不会有所缺少，这也算得上是人世间的儿女们对父母难以做到了，所以把对父母的这种孝顺叫作小孝。次养就是要能领会明白父母亲人的心意，只要是父母所喜欢的我也跟着喜欢，凡是父母所敬重的我也跟着敬重，使父母亲人心里感到慰藉和安乐，这种孝顺就被称为中孝。上养就是能劝诫自己的父母亲人明了世间的一切大道之理，他们有善行就极力赞成，他们有过失也要苦心规劝，以使父母保持高尚的道德，身心淡泊纯净，这才是真正的大孝。至于被人称道的最上养就比上养还要高出一等，他会时常思念着父母对自己巨大的养育恩情，想着这种恩情可与天地齐同，而随着时光的流逝，父母的年龄却越来越大，他们的寿命也在日渐减少，想到这些就会无比忧愁。想着能用什么样的办法，才可以报答父母对自己天大的亲恩，用什么方法可以使父母的寿命得以延长，用什么方法可以使父母脱离生死的困扰，用什么方法可以消除父母所做的罪障，用什么方法可以使父母成为圣人，与圣人为伍，最终修成正佛，终得正果。比如说，即将发生战争，就保护着父母亲人逃到偏僻的山中去避难，自己却总是担心：会有敌人来到这吗？帮助父母亲逃到水中避难，自己也还总是担心：敌人会来到这吗？逃到旷野上，自己也一直很担心：敌人是否会来到？自己这样担心畏惧，辗转不安，是因为自己想着这样战乱危险，一定要把自己的父母藏匿到最安全的地方，帮他们躲过这场浩劫。这样做就是最上养，也被称为无上养，又可以叫作超越一切的世间养。这最上养，难道不是大孝中最大的孝吗？假如杀掉生物而使自己的父母得以供养，如果这些被杀掉的物类来世寻求报冤，父母就会用来世去偿还前生你所种下的孽债，这样做不正像是用腐烂的臭肉来救父母亲度过饥饿，用毒酒来解父母亲的口渴吗？这是十分大逆不道的做法啊！这样做怎么能说是孝顺呢？有人说：读书人功成名就，就可以使祖宗得到荣耀，这样做可以被称为孝吗？我的答案是：事业有成，功成名就，自然是很对的，没有任何差错。假如依靠着取得的功名去行善事，自然就能够为亲人增添光彩；但是如果凭借它去做坏事，那不是反而给自己的亲人招来侮辱吗？秦桧、严嵩的父亲，是当时宰相的至亲啊，如果他们活在今世的话，人们必定会很痛恨他们的了。所以，就应该了解孝子向父母亲尽孝，为祖宗亲人增光，就应长久地行善积德，取得功名还是不太重要的啊！

下附征事　饾饤（dòu dìng）余业（《观感录》）

［原文］

常熟顾顺之，寓无锡，素茹斋。康熙庚戌二月朔，瞑七昼夜

子邻救母

佛门讲究为善积德以尽为人子女的孝道。唐代僧人子邻，其父母不信佛教，见僧人就训斥、驱逐。子邻背着父母偷偷出家。子邻母亲死后，子邻想知道母亲在阴间的情况，于是天天念《法华经》，到了夜里果然得知母亲正在阴间受苦。于是子邻来到阿育王寺舍利塔前，叩头哀诉，当他拜至四万次时，忽然看见母亲在云中，告诉他，自己已经脱难，说完就不见了。

苏，曰："见道人约往听经，至其处，前法堂讲《金刚经》，后法堂讲《报恩经》。讲毕云：'茹斋者坚心念佛，食肉者务戒杀生，一可超度父母，二可消己罪业。'少顷，忽见母在血池中哭，螺蛳、蚯蚓绕身。道人云：'汝今生之母已度，此过去母也，因其好食肥鸭，故群类绕身耳。须念往生咒度之。'遂觉。"

（按）世俗称孝，止于一世。佛门尽孝，广利多生，所以为大。

[译文]

从前常熟这个地方有个人名叫顾顺之，他家住在无锡，他从来不杀生，向来是吃素生活的。不料康熙庚戌年（1670）二月初一，他就突然开始昏睡了，七天七夜才醒过来。他醒来之后说："在这七天时间里，有一个远方来的道人约请我去听念诵经文。我就跟随着道人来到了听经的地方，最初的第一堂课讲述的是《金刚经》，之后的第二堂课讲的是《报恩经》。得道的道人讲经结束后对我们说：'吃素的人一定要坚定自己的心志拜经念佛，吃肉的人一定要放弃杀害生灵，不断使生灵得以生还。这样做的话，一来可以超度自己的父母，二来可以抵偿自己曾犯下的罪孽。'过了一会儿，我突然看到自己的母亲在血池里伤心地流泪，螺蛳和蚯蚓包围了她，缠绕在她的身体上。那道人说：'因为你吃素，所以你今生的母亲已经得到了超度，但这是你前世的生母。她因为爱吃肉食，贪食肥鸭，所以得到现在这个报应，你必须念读往生咒来超度她，使她脱离苦海。'于是我就苏醒了。"

（按）世俗人间，儿女对父母尽孝道，只有一世轮回，但是佛门弟子的尽孝，却是广泛地有利于前生和来世，所以佛门的孝才能称为是最大的孝。

劝爱子者

[原文]

儿童所造杀业，由于父兄不禁，则习以为常。始仅以昆虫蝼蚁为不足惜，继即以屠牛杀犬为不必戒。恻（cè）隐既失，陨节败名，覆宗绝祀，靡（mǐ）不由之。故知总角之时，习善则善，习恶则恶，不可一日失教也。普劝为父兄者，毋以物命微而不救护，毋以儿童幼而弗防闲。使子弟见闻无非善行，虽至不仁之质，犹将化之，况本善者乎？不然，幼时失教，后虽悔之，弗可及已。

[译文]

儿童所造的杀生，是因为父母兄弟不对他加以严格禁止，所以儿童就把杀生看得很普通，认为它不过是习以为常的事情。最初的时候，他只是以为昆虫蝼蚁之类的小动物是不值得怜惜的，之后就认为杀牛宰狗也不是什么大不了的事情，不用加以阻拦。如果人的恻隐之心已经失去的话，今后的道德就会败坏，美好的声名也会随之失去，甚至于会延及自己的后世子孙，使自己的宗族断子绝孙，危及整个族人的荣誉。所以，就应该明白一点，人应该还在年纪很小的时候，就会向善行善，而向恶的、不好的做法学习就会养成恶习，人在儿童的时候一天也不能失去对他的教育啊！所以规劝天下现在做儿童父母兄弟的人，一定不要认为昆虫蚂蚁之类这些物命微小而对它们不加救护，不要认为儿童年纪还小就对他们放任自流，不加管理。我们一定要使后辈儿童所看见、所听到的都是善行。即便是他们已经养成恶的品质，也要千方百计地对他们进行引导教育，更何况他们大多数的品质本来就是很好的呢！如果不这样做的话，儿童就会从小失去正确的教导，等他们长大后恶习已经形成了，我们到这时再后悔，就肯定是来不及了啊。

劝节日杀生者

[原文]

良辰美景，人逢之而色喜，物遇之而心伤者也。何则？人于此时，欢呼畅饮；物于此时，魄震魂飞。人于此时，骨肉团圞；物于此时，母离子散。人于此时，饰衣服，贺新禧，珍馐草芥；物于此时，血淋漓，肠寸断，肝脑沙尘。故节日杀生，第一残忍者所为也。试于操刀之顷，蓦地回光一照，虽佳肴在御，当必黯然神伤矣。《梵网经》有“不敬好时戒”，盖为此耳。

[译文]

吉祥的时辰和美丽的景色，每个人遇到了都会面带微笑，十分喜悦，但是生灵万物遇到此时反而会很伤心。为什么会出现这样喜忧不同的情况呢？因为，人们在这样美好的时刻，就会欢呼雀跃，杀鸡宰牛，开怀畅饮；而生灵在这时候，就会受到宰杀而魂飞魄散。人遇到良辰美景的时候，会亲朋骨肉团聚；而物遇到这个时候，会母子离散。人在这个喜庆的时候，穿新衣服，恭贺新禧，吃尽美味佳肴、山珍海味，餐桌上往往会是杯盘狼藉；而物在这个时候，却是支离破碎，血肉横飞，惨不忍睹。所以说，每逢佳节就杀生，是最残忍的事情。假如在操刀杀生的那瞬间，人们会突然地有所醒悟，即使是有佳肴摆在面前，也一定会黯然神伤，兴致全失了。《梵网经》中有言说，“遇到良辰吉日就杀生，是对杀生之戒律的极大的不尊敬”，说的就是类

似这样的事情啊！

劝祀先者（以下言享祀不宜杀生）

［原文］

祭祀祖先，不过尽报本之思而已。至祖宗来格与否，未可知也。何则？祖宗修人天之福，必生人天受乐。造三途之业，必在三途受苦。然享乐者少，受苦者多。故孝子慈孙，每遇节日忌日，但当虔诚斋戒，念佛持经，回向西方清净佛土，使祖先出轮回苦，是为真实报恩。至杀生以供鼎俎，徒增死者业障耳，遇明眼人，不胜悲悯。

［译文］

我们祭祀祖先，不过只是想尽自己报本的愿望而已。至于祖宗来还是没来，没有人知道。为什么这么说呢？祖宗如果是修人天之福，积累善行的人呢，那一定会受到上天的护佑，在天上享乐；假如祖先们在前世造下了众多的孽缘，那就一定会受到三途奔波折磨的痛苦。但总的说来，祖先们在天上享乐的少，而遭受痛苦的却很多。所以，所有的孝子和慈孙们每当遇到节日和忌日的时候，只能虔诚地进行斋戒，并念诵佛经，希望能够接近西方的极乐清净佛土，使自己的祖先脱离轮回折磨的痛苦。孝子们只有这样才是真正地向祖先报答恩情。如果以杀生来祭祀祖先，那样只不过白白地加重已死的祖先们的孽障罢了。能看懂这一切的人，每当遇到这样的祭祀祖先的事，就会忍不住感到伤悲，对他们的做法感到无限悲悯。

劝祷祀神祇者

［原文］

世俗认造罪为烧香，以逆天为修福者，莫如祷赛。祷赛中最可恨者，莫如代人保福。盖寿夭生死，皆宿世因，业果既定，不可复逃。譬如官吏奉旨摄人，衙役岂因口腹之故，代其上击登闻，挽回圣旨乎？所以堂中献神，室内气绝者，举目皆是。而沿习成风，皆口腹小人误之也。小人见人疾病，辄（zhé）敛金杀物，以媚邪神。主人愚痴，不知病者阴受其祸，反以为德，不亦重可怜乎？普劝世人，凡遇有疾者，宜劝其作善消灾，诵经礼忏。如病势危剧，必劝其专心念佛，求愿往生，是为无边功德。慎勿听巫卜妄言，使病人以苦入苦也。

［译文］

凡俗世人都认为烧香拜佛是造的罪孽，认为违背天理是修福，做这些事情还不如向神祈祷以还自己的愿望。向神祈祷的过程中，最可恨，最不可原谅的，莫过于替代别人保受福禄。只因为人的出生和死亡，都是前生所种下的因果，既然何时生、何时死都已经成为必定难以改变的，人就不可以再逃脱。比如官吏奉皇帝的旨意抓罪犯，难道因为同情口蜜腹剑的犯人的原因，就代替犯人击鼓鸣冤，以使皇上听闻这件事，挽回已经颁发的圣旨吗？所以在厅堂中祭祀鬼神，但屋里的人已经气绝身亡的事情，到处都会遇到。如果承袭这种做法成为风气，究其原因，都是口蜜腹剑的小人们导致的啊！小人们看到人有病，就收受钱财杀害生灵，百般讨好那些邪恶的神灵。而为病人祈福的主人却很愚笨痴呆，不明白他已经给得病的人种下了更大的祸患，而自己还反以为是为病人积下了功德。这样的人，实在是太可怜了啊！所以，奉劝世间的人，凡是遇到有病的人，就应该劝他多行善事，多修福禄，念诵经文，在佛面前对以往的罪孽忏悔礼拜，这样才能消灾免祸。如果病人病情加剧，就一定要劝诫他专心念诵佛法，发愿往生。只有这样，才可能修得到无边的功德啊！一定不要听信那些巫卜所说的轻狂之言，那样只会使病人陷入更加痛苦的深渊。

下附征事　关公护法（道书《关帝经注》）

［原文］

关公讳羽，字云长，后汉人也。没后奉玉帝敕，司掌文衡及人间善恶簿籍，历代皆有徽号。皈依佛门，发度人愿。明初，曾降笔一显宦家，劝人修善，且云：“吾已归观音大士，与韦驮尊天，同护正法，祀吾者勿以荤酒。”由是远近播传，寺庙中皆塑尊像，显应不一。

（按）余阅道家书籍，见有《文昌忏》三卷，系帝君降笔。其言纯用佛书，虽不及《梁忏》之圆融广大，然其归信三宝，殆不亚于关公也。因叹二帝现掌文衡，一应科场士子，皆经其黜陟（chù zhì），出天门，入地府，威权如此赫濯（zhuó），然且倾心归向，则佛法之广大，不待辩而可知矣。孟子以伯夷、太公为天下父，曰：“天下之父归

之，其子焉往？”余于二帝亦云。

[译文]

三国时期的关公名讳为羽，字云长，是蜀汉人。他死后奉了玉帝的命令，主持着文昌府的管理，他主管人间人们取得功名和禄位等这些事情，还掌管着人间的积善行恶的簿册，这簿册上记载得很详细，历朝历代都有封号记载。很多人都皈依佛门，希望完成自己前世的夙愿。明代初期，这本书曾花笔墨记载了一位显赫的官宦人家，他们劝人修德行善，说：“我已经皈依了观音大士，现在协同韦驮尊天，正共同保护正法，所以不要再用那些荤酒来祭祀我了。”因为这件事，这个官宦的事迹远近流传，有的人还在寺庙中为他塑了一尊像，以彰显他的事迹。

（按）我阅读道家经典书籍的时候，看到其中有《文昌忏》三卷，是帝君挥笔而作的。这三卷的语言都用的是佛教用语，虽然比不上《梁皇宝忏》这本书圆融广大，但他信崇佛法三宝的虔诚态度，却不亚于关公。所以我不禁感叹，虽然现在二帝主持着文昌府的政务，并且人们的功名和禄位都由二帝来做出决定。他们整日威风凛凛，可以随意出入于天门和地府，威权这样显赫，但尚且诚心地皈依佛门，由此可知，佛法的广大，真是不用分辨就可以明晓了！孟夫子认为伯夷、太公是天下世人的父亲，说：“连天下人的父亲伯夷、太公都归顺了文王，那么，他的儿子们——全天下的世人还能逃到哪里去呢？”我自己以为关公和文昌二帝也是如同伯夷、太公一样。

劝宴客者（以下言宾燕不宜杀生）

[原文]

世人皆恶吃亏，而人人做吃亏之事。世人皆畏堕落，而在在种堕落之因。有人于此，父母无故而詈(lì)之曰：“尔乃犬豕，尔乃异类。”彼必愀然不乐，愠父母之辱已矣。夫犬豕异类之名，既恶之唯恐不至，则犬豕异类之实，宜绝之唯恐不深。独至宴客，辄(zhé)炰鳖烹鱼，屠鸡割凫，惧以三途之苦报而不悟。岂非但恶虚名，不畏实祸耶？《楞严经》云：以人食羊，羊死为人，人死为羊。食余众生，亦复如是。死死生生，互来相啖(dàn)，恶业俱生，穷未来际。佛无诳(kuáng)语，何敢不信？故知割鸡者得鸡报，屠犬者得犬报，理所必然。呜呼！向虽父母詈我而不受，今为他人口腹为之。向虽父

母詈我而不受，今为一时欢笑为之。是亦不可以已乎？

［译文］

世间的人都讨厌让自己吃亏，但是在人世间每个人却都做过令自己吃亏的事情。世间的人都担心自己会走向堕落，但人们在世间却到处种下令自己走向堕落的因子。有人会遇到这样的事，自己的父母有时会平白无故地狠狠骂自己："你是猪狗，你是牲畜。"听到这样的话，人们一定会改变自己的神情，变得很不愉快，反而怨恨自己的父母把自己的脸面给侮辱了。这样连猪狗这类的名字都害怕会加到自己身上，那么如果成为猪狗这样的事实就是更加让他恐惧的事情了。只有到宴请宾客的时候才杀鸡屠鳖，宰鱼烹凫，这样使自己堕落到三途苦报却还不知道觉悟，难道这不是只嫌恶虚名，却不害怕事实的发生吗？《楞严经》一书中有言："因为人吃羊，所以人死去后就变成了羊，而羊死后就又投生为人，这样生生世世，人和羊互相吞杀。我们吃其他的生灵，也是同样的。这样的恶业永远延续下去，再也没有结束的时候。"佛从来不说谎话，怎么能让人不信任呢？所以，我们就应该明白，在今世杀鸡的人，来世就得到作一只鸡的报应；善于杀狗的人，来世就得变为一只狗。这是理所当然的事情。真是可悲啊！以前连自己的父母骂自己是牲畜都不能接受，今天却最终成为牲畜这样悲惨的事实；从前连自己的父母骂自己是畜生都不能忍受，今天却因为贪恋一时的欢笑，逞一时的口腹之快而让这些成为悲惨的事实。这实在是太愚昧蠢笨了吧！

卷二 因果劝（下）

劝求功名者（以下言求福不宜杀生）

［原文］

海内操觚(gū)之士，夙(sù)而兴，夜而寐，继晷焚膏者，曰为求功名也。父诏子，师勉弟，惟日不足者，曰为求功名也。然而少年之士，每有早掇巍科，博古之儒，往往怀才不售。非荣枯得失，操之者天耶？既操之天，则合天而天佑之，违天而天弃之，必然之理也。戒杀一端，文人每视为缓图，以为此特佛氏之教耳。噫！岂佛氏好生，吾儒独好杀乎？昔程明道，主上元县簿，见乡多胶竿以取鸟者，命尽折其竿，然后下令禁止（出《宋史》）。而吕原明，得程氏正传，然累世奉佛，戒杀放生。为郡守时，署中多蓄笋干、鳆鱼干，以代水陆生命（见《圣学宗传》）。彼诚见好生恶

死，天心所在，不可违耳。人能以天地之心为心，则福禄随之矣。

[译文]

人世上刻苦读书写文章的人，都是早起晚睡，废寝忘食，一心只想科考高中、金榜题名，以求取功名利禄。父亲这样告诫自己的儿子，老师也总是会这样激励自己的学生，让他们抓紧分分秒秒，刻苦努力，一心只为求得功名，得到利禄。但是，那些年纪不大的青春少年，时常会得中，金榜题名，而那些博文多才、通古知今的老儒者，却往往会不得重用，怀才不遇。这样看来，荣耀和枯损、获得和失去，难道不是受到上天的主宰吗？既然人世间的事情由上天来决定主宰，那么只要是符合上天心意的人上天一定会护佑他，而违背上天心意的必定会遭到上天的鄙弃。不要杀生这条戒律，文人学者们常常以为以后可以慢慢地来，不必急在一时，以为这件事只不过是佛法的教条罢了。这种想法真是可悲可叹啊！难道只有佛氏有好生之德，而我们这些读书人却偏偏爱杀生吗？在历史的记载上，程明道任职元县簿的时候，他看到乡里人大多用胶竿来捕猎鸟，就立即命令把乡里所有的竹竿都全部折断，之后还下令禁止再出现打鸟的事（出自《宋史》）。吕原明得到了程明道的正式传授，但是他家里的人多信奉佛法，早就做戒杀放生这些事。等他任职郡守时，官署中存储了很多笋干、鳆鱼干，用这些食物来替代水陆生灵（见《圣学宗传》）。他们这些人都确实意识到了喜好生存厌恶死亡才是上天的心意所在，这种心意是不可以违背的。人如果能把天地之心作为自己的心，那么他就会得到福禄了，幸运就会永远跟随着他了。

下附征事　帝君示梦（《护生编》）

[原文]

明末，蜀士刘道贞，客至。将割一鸡，忽不见。客坐良久。欲杀一鸭，忽又不见。索之，见同匿暗处。鸭以首推鸡出，鸡亦如之，相持甚力而无声。刘悟，作《戒杀文》劝世。辛酉七月，其友梦至文昌殿。帝君揭一纸示之，曰：“此刘生《戒杀文》也，今科中矣。”寤(wù)而语刘，刘不信。榜发，果符其言。

（按）禽兽与人，形体虽异，知觉实同。观彼被执之时，惊走哀鸣，逾垣(yuán)登屋。与人类当王难被擒之时，父母彷徨莫措，妻孥攀援无从，异乎不异？观彼临刑之际，割一鸡，则众鸡惊啼，屠一豕，则群豕不食。与人类当劫掠屠城之际，见父母血肉淋漓，

求子图

佛讲求子者必要积大德大善，才能挽回没有子嗣的命运。在佛看来，不惜重金娶妻纳妾，不惜重金买药医治，都是求子者舍本逐末的做法。

妻孥节节支解，异乎不异？观彼宰割之候，或五脏已刳，而口犹吐气，或咽喉既断，而眼未朦胧。与人类当临欲命终之候，痛苦欠伸，点头熟视，异乎不异？即鸡鸭之私相推诿，世人当痛心而镂骨矣！

［译文］

明朝末年，四川有个读书人名叫刘道贞，他的家里有客人来访，他就想杀一只鸡，但他家的鸡却突然跑丢不见了。这位客人坐着等了很长时间。他又想去杀一只鸭来款待客人，但这只鸭子也忽然不见了。仔细一查找，他看见那只鸡和鸭子一起藏匿在昏暗的地方，那只鸭子用头拱推那只鸡，让鸡出来，鸡却用头推拱鸭让它出来受死，它们相持不下，就相互沉默着不发出声音。刘道贞看到这一幕，心里很受触动，之后就写了一篇有关戒杀的文章来规劝世上的人。辛酉年七月，刘道贞的朋友梦见自己到了文昌殿，帝君为他揭开了一张纸让他看，并对他说："这是刘道贞的戒杀文，他已经科考得中了。"他梦醒后把这个梦告诉了刘道贞，刘道贞不相信。发了榜单之后，成绩果然是这样，刘道贞果然得中，这才使朋友所说的话得到了应验。

（按）禽兽和人类，虽然体形不同，但他们的知觉实际上是相同的。每当那些禽兽们被捕捉的时候，它们就会惊吓得到处奔走，发出阵阵惨痛的哀鸣，它们跳墙爬崖；我们人类被捕杀的时候，自己的父母为自己感到无限的苦闷彷徨，自己不知道该如何应对，妻子和孩子奔投无路；这种恐惧和慌乱是相同还是不相同呢？看那些禽兽将要被杀害的时候，如果割杀掉一只鸡，其他的鸡就会发出哀啼，如果宰杀一头猪，其他的猪都会悲痛地吃不下食物；我们人类被抢劫掠夺，遭受到战乱烧杀屠猎的时候，亲眼看着自己的父母伤残，看到自己的妻子和孩子命丧，这种痛楚和悲伤相同还是不相同呢？看那些禽兽将要被宰杀的时候，有的时候五脏都已经被全部剖开，但它们口里还在惨痛地吐着最后几口气，有的咽喉已经被截断了，但它们的眼睛还没有闭上，这和我们人类临近死亡、生命结束断气的时候，那种痛苦万分、惨痛万状的情形，是相同还是不相同呢？看到了鸡和鸭相互推诿的事情后，我们就应该对杀生的残酷体会得铭心刻骨了。

劝求子者

［原文］

富家无子，挥金纳妾者有之，重价市药者有之。然求之愈切，得之愈艰，何哉？盖三界中定业，苟非大善，不能挽回。古来无

子之人，往往因一念觉悟，勇猛修德，因而连生贵子者，指不胜屈也。求之不得其道，而徒怨天尤人，致慨宗祧之失守，亦惑之甚矣。

[译文]

从前，一个非常富贵的人家，他家没有生下儿子来继承自己的家业，所以主人就不惜花费重金来娶妻纳妾，不惜花费众多的金银来买药为自己医治。可是，他希望获得儿子的心情越是迫切，得到儿子的希望就越是渺茫。为什么会这样呢？因为三界之中就已经注定，假如人不积大德、不行大善的话就不会挽回自己所希望获得的东西。自古以来没有儿子的人，都常常是因为自己的一念之间而立刻觉悟，于是就迅速地进德修业，所以接连生下几个贵子，这种情况很多，真是数不胜数。想要个儿子却不得正确的方法，只是抱怨满腹，怨天尤人，以至于自己没有留下后人，使自己的宗族失传，这也太昏惑了啊！

下附征事　放生得子（《广仁录》）

[原文]

元朝一富商求子，闻太岳真人召仙判事有验，因往叩之。判云：“汝前生杀业多，使物类不能保有子孙，故得斯报。今放满八百万生灵，方可赎罪。若误伤一虫，须放百灵以准之。挽回造化，是为第一。”商即立誓戒杀，捐资放生。未几，得一子，以孝廉出仕焉。

（按）《华严经》云：杀业之报，能令众生堕于三途。若生人中，得二种果报，一者多病，二者短命。富商杀业甚多，而报不过无子者，想既受三途之正报，而后受无子之余报，未可知也。否则或宿世福力尚厚，先受无子之华报，而后受三途之果报，亦未可知也。今能赎前过恶，回心向善，自应免祸获福矣。

[译文]

元朝的时候有一个富商想生个儿子，就到处打听。突然听说太岳真人可以招来神仙，借神仙之力来完成自己的心愿，非常灵验，他就前往拜见太岳真人。太岳真人就告诉他说："你前生所造下的杀业太多，致使物类都绝种了，所以今世才有这样的回报。今世你必须放生八百万生灵的性命，才可以赎回前世的罪孽。如果失误伤到了一条虫子，就必须再放生一百个生命才可以。如果你想要挽回自己没有儿子的命运，这是你需要做的最重要的事了。"这个商人就立刻发誓自己以后不会再杀生，并捐钱财放生生灵的性命。没有过多久，他就得到了一个儿子，后来他的这个儿子还因为孝顺廉洁而出仕做官了。

（按）《华严经》一书中有言说：杀生得到的报应，能够使众生堕落到三途之中。如果今生人当中，就会得到二种因果报应。一个是体弱多病，二个是生命的短暂。这个富商的前生所杀的生灵太多，但现在对他的报应只不过让他没有儿子罢了，我们就此可以推断他已经遭受到了三途的正报，现在再次遭受没有儿子的余报。如果不是这样的话，就是前世积下的福禄再多、再深厚，也得先遭受没有儿子的华报，再遭受三途的因果报应。如果今天能为过去所做的恶业进行忏悔，一心向善，那么自然就应该能够免除祸患获得福禄了。

劝求寿者（以下言疾病不宜杀生）

［原文］

人既乐生恶死，当知趋吉避凶。吾与物类同禀天地之气，吾爱天所生，天亦爱吾生。吾愿物不死，物亦愿吾不死。今人自少至壮，自壮至老，无适而非杀。方其甫离母腹，即称庆而杀生。未几弥月矣，复杀生。未几周岁矣，又杀生。长而就塾，以膳(shàn)师而杀生。继而议婚，因纳吉而杀生，请期而杀生，成婚而杀生。况子复生子，子之子复周岁、复就塾、复议婚，辗转无非杀生也。有女者，女出阁而杀生。信邪者，祀神故而杀生。好客者，宴宾故而杀生。多病者、贪味者，为口腹而杀生。加之步履杀，树艺杀，随喜杀，赞叹杀。积之一生，将为吾毙者，不下百千万数。以是求长寿，可得乎？普劝世人，欲冀延年，先持杀戒。杀戒既持，延年可必矣。

［译文］

既然人都是贪生怕死的，就应该懂得避开凶险而向吉祥靠近的方法。我与天地万物其他的种类都共同接受天地的灵气，我喜欢天所生出的万物，天也喜欢让我快乐而生。我希望万物能够常青而不死，万物也就会希望我不死。现在的世人从小到

祀天遇佛

人乐生而恶死。求健康长寿的人，要想延年益寿，就应当先持杀戒。如果能够不杀生，健康长寿就容易求得了。边境有一国王名和墨，他的母亲身患重病，经年不愈。国王向婆罗门求问办法，婆罗门说："需备牛马猪羊百头，杀以祀天。"国王准备杀百牲以祀天。佛怀慈悲，劝道："要得谷食，当行种田；要得大富，当行布施；要得长寿，当行大慈；要得智慧，当行学问。行此四事，随其所种，得其果实。以牛羊祭祀，只能增罪减寿，如何能得延生？"国王自此之后，信敬三宝，爱民如子，常行十善，他的国家五谷丰登，人民安乐。

长壮成人，再从强壮的中年走到生命的衰老，这中间无时无刻不在杀生。当人刚刚离开母亲肚子时，人们就会为庆祝他的出生而杀生。过不了多长时间，孩儿就会满月了，为了庆祝他的满月，人们又会杀生。没有多长时间这孩子就满一周岁了，家人为了庆贺又会杀生。等他长大读书了，又会因为招待这孩子的老师而杀生。等他到了结婚的年龄，就又会接着商定他的婚礼，就会又因为选择良辰吉日而杀生，请期订婚而杀生，为他举办婚礼而杀生。这样一代一代传下去，儿子又生儿子，儿子的儿子又满周岁，他再读书，再议婚，这中间都无不需要杀生庆贺。生有女儿的人家，女子因为要出嫁，庆贺她的婚礼要杀生。崇信邪教的人，会因为祭祀神灵而杀生。好款待宾客的人，会因为宴请宾客而杀生。体弱多病的人，和贪吃口味的人，都会为了满足自己的口腹需要而杀生。这些再加上因步履而杀生，因种植树艺而杀生，因为随喜而杀生，因为赞叹而杀生，如果这样积聚一生，被我们所杀害的生灵的生命不会少于百千万个。如果这样来求长寿，是可以求得的吗？所以要规劝世间之人，如果想要延年益寿，就必须先要持有不杀生这条戒律，如果能做到不杀生，那么就可以求得长寿了。

下附征事　救蚁延生（《经律异相》）

[原文]

一比丘得六神通，与沙弥同处，定中见其七日当死，因遣省亲，谕以八日再来，盖欲其死于家也。至八日，沙弥果来。比丘复入定察之，乃知沙弥于归路时，见流水将入蚁穴，急脱袈裟拥住。以是因缘，寿至八十，后成罗汉。

（按）经云：“人不杀，得长寿报。”观于沙弥而益信。

[译文]

一位比丘靠自己一世的修行，得到了六神通的称号，有一位沙弥跟随左右侍候他，比丘入定后，看到这个小沙弥七天以后也将会命丧，就让他远远地离开这里，回家去探亲访友，告诉他过八天以后再重新回来，意思是想要他死在家里。可是等到了第八天，这个小沙弥就真的又回来了。比丘再入定观察，才发现沙弥在回家的路途中，看到凶猛的流水将冲进蚂蚁窝里面，就赶快脱下自己身上的袈裟把洪水给挡住了，这样才使得蚂蚁的窝没有遭到冲毁。因为这件善事，他就增寿到了八十岁，后来又修成了阿罗汉。

（按）经文上说，人如果不杀生的话就会得到长寿的善报。这种说法可以从小沙弥这件事情来得以证明，就应该更加令人确信无疑了。

劝持斋（此篇是戒杀之究竟）

[原文]

刀兵之难，在于人道，约数十年一见，或数年一见。至于畜生道，则无日不见者。普天之下，一遇鸡鸣，即有无量狠心屠户，手执利刀，将一切群兽，奋然就缚。尔时群类，自知难到，大声跳踯(zhí)，动地惊天，救援不至，个个被人面罗刹裂腹刺心，抽肠拔肺。哀声未断，又投沸汤，受大苦恼。片刻之间，阎浮世界几万万生灵，头足异处，骨肉星罗。积其尸，可以过高山之顶。收其血，可以赤江水之流。览其状，惨于城郭之新屠。听其声，迅于雷霆之震烈。如是所造无量恶业，其端皆为吾等食肉所致。则食肉之罪，招报亦不轻矣！世人动云："吾未尝作恶，何必持斋？"呜呼！岂知君辈偃(yǎn)息在床之时，即有素不相识之人，先为君辈造过恶业乎？又况身体发肤，受之父母，不可以异类血肉，供其滋养。曾见医书云："孕妇食蟹，多遭横产。"又云："男子食雄犬，势可以壮阳。"夫蟹性横行，食其味者，即得横行之性，所以横产。犬性最淫，食其味者，即得淫欲之性，故能壮阳。蟹与犬如是，则一切鸟兽鱼鳖亦必如是。今人自少至老，所食水陆之味，不可胜数。积而久之，则周身之血肉骨髓，大可寒心。故知持斋一事，诚为清净高风。未持杀戒者，不敢即以此相强。既持杀戒者，安得不以此相勉哉！

[译文]

至于刀兵相见这样的灾难，在于人为而得，大概数十年遇到一次，也或许几年出现一次。至于牲畜遭到屠宰，这样的灾祸则没有哪一天不会见到，几乎每天都在发生。天下之大，只要早晨公鸡一开始啼叫，天刚蒙蒙亮，就会有无数心狠手辣的屠户，手里拿着尖锐的利刀，开始把一切的动物，捆缚起来，准备开始一天的宰杀。这个时候这些牲畜物种，自己已经明白大的灾难已经降临在身边，它们惊吓得发出凄惨的号叫，惊慌得到处跳跃，它们死前所做出的挣扎真是让人感到心惊胆战。但是如果没有等到救援来临，它们就会一个挨一个被宰杀，刺中它们的心脏，剖开它们的肚腹，抽出它们的肠拔去它们的心肺，只听到它们不断地哀鸣，之后它们又会

被投进煮开的沸汤中，受尽折磨和煎熬，它们只感到无限苦恼。顷刻的时间，在阎浮世界，几万万的生灵，就会头足散失，骨肉剥离。如果累积它们的尸首，高度可以超过高山的最顶峰；收集宰杀它们而流的鲜血，可以使一江之水红遍大江南北；看到这样的情形，真是比战火屠杀城里的老百姓更加凄惨；听到它们死前那种哀伤的叫声，真是比晴空响雷更加让人触目惊心。犯下这么大杀生的冤孽，探寻其原因，都是因为我们吃肉的缘故。所以，吃肉所要得到的恶报，今后肯定是不会小了。世间的人们动不动就会说："我没有做过坏事，为什么要持斋念佛？"拥有这种想法的人，真是很可悲啊！难道在你患病卧床不起的时候，即有与你素不相识的人，先前为你犯下过恶业吗？又何况人的身体和头发、肌肤，都是我们从父母那里得来，绝对不能够用异类的血肉来供我们滋养。曾经见到医书这样说："孕妇如果吃螃蟹的话，大多会遭流产的厄运。"又说："男子如果吃雄的犬，便可以壮阳。"这是因为螃蟹本性横行霸道，而贪食它的美味的人，就会得到横行的品性，所以会导致横产。而犬本性最为淫烂，贪求它的美味的人，就自然会淫欲之性大发，所以说能够壮阳。蟹与犬是这样，那么一切的鸟兽和鱼鳖也同样都是如此。如今之人从幼儿到少年，再到年老，所吃的水陆美味，数也数不清。这样日积月累，全身的血肉骨髓就完全可以让人寒心。所以明白持斋念佛这件事，确实是可以让人心性清净的。没有持这种杀戒的，就不敢立刻让他这样勉强而为；而对于那些已经持有杀戒的人，怎么能不让他们以此作为借鉴相互勉励呢？

下附征事　持斋免溺（《观感录》）

[原文]

康熙二年，有渔舟泊小孤山下，夜闻山神命鬼卒曰："明日有两盐船来，可取之。"至晨，果有两船至。风波顿作，几没数次，久之得免。是夕渔舟仍泊故所，闻山神责鬼使违命。鬼曰："余往收时，一舟后有观音大士，一舟前有三官大士，故不敢近耳。"次日，渔人追问盐舟。盐舟人不信，思之，忽悟曰："有一操舵（duò）者，持观音斋。一拦头者，持三官斋也。"

[译文]

清代康熙二年（1663）的时候，有一条渔船停泊在了小孤山之下，渔夫夜里听得到山神命令小鬼卒们说："明天将会有两条运盐的小船从这里经过，应该把它打得沉没到水下，然后捉拿船上的人。"到了第二天清晨，果然就有两条船经过此地了，这时风波突然兴作，差点让船沉没，船浮浮沉沉了好多次，过了很久才脱离了危险。

这天夜晚，这条渔船仍然停泊在了昨天停的地方，这时渔夫又听到山神对这些小鬼卒的严厉责问，呵责他们违反了自己的命令。那些小鬼说：“我们正要拿下的时候，看见一条船的后面有观音大士，一条船的前面有三官大士，所以就不敢再接近他们了。”第二天，渔人就追赶上了盐船，把这件事告诉了盐船人。盐船人不相信，经过思索，就忽然大大醒悟，说：“我们这有一个掌舵的人持观音斋，一个拦头的人持三官斋。”

卷三 辨惑篇

释生物养人之疑（凡六辨）

[原文]

问：惟天地万物父母，惟人万物之灵。天生异类，本为养人，禁之宰杀，逆天甚矣。

答：既知天地为万物之父母，奈何不知万物为天地之赤子？赤子之中，强凌弱，贵欺贱，父母亦大不乐矣。倘因食其肉，遂谓天所以养我。则虎豹蚊虻（méng），亦食人类血肉，将天之生人，又为蚊虻虎豹耶？

问：然则天何不禁人之杀？

答：天固禁之，故累示杀报。其不能人人禁者，亦犹不能禁虎豹蚊虻耳。

问：审如是，则鸟兽鱼鳖，皆可不生，今何充满于世？

答：此等皆自业所致，若归其故于天，天亦不公甚矣。倘云得天地之戾气，所以为物，试问何以独得戾气？

问：天下物类甚多，人人戒杀，则蕃息日盛，将来竟成禽兽世界，奈何？

答：蚯蚓虫蛇，人所不食者也，岂见充满于天下？况世间禽兽之多，正因杀禽兽者多耳，冤冤相报，互为畜生，则成禽兽世界。若人人戒杀，则物类业报渐销，必人天增盛矣。楚不捕蛙，而蛙反少。蜀不食蟹，而蟹自稀。非明验乎？且子杀犹未戒，遂虞物类之多。与耕田未下种，先忧天下之胀满者，何异？

[译文]

问：天地滋润了大地万物，而人却是万物的灵长。那些飞禽走兽，本来就是供给人让人们食用的，如果现在禁止屠宰这些动物，让人天天吃素，这不就是忤逆了上天的意思了吗?

答：既然你明白是天地滋养了万物，天地是万物的生父生母，那么大地上的万事万物就是天地的孩子，就不应当恃强凌弱，凭着人是万物的灵长就彼此互相残杀，自己凭借着人的尊贵地位而欺侮那些卑下的物类，如果是这样的话，会使天地父母看到了伤心并感到不快乐。假如因为你吃了其他牲畜的肉，就说天地是用这些牲畜的肉来滋养我的，那么（按）此想法推断下去，老虎、豹子吃人肉，蚊子、水蛭等吸食人的鲜血，也就应该可以这么说，天地之所以让人存在，是为了喂养哪些蚊子、虫子和水蛭、虎豹之类的了。

问：既然是这样，那上天为什么不阻止人杀生呢?

答：不让人杀生是上天本来就有的意图，正因为这样我们才时常看到世间的人因为杀生所受到的惩罚和恶报，这就是上天有意让人们看到并想催促人们赶快警醒的。但是我们不可能完全禁止所有的人都杀生，就像根本没有办法禁止老虎和豹子吃人、蚊子水蛭等动物叮吸人血一样。

问:既然如此，那些飞禽走兽和水中的鱼鳖之类的生物就完全可以不必出生了，但为什么它们又偏偏遍布这个世界的各个地方呢?

答:这是因为它们这些物类是本身前世的因缘业力关系才转世轮回成为异类的，如果要找其中的原因的话，就只能把它归之于天，这样推算的话上天就显得太不公正了。假如说它们是因为得了天地的乖戾恶气才成长为异类的，那么请问为什么只有它们这些物类单单沾染上戾气呢?

问：世界上的飞禽走兽种类非常多，如果每个人都不再杀生，它们繁殖得就很快，也会有越来越多的数量，如果这样发展下去，那将来的世界岂不是会变成一个禽兽主宰的世界了吗?

答：至于蚯蚓和虫蛇，这些动物，人是不吃它们的，但是我们并没有看见满世界都是蚯蚓和虫蛇啊。世界上牲畜之所以多，正是因为杀害它们的人多，这是冤冤相报的结果。人如果今生杀害牲畜，来世就会变成畜生来还今世的债，这个世界也因而就真的成了禽兽的世界了！但如果人人都能戒杀，那么我们每个人就不受来世变为畜生的因果报应了，这样将来人们升入天界的就会很多，而沦为畜生的就很少了。比如楚国人不捕食青蛙，但是楚国的青蛙数量反而变得少了，蜀国人不吃螃蟹，但在蜀国螃蟹反而很难见得到，这些事情不就是确定无疑的证明吗？今天你还没有戒杀，就首先担忧将来牲畜会多起来，主宰这个世界，这不是很荒唐吗？就好像在田地里还没播下种子就担心起天下人以后会因为贪吃这类食物而吃胀肚子一样，十分荒谬可笑啊！

佛度屠儿

有五百外道，常伺机要寻求佛的过失，以作为诽谤攻击佛的依据，但总是徒劳。于是，便相议设一圈套，使屠儿杀生，而后请佛及僧。佛若受请，必赞叹屠儿。我等即可上前共讥之。屠儿依教前往请佛，佛即受请。世尊来到屠儿家，观察众机，知有应可度之人，便说偈咒愿。而后说道："圣人设教，教人以道德存心；而愚痴小人反生嫉妒。要知道，为恶行恶，终必自得恶果，如种苦种；习善行善，必得善果，亦如种甘种。恶自受罪，善自受福，善恶因果，缘熟各自受报，两者互不相代，亦互不抵消。"五百梵志听了，意自开解。许多屠儿听佛说法，心生欢喜，皆得道迹。

[原文]

问：天既恶杀，当使血肉之味，尽变为恶臭难堪。则普天之下，自然戒杀，不亦善乎？

答：禽兽血肉，原系恶臭难堪。世人食之，见为美者，其故有二：一物类业报所致，二人类业报所致。物类之报，未当解脱，其身自然变成美味，引诱世人宰割。人类之报，未当解脱，其舌自然贪爱肥甘，多方借其重债。若彼此业习俱尽，自无饮血茹毛之事。譬如有人，前世为猫，念念捕鼠。前世为鹤，念念吞蛇。若转世为人后，不复思此二物。可见一种形骸，一种嗜好。嗜好不同，从形骸(hái)起。形骸不同，从业缘起。业缘不同，又从心起。天不能化其心之善，安能变其味之恶？

问：杀生为业者，仰事俯育皆赖此，劝之改业，绝其生路矣。爱物不爱人，吾不取也。

答：杀生为业，犹漏脯救饥，虽暂得衣食，而千万劫受苦，未有了期也。正惟爱之，故劝改业。反谓绝其生路，则细人之见矣。

[译文]

问：既然上天那么痛恨人类杀生，就应当让牲畜的血肉变得极其恶臭难闻，这样人们就自然不会宰杀它们而作为自己的食物了，这样人类不就自然戒杀了吗？

答：牲畜的血肉味道本来就恶臭很难闻，但是人们吃起来反而觉得很美味，这其中有两个原因：一是这些牲畜的业报所导致的，因为它们的业报还没有停止，所以它们的血肉就自然变成美味佳肴了，引诱人们去宰割食用；第二个原因是人类自身的业报所导致的结果，所以人的舌头如果特别贪爱美味，就会使人的业债越积越多，假如除尽人的业习，就自然不会再去贪婪地食用众生的血肉，并且把它们作为美味佳肴了。正像有的人一样，他们过去前世是一只猫，每个念头都是捕捉老鼠，他们过去前世是松鹤，就时时刻刻想吞食蛇，但是一旦它们转世投生成为人，从此就不再总想着捕鼠吞蛇了。由此可见，有什么样的形体就有某种爱好，人的嗜好不同，是因为形体有所差别，形体有差别，是由于他们的业力因缘不相同，而业缘不相同，是由于人们用心的程度不相同，有的人行善而有的人却总是作恶。连上天尚且不能掌控人们用心的善与恶，上天又怎么有能力改变牲畜血肉的味道，是美味还是恶臭难闻，让人恶心呢？

问：屠夫和猎户这些人都是以杀生作为自己的职业，他们就靠屠宰牲畜而养家糊口，维持自己的生活所需，如果你劝诫他们不杀生，这不是断绝了他们的生路，让他们没法继续正常生活了吗？这样爱护牲畜而不爱护人的做法，我认为是十分不正确的。

答：屠夫和猎户这些人以杀生作为自己的职业，他们虽然暂时会得到一些维持生活的衣食，但是会因此而遭受到千万劫难和因果业报，而且没有走出这种恶报的时候。我这正是因为爱护他们，才悉心地规劝他们为自己来世的生活活得更好，而重新寻找别的生计，而你却反而说是我断绝了他们的生路，这种看法真是小人的愚昧之见啊。

释荤血祷神之疑（凡六辨）

［原文］

问：祷神者，或求生子延寿，或求功名财货，舍牷(quán)牲，无以明敬，若何？

答：天地神明，好生恶杀。使物类无子以求子，减寿以求寿，丧命以求名利，无论天理不容，自心亦不忍矣。求子得子，后自不绝也。求寿得寿，命自不尽也。求名利得名利，运自当亨也。不宁惟是，甚有本宜得子，反因杀生而绝后，未可知也。本当延寿，反因杀生而减算，未可知也。本有名利，反因杀生而折福，未可知也。未也，此犹现生业报也。至轮转三途，迭相酬报，更无穷期也。徇一时世俗之情，受万劫难偿之苦，其此之谓欤！

问：假使父母有疾，医药既无片效，又不问卜求神，将束手待其毙耶？

答：大限既尽，天地且莫奈之何，何况鬼神。杀生拜祭，徒增业障耳。若爱亲出于迫切，生死不能了然，则用蔬肴酌献，可也。听小人邪说，必欲用荤，不可也。

问：凡持斋者，祭可用素。若出自食肉之家，慢神甚矣。

答：鹊独吞一腐鼠，凤凰决不起而夺之。

［译文］

问：向神灵祈求让他们保佑自己的后世子孙得到幸福，或者是向神灵祈求得到功名和富贵，如果不向神灵献上牺牲，又怎么能够表达自己对神灵的尊敬的情意呢？

答：天地万物中的神明，都毫不例外，喜好放生而厌恶杀生。如果你屠宰牲畜的子女而以此祈求得到自己的后嗣子女，用损减牲畜这些物类的寿命以追求自己现世的长寿，以牺牲畜类而期望求得功名利禄，这样做不但天理难以接受，就连自己的良心也应该会有所不忍心。求子而得子，是命中有子本不该绝。求寿而得寿，是命本该长寿。求名利得名利，也是命运本该亨达。本来你的命中是有子嗣的，但就因为你杀生的缘故说不定反而自己断绝了自己的后嗣；本来你是可以长寿，但是因为杀生，你反而可能变得很短命；本来你的命中是可以得到功名利禄的，但是因为你杀生反而会大大折了自己的福气。这些还只不过是今生一世的因果报应，更为让人畏惧的是因为杀生而令自己死后堕落到三大恶道之上，与今世所结下的这些仇家，冤冤相报，那样的话就再也不可能逃离出苦海，再也没有出头之日了。就因为自己一时间顺应世俗人情，导致将来遭到如此大的劫难和恶报，这才是真正令人感到悲痛和惋惜的。

问：假如自己的父母得了重病在床，向医生寻求医治都没有什么成效，如果不算卦，不向神灵为父母祈求福禄，难道自己就眼睁睁地看着父母因病而痛苦地死去吗？

答：遇到这种情况，假如是人的寿命已经到头，别说是鬼神，就是上天也救不了他。你杀生而向鬼神祈祷，这反而又会增加恶的业债。如果真的是亲情难以割舍，又不知道自己的父母是否还有医治救活的希望，可以适当地用一些蔬菜水果来敬献神灵，祈求神灵的恩赐，千万不要听信那些无知愚昧之人的话，去杀牛宰猪，牺牲猪羊鸡犬的性命去为父母祈福。

问：如果你的家里本来就是食素食的，用素菜来祭鬼神是完全可以的，但如果你自己吃肉，用素菜来祭拜鬼神就显得对鬼神十分不恭敬了。

答：不是这样的。这种情况就好比是喜鹊和凤凰。当喜鹊吞食一只腐烂的老鼠的尸体时，凤凰是绝对不会跟它争夺的。

［原文］

问：血食鬼神，后堕地狱，信有之乎？

答：岂惟鬼神，纵生非想非非想天，福尽还受其报。

昔摩耶夫人问地藏菩萨言："云何名为无间地狱？"菩萨答言："不问女人男子，或龙或神，或天或鬼，悉同受之，故称无间。"（出《地藏菩萨经》）神福既尽，轮转三途，理固然也。

问：均是神也，或血食，或不血食，何故？

答：宿世正直，故为神明。就正直中，瞋(chēn)心重者，必堕血食。慈心胜者，不堕血食。又因宿世布施作善，故为神明。若不知三宝，但修世间善事，则福胜于慧，必堕血食。若深信因果，于佛事门中布施，则慧胜于福，不堕血食。

问：人寿修短，若鬼神不能为主，宜乎祷之无验。而世有患病之人，百药不效，迨去问卜求神，其疾顿除者。则修短之数，鬼神操之明矣。安得不群然奉之？

答：前此之病，鬼神所致。后此之寿，非鬼神所延也。寿若未尽，不祷亦愈。命欲终时，祷亦无效。不过血食邪鬼，观衅而动，乘机索食耳。愚者但见适逢其会，遂深信不疑。见祷后病愈者，必曰此祷神所致也。见祷后随死者，又曰此不及早求神，故至此耳。呜呼！此等之人，吾决其世世为牷(quán)牲矣。

《譬喻经》云：鬼神知人寿命罪福，不能生人杀人，不能使人富贵贫贱。但欲使人作恶犯杀，因人衰耗而挠乱之，得设祠祀耳。

[译文]

问：如果享用用牲畜的血肉做成的祭品的鬼神，到最后会堕落到地狱，这种说法是可信的吗？

答：不仅享用血肉祭品的鬼神以后会堕落进入地狱，就是那些非想、非非想天的上天神人，如果享用这样的祭品以后，也是会遭到恶报的。

以前摩耶夫人曾经问地藏菩萨："无间地狱是什么样子的？"菩萨回答她说："不论是男还是女，是龙还是神，是天还是鬼，都会在无间地狱中受到回报，所以才称这个地狱为无间地狱。"（出自《地藏菩萨本愿经》）神灵的福报享用完了，依据业债轮回的三个恶道，得到回报这是自然而然的事情。

问：同样都是神，有的神享用的是血食，而有的神却不享用血食，这是为什么呢？

答：如果过去前世为人慷慨正直，那么现世就可以转为神灵。虽然前世很正直，但是有的人瞋心太重，所以会导致今世虽然为神但是嗜好享用血食。也有的是因为过去前世好布施，做了很多善事，所以现世才转为神，但他如果前世没有念诵过佛法，不晓得三宝是怎么一回事，只是修世间的善法，那么他得到的福禄就多而慧根很少，也必定会堕落进嗜血食这一类的神灵中。如果以往前世就崇信因果报应，亲近佛理佛法，并经常做善修德，对人进行布施，那么他的慧根就多于他得到的福禄，这样也就肯定不会堕入嗜好血食这一类的神了。

问：如果人的寿命的长与短，连鬼神都做不了主，那么即使向神灵祈祷也绝对不会奏效应验。但是世界上有一些生病的人，在人世间看尽医生，无药可医，一去向鬼神问卜祈求，病情马上就会缓解，病也会很快就好了，这就是人的寿命长短实际上是掌握在鬼神手中的这一看法的有力证明。既然这样，那么人们为什么不纷纷地去敬奉鬼神呢？

答：向鬼神祈求而病人的病得以痊愈，这只能说明这个病是因为鬼神而引起的。但他病好以后所剩下多长的寿命，就绝不是鬼神所能给予和掌控的了。如果他作为人的寿命还没有完尽，即使他不去向鬼神求助，病也一定会好；如果他的人寿已经到了尽头，就是向鬼神求救，也不会奏效，病也不会再好了。病是由于鬼神而引起，不过是一些邪鬼们作祟罢了，那些嗜血食的邪鬼们见机而行，趁着这个机会赚些牲畜的食物。而愚昧无知的人却认为是因为一祭鬼神病人的病就好了，便深信病人的痊愈是鬼神的功劳。见到祈祷之后不久病人死去了，又后悔说因为自己没有及早地向鬼神求助，以至于病人病死了。持有这种观点的人，我相信他们以后一定会世世转生投胎为畜牲。

《譬喻经》中说，鬼神能知道人的寿命的长短和罪业福报，但是鬼神并不能增长也决不能缩减人的寿命，更不能主宰现实之人的富贵和贫贱，但是鬼神能令人作恶、让人杀生。鬼神往往在人身体衰弱、精神萎靡的时候扰乱人，这不过是为了赚取人们的一些血食祭祀罢了。

释古圣教杀之疑（凡六辨）

［原文］

问：伏羲氏制网罟，以佃以渔，然则伏羲非与？

答：捕鱼网鸟，村夫童子皆能之，何待伏羲教诏？盖洪荒之世，鸟兽繁殖，不为之防，人将大困，伏羲教民御之，或未可知。否则或佃渔之事，兴于伏羲之世，亦未可知。若谓其教人杀生，吾恐渔舟无赖，皆为伏羲功臣，而解网纵禽，馈鱼使畜，反开罪不浅矣。

尸子曰：“伏羲之世，天下多兽，故教人以猎。”

问：伏羲之事，余既知之。但西伯养老，定母鸡、母彘之数，又何为？

答：古圣之政，有当因者，有当革者。如结绳变书契，巢窟

政信仁智

伏羲，传说中的中华人文始祖之一。相传伏羲创八卦、制九针，开中华医药之先河等。伏羲生而圣明，德合天地，代燧人氏以木德王天下，推五德之运，光理万物，明如日月，阴阳和静，鬼神不扰，四时得节，万物不伤，群生不夭，虽有诡智无所用之，此之谓至德。佛家认为杀生是大恶，有人就会问，那么教会人们捕鱼和打猎的伏羲怎么会被人们尊为圣人呢？或许，在那古老的洪荒之世，鸟兽繁殖，不加以提防，人将无法生存，伏羲是在教人们防御而不是教人杀生；亦或许只是捕鱼和打猎出现在伏羲那个时期而已，并不是伏羲所教。

变宫室，正不嫌于判古也。往昔以子弟为尸，使父兄叩拜趋承于下，何等颠倒！今唯设虚位，何等相安！则知不畜鸡彘，未始非善体文王意也。况五鸡二彘之说，不过谓岐周家给户足耳。笾(biān)豆之事，则有司存，圣人岂察及鸡豚耶？文王罔攸兼于庶言庶狱庶慎，岂鸟兽孳(zī)尾，而必核其数耶？夫物之不齐，物之情也，又岂能截然五之二之耶？以理断之，未必有其事也。不然，文王泽及枯骨，枯骨无知者也，无知者泽犹及之，有知者反欲杀之，所见出于童稚之下矣。故曰：尽信书，则不如无书。

[译文]

问：伏羲氏教会人们织网，教会人们打猎捕鱼，难道说伏羲这样做有错吗？

答：捕杀鱼和网猎鸟，这些村夫童子都会做，为什么用伏羲来教呢？这也许是在洪荒肆虐的艰难之世，鸟兽凶猛地繁殖，如果不对这些鸟兽加以提防，人将会失去生存的机会，所以伏羲才教民怎么去做防御，这种说法还是比较可信的。不然的话，也或许是捕猎打鱼的事情，是在伏羲生活的年代才兴起的，这也没人能说得明白。如果说是伏羲教会人杀生的，那么那些渔舟和无赖之人，就都是伏羲的功臣了。而解开网罗放生，反而是大大开罪了伏羲了。

尸子说：伏羲生活的时代，因为天下兽类太多，十分横行，所以他才教人捕猎。

问：关于伏羲教人捕猎的事情，我已经明白。但是周文王养老，确定了母鸡和母猪的固定数量，这又是为什么呢？

答：古人圣贤所实行的政治，有的是应当继承发扬，有的是应当废弃不用的。比如说，结绳变为了书契，巢穴和洞窟变为了宫室，这些正是人们所希望改变的。但是古人圣贤有很多的做法也是十分荒诞的。比如，从前如果后辈早早死去，陈列他的尸首，使他的父亲兄长叩拜，趋承在他的尸首之下，这种做法是何其颠倒！何其荒谬啊！而今只为他设上一个虚位，这会让彼此相安，是多么合乎情理的做法啊！因此就可以知道不蓄养鸡和猪，是善于体会文王的心意而得出的结果。更何况五只鸡二头猪的说法，不过说的是岐周这个地方的人家富裕丰足罢了。“笾豆之事，则有司存。”难道伟大的圣人还会担忧地去计算鸡和猪这些牲畜的具体数目吗？周文王有一句话说得很好，他说“罔攸兼于庶言庶狱庶慎”，难道他们会愚笨到连鸟兽繁殖交配，也去核定一个准确的数目吗？动物们的数量多少不一，这是自然而然的事情，是常情，又哪能清楚地分出五、二呢？如果按理来推断的话，绝对没有这样的事发生。否则，如果文王的恩泽布施给死人，死人已经没有了知觉，死人没有知觉，对他们的恩泽尚且还会施及，对有知觉的反而要残害，如果这样，那么他们这

些古人圣贤的见识未免连小孩子都不如了。所以孟子有言说："全信书里所说的话，还不如没有书啊。"

［原文］

问：孔子戒杀，不过不纲、不射宿耳，未尝废钓弋也。并欲戒之，将仲尼不足法与？

答：尔亦知钓弋之微意乎？钓者，所以引其不纲。弋者，所以化其射宿。后人谓因养与祭而为之，亦浅乎窥圣矣。且试问后世所以尊夫子者，为其长于钓弋乎？抑为其道德莫加乎？若重其钓弋，则渔夫、猎叟，贤于孔子者多矣。若因其道德莫加，敢问君之道德，已能及孔子否？倘谓道德不能及孔子，先以钓弋法孔子，是犹学颜子，而但学其短命，学曾皙，而但学其嗜羊枣矣。噫！折巾效郭，易名慕蔺(lìn)，不足以为郭、蔺。以吾之不可，学柳下惠之可，始可以为鲁之男子，君其未之知耶？

问：君子贵人贱畜。以贵杀贱，理所宜然。等而视之，迂腐甚矣。

答：论圣贤大道，则天地万物，本吾一体。如人手足，虽分贵贱，不可以手断足。若止较眼前高下，则灶间奴婢亦知呵骂畜生，何待君子说贵说贱。

问：天地万物，本吾一体，于何见之？

答：不观子思之言乎？子思谓：尽其性，则能尽人性；尽人性，则能尽物性。细玩几个"则"字，其理自晓。不然，致中何以天地位，致和何以万物育乎？

［译文］

问：孔子不杀生，严格奉行戒杀的律条，不过是"不纲、不射宿"而已，并没有真正废除钓竿和射箭，现在反倒要把这些一并废除，孔子是圣人，难道连圣人仲尼也不值得后世效法吗？

答：那你明白孔子"钓"和"射"的真正深层次的含义吗？之所以作"钓"，就是要引导后世之人不要放肆地捕杀猎鱼；作"射"的样子就是想劝诫大家不要大肆地打猎。后人所说因为养和祭而杀生，这种说法也未免太小看古代的圣人了！试

问，我们后世的人之所以尊重孔夫子，是因为他擅长于钓弋，还是因为他的道德高尚到无人能敌的地步呢？如果尊敬他钓弋的功夫，那么渔夫和猎人，比孔子熟练得多，远远超过了孔子。如果是因为孔子的道德高尚，那么请问您一下，您觉得自己的道德已经能够赶得上孔子了吗？假如道德上不及孔子，就先用钓弋来效法孔子，这样做就好像是学颜子，只学习他短命，又好像是学习曾皙，只学到了他的嗜羊枣。如果头上戴上头巾来模仿郭林宗，并且给自己改名换姓来模仿蔺相如，那样也永远不可能是郭、蔺二人本人。只有研读学习柳下惠的学说思想，才可以真正成为鲁国的大丈夫。

问：君子把人看作是最为尊贵的，把一切牲畜看作是低贱的，凭借着尊贵的身份而残杀那些低贱的物类，这是理所当然的事情，但如果把它们平等看待，这种观点是不是太迂腐不堪了？

答：圣贤的大道上都说，天地间的万事万物，都与我本是一体。比如，长在我们人身上的手和脚，虽然有贵和贱之分，但是不可用自己的手把自己的脚给砍断。如果只用眼前的高下来区分尊贵与否，那么在厨灶间的奴婢也知道斥骂畜生，为什么还要等待君子来区分贵和贱？

问：天地万物，与我本是一体，这种说法在什么书中提到的呢？

答：你难道没有阅读过子思的话吗？子思说，尽其性情，就能够尽人性，尽人性也就能够尽物性。细细地品味这几个“则”字，其中所蕴含的道理自然就明白了。如果不是这样的话，致中怎么会有天地之位，致和怎么会养育万物呢？

卷四 谨微录

禁约部

[原文]

累世行慈修德，今朝偶尔邀荣。仁民爱物本相通，莫负当前光宠。但谓禁屠便是，其中诡弊无穷。从来衙役惯欺公，明者多遭戏弄。

[译文]

多世来一直积德修善，就会偶尔有富贵荣华在今天来到你的身边，供你去享用。对人们的仁爱和对万物的怜爱之心本来就是相通的，千万不要辜负眼前这大好光阴。人们只说禁止杀生，这是刻不容缓的，但是谁能够真正明白其中的诡计和弊端呢？贪官从来就是诡计多端的，而明眼的人却反而时常会遭到嘲弄。

家政部

[原文]

浊世慈祥门第，天宫福祉加临。曾闻一善敌灾星，何况恩施多命。祖父坚持杀戒，子孙方有观型。莫将细物视为轻，试就刍荛(ráo)一听。

[译文]

在人世间的时候本来是慈祥门第，福禄满门，喜事常常会从上天降临。曾经听说行一件善事就可以抵御灾星，更何况是我们恩泽布施了很多性命的人呢？先祖和先父都严格地、谨慎地持守着杀戒的戒律，给后世的子孙树立了行为的典范和模型。千万不要将那些细小的事物看得太轻，我时常会尝试着静下心来认真体悟我所修的经文。

庆贺部

[原文]

人类欣逢吉事，众生对泣哀鸣。微躯定是享嘉宾，一夜千翻凛(lǐn)凛。谁料业缘会遇，怨家次第相寻。披毛戴角口无声，俯首牵来就刃。

[译文]

人一遇到了吉祥喜庆的事就会神清气爽，但是众多生灵却会相对而哭泣，悲伤地落下千行眼泪。它们想到在这良辰吉日，你一定会宴请宾朋来家做客，想到要杀鸡宰羊，它们这些牲畜要丧命了就吓得一夜辗转，不能入睡。谁料想到业缘这时会到来，仇家怨家都次第来相探看寻。所以庭院中便悄然无声了，只是俯下身来拿起了一把锋利的刀刃。

忏悔部

[原文]

堪骇娑婆浊世，凡夫颠倒昏迷。恶缘日炽善缘微，愁杀眼光落地。今世因循不悔，他生欲忏无期。怨仇迭报不差移，曾见谁人逃避？

［译文］

娑婆生在这个污浊的人世间真是一件让人感到可怕的事情，凡夫俗子们都会为之而昏迷颠倒。恶缘逐渐增多而善缘却越来越微少，仇恨和残忍的目光就可以让你害怕到无地自容。如果今生还是执迷不悟，那么他来世想要忏悔也不可能了。怨仇报应终究会来临，不会差一分一厘，你曾经见到过谁能逃避呢？

发心部

［原文］

杳（yǎo）杳十方国土，无非性量包涵。众生未度我之愆（qiān），手握乾坤八面。要与人天大众，多生多劫周旋。发心二字广无边，佛佛于中显现。

［译文］

十方国土的无边无际，无非是我心性宽广，一心包涵。众生都没有猜到我曾经犯下过什么罪过，其实我只不过是手握着乾坤，掌控着四面八方而已。我一定要与人和天这些大众，做个多生多劫的相互周旋。发心这两个字的含义广阔无边，佛祖和佛法常会在其中显现出来。

欲海回狂

卷一 法戒录

总 劝

[原文]

盖闻业海茫茫，难断无如色欲。尘寰扰扰，易犯唯有邪淫。拔山盖世之英雄，坐此亡身丧国。绣口锦心之才士，因兹败节堕名。今昔同揆（kuí），贤愚共辙。况乃嚣风日炽，古道沦亡。轻狂小子，固耽红粉之场。慧业文人，亦效青衫之湿。言窒欲，而欲念愈滋。听戒淫，而淫机倍旺。遇娇姿于道左，目注千翻。逢丽色于闺帘，肠回百折。总是心为形役，识被情牵。残容俗妪，偶然簪（zān）草簪花，随作西施之想。陋质村鬟，设或带香带麝，顿忘东妇之形。岂知天地难容，神人震怒。或毁他节行，而妻女酬偿。或污彼声名，而子孙受报。绝嗣之坟墓，无非刻薄狂生。妓女之祖宗，尽是贪花浪子。当富则玉楼削籍，应贵则金榜除名。笞、杖、徒、流、大辟，生遭五等之诛。地狱、饿鬼、畜生，没受三途之罪。从前恩爱，到此成空。昔日雄心，而今何在？普劝青年烈士，黄卷名流，发觉悟之心，破色魔之障。芙蓉白面，须知带肉骷髅。美貌红妆，不过蒙衣漏厕。纵对如玉如花之貌，皆存若姊若母之心。未犯淫邪者，宜防失足。曾行恶事者，务劝回头。更祈展转流通，迭相化导。必使在在齐归觉路，人人共出迷津。若视劝戒为迂谈，请观冒公之后报。倘以风流为佳话，再鉴金氏之前车。

[译文]

茫茫的业海中，最难断的莫过于色欲；滚滚的红尘当中，最容易犯的就是邪淫。多少力拔山兮气盖世的英雄，在此中导致身亡国丧；多少绣口锦心的才子，也因此招致败节损名。古今相同，贤愚同犯。更何况当前世风日下，古道尽丧！那些轻狂

魔子忏悔

魔王波旬的长子商主，眼见老父欲阻菩萨修行正果，造下弥天罪孽，以致人怒天怨，急忙来到菩萨前，以头面礼菩萨足，向菩萨乞求说：“圣太子慈悲，唯愿听我为父发露忏悔。但愿圣太子大人大量，恕谅我父无知，不与计较，小人感恩不尽！并祝愿圣太子早日成就无上正等正觉！”这时，大梵天王、释提桓因以及无量诸天，咸见菩萨降伏诸魔，皆大欢喜，齐声欢呼：“善哉菩萨！希有菩萨！”其声遍满虚空。魔子商主见无量诸天人等一致护持菩萨，心中很为老父惭愧，于是顶礼菩萨，赞叹而去。

的小子们，常常沉迷于红粉场中；而那些慧业的文人，每每仿效司马青衫之泪。一旦谈到止欲，欲念却更加强烈；一旦听到戒淫，淫心反倒倍增。看到道旁的娇姿，便失态得目不转睛；看到闺帘内的丽色，便心痒得辗转难眠。总是心智受到外形的蒙蔽，神志受到虚情的牵连。那些庸脂俗粉，偶尔可以插花戴银，便想入非非，以西施自视；那些陋质的村女，间或能够涂脂抹粉，便顿时得意忘形，忘却东妇之身份。岂止这样天地难容，惹得神人为之震怒？有的人毁害他人的节行，则会有其妻女酬偿；有的人损害他人的声名，则会有其子孙受到报应。那些绝后者的坟墓，全都是些风流之辈；而娼妓的祖宗，全都是贪花的浪子。于是他们命当富贵却反遭沦落，本当扬名却金榜除名。情节轻一些的会受到牢禁，情节重的就免不了要受到极刑。死了以后也会堕落于三途，沦为地狱的饿鬼以及牲畜。以前的恩爱，到此全都成空；往日的雄心，如今又何在？于是我们普劝那些青年烈士，以及黄卷名流，觉悟之心兴起，破除色魔的障碍。面对芙蓉白面，须知不过也都是些带肉骷髅；而那些美貌红妆，也只是些蒙衣漏厕。即便面对如花似玉之美貌，也应只存若姊若母之心。那些未曾触犯淫邪的，应当防止失足；而那些曾经做过恶事的，务必要劝其回头。更希望能够辗转流通，相互引导劝化。必定要让在在齐归觉路，人人共出迷津。如果只是视这些劝诫为迂谈，那么请看冒公所受到的报应；如果以风流为佳话的话，那就要再蹈金氏的前车之鉴。

冒嵩少（《冒宪副纪事》）

［原文］

如皋(gāo)冒嵩少，讳起宗，己未下第归，注《太上感应篇》，于"见他色美"下，尤致意焉。时助写者，其西宾罗宪岳。后罗归南昌，崇祯戊辰正月，梦一道妆老翁，左右二少年侍，老翁手持一册，呼左立者诵。罗窃听之，即"见他色美"注语也。诵毕，老翁曰："该中。"复呼右立者咏诗，即咏曰："贪将折桂广寒宫，那信三千色是空。看破世间迷眼相，榜花一到满城红。"罗醒，决冒公必中，即以是兆寄其子。及榜发，果登第，后官至宪副。

［译文］

如皋的冒嵩少，名讳为起宗，在己未年落榜后回家，为《太上感应篇》作注释。当注解到"见他色美"句，便尤其留心深刻阐发。当时佐助他进行写作的，是西宾的罗宪岳。后来罗宪岳回到南昌，在崇祯戊辰（1628）的正月，梦到一位仙风道骨的老翁，左右分别站着两位少年侍奉。老翁手中拿持一本册子，命站在左边的那个人读诵，罗宪岳偷偷地听了一下，原来那是“见他色美”的注解语。读诵完了以后，老翁便说到：“应该考中！”接着又命右边站立的那个人咏诗，那个人便咏道：“贪将折桂广寒宫，那信三千色是空。看破世间迷眼相，榜花一到满城红。”罗宪岳梦醒以后，回想梦境，便判定冒公必定能考中，就写信将这个预兆告诉了他的儿子。等到发榜的时候，果然和预兆相合，并且日后官至宪副。

金圣叹（《姑苏盛传》）

［原文］

江南金圣叹者，名喟(kuì)，博学好奇，才思颖敏，自谓世人无出其右。多著淫书，以发其英华。所评《西厢》《水浒》等，极秽(huì)亵(xiè)处，往往摭(zhí)拾佛经，人服其才，遍传天下。又著《法华百问》，以己见妄测深经，误天下耳目。顺治辛丑，忽因他事系狱，竟论弃市。

（原本作荆某，讳之也。今则久远矣，特为订正。）

［译文］

江南的才子金圣叹，名喟，博学多才，喜好猎奇，才思聪颖敏捷，自称当世无人能够超出自己。所著多为淫书，以展示其才华，来猎取声名。他所评论的《西厢》《水浒》等书，在那些极为秽亵处，却又常常引用佛经。人们为其才华所折服，他也因此而名扬天下。后来他又著了《法华百问》，又以己见妄测佛经的深刻奥义，混淆了人们的视听。在顺治辛丑年（1661），忽然因为他事被捕入狱，惨遭杀头弃市。

（原本写作“荆”某，因为避讳写作了“金”。如今年代久远了，特订正。）

劝有官君子

［原文］

均是人也，或劳心，或劳力，或安富尊荣，或食贫守困。岂天道之不齐哉，抑亦自有以致之也？《诗》曰：“永言配命，自求多福。”《易》曰：“积善之家，必有余庆。”今世富贵之人，大抵宿生修福之士。子孙享荣华之报，皆是祖父有厚泽之遗。理所固然。但享福之时，又须修福。譬如耕田，年年收获，即当年年下种。

若自逞（chěng）威权之赫，纵心花柳之场，岂非得人爵而弃天爵乎？所难者，顺境常乐，乐则忘善，忘善则淫心生耳。此处若能蓦地回光，便是福基深厚。

［译文］

同样都是人，有的人劳心，有的人劳力，有的人安享富贵荣华，有的人却一辈子食贫守困，这究竟是因为天道不齐呢，还是他们的自作自受呢？《诗经》上说："永言配命，自求多福。"《易经》上说："积善之家，必有余庆。"如今世界上的富贵之人，大都是宿生修福之士；子孙所享的荣华之报，全是祖父的厚泽之遗。因此便是理所当然。但是在享福的同时，必须还要修福。譬如耕田来说，要想年年获得丰收，便需年年耕种。如果只倚靠自己显赫的权威，整日寻花问柳，岂不就成了得了人爵而丢了天爵吗？顺境中自然会常乐，乐则容易导致忘善，一旦忘善的话，淫心也就会随之生起了呀！在这里如果可以蓦地回光返照，顿然猛醒，那就是福基深厚了。

王克敬（《不可不可录》）

［原文］

王克敬，为两浙盐运使。时温州解盐犯，以一妇人至。王大怒曰："岂有逮妇人，行千百里外，与吏卒杂处者？污教甚矣！自今以后，凡系妇人，永不许逮。"

（按）官长拘人，往往逮及妇女，此最损德事也。盖妇人愧耻之心，百倍于男子。无论诃辱窘迫，致彼轻生。即使婉容询究，而一经见官，彼且胆落魂飞，为终身之玷。嗟乎！自妻与他妻，不过贵贱稍殊耳。假令己之妻女，跪于堂下，官府赫赫临之，万目耽耽视之，此时何以为情乎？若王公者，可以高大其门矣。

［译文］

王克敬是两浙的盐运使。一次，从温州押来了一批盐犯，当中有一个妇女同时也被押来。王克敬看到以后生气地说："怎么能逮捕妇人，让其远行千里，并且和押送人员混杂在一处呢？太有伤风化了！至今以后不允许再将妇女逮捕。"

（按）官方在抓人的时候，常常会逮及妇女，而这却是最损阴德的事情。这是由于妇女们的惭愧羞耻之心，远远超过男子百倍，不管是哪一种侮辱，都会容易导

致她轻生。即便是婉转温柔地进行探询追究，只要一旦见官，她就会被吓得胆散魂飞，并将其视作自己的终身耻辱。自己的妻子和他人的妻子，只不过是稍有贵贱的些许不同而已。假如跪在堂下的是自己的妻女，既有官府的赫赫临之，又有万目眈眈的审视，那时你又将会作何感想呢？如果官方不再这样对待妇女，可以使子孙享达。

劝求功名者

[原文]

美色人之所欲也，科第亦人之所欲也。二者若能兼致，何异腰缠十万，更跨扬州之鹤乎？无如世间最易惑人者，莫过于欲。而与功名为水火者，亦莫过于欲。古今来慧业才人，为爱水大河之所漂没者，何可胜道？彼或作或辍，平日无志于科名，则亦已矣。向使雪夜寒窗，残灯独坐，劬劳之父母，瞻玉兔而神伤，重义之佳人，听金鸡而泪堕。一旦朱衣摈斥，黄榜除名，香闺之属望徒虚，罔极之深恩未报，此际何以为情乎？男儿欲遂青云志，须信人间红粉空。

[译文]

美色是每个人都想得到的，功名也是每个人都想到手的。如果二者都能够得到，那就如同腰缠十万贯，潇洒地骑鹤下扬州了。但是事实恰恰正相反，世界上最容易让人迷惑的，也莫过于色欲；和功名势若水火不相容的，恰恰也正是色欲。古今过往的文人才子，淹没于爱河大水之中的，多得不可计数。如果举止平庸，志不在功名的话，那也就算了。如若有志于功名的话，就须寒窗苦读，孤灯独自静坐。辛劳一生的父母，深夜遥望明月，想及儿子功名未成，便会禁不住伤心悲痛。而重情重义的佳人，清早卧听金鸡鸣叫，想及情郎前途不定，也会禁不住悲愁流泪。而等到走向考场时，导致金榜除名，情人的殷望由此成空，父母的大恩也不能报答，到那时还能有何脸面呢？因此说“男儿要遂青云志，须信人间红粉空”。

刘尧举（《广仁录》）

[原文]

龙舒刘尧举，僦（jiù）舟应试，调舟人女，舟子防之密。既入试，舟人以重扃棘闱（wéi），必无虑，入市良久。而试题皆尧举私课，出院甚早，遂与之通。刘父母梦黄衣人持榜至，报刘首荐，适欲视榜，忽一人掣去，曰："刘某近作欺心事，殿一举矣。"觉言其梦而忧。俄拆卷，刘以杂犯见黜，主司皆叹惜其文。既归，父母以梦诘之，匿不敢言。次举乃获荐，然竟以不第终。

（按）舟次仓猝之欢，竟以一省元博之，何如彼其愚也！

[译文]

龙舒的刘尧举，租了一条船去应试，却在船上调戏船夫的女儿，船夫发觉后对其严密防备。刘尧举上岸入试以后，船夫将门用大锁锁住，料想这样的话一定就没有顾虑了，于是放心上街而去，久久不曾归。而这次考试的内容恰好都是刘尧举学习过的功课，他很快就答完考卷。出了考场以后，便乘机和船女私通。刘尧举的父母梦到黄衣人持榜至前，报刘尧举中了第一名，正待看榜时，突然被一人将榜夺走，说到："刘某最近做了亏心事，要将其第一名削去。"其父母醒了以后便说起这个梦，并为此深感忧虑。后来，拆卷以后，刘尧举因杂犯而被除名，主考人员都为其文章感到惋惜。他回来以后，父母便用梦中的话将其责问，刘尧举躲避其词，不敢实说。第二次应试又被推荐，仍然以不第告终。

（按）乘船时的仓促之欢，竟付出了第一名的代价，真是太过于愚蠢了呀！

南昌兄弟（《感应篇广疏》）

[原文]

南昌有兄弟二人，系双生，容貌音声，父母亦难猝(cù)辨，至各以衣色别之。及长，同时婚娶，同时入泮，以及荣枯得失，无不皆同。一日应试，同寓一舍，有邻女挑其兄，兄拒之，并戒其弟。弟佯应，竟伪称兄而往，且约中后来娶。及榜发，兄获售，而弟名竟黜。女以貌同莫辨，犹谓中试者，即所私之人也，大喜，助其行赀。及来春，兄复登第。女闻之，私治行装，意必来荣娶，望之杳然，遂怨恨死。其后兄享高寿，子孙荣盛。弟早夭无嗣。

（按）命相吉凶，皆宿世之心所造。宿生若行善事，则在胎自具贵相，出胎自值良时。宿生若造恶业，则二者俱反。此命相所以不可不信也。然命相有定，心则无定。祸福之机，乃心所造，非命相所造，是命相不可尽信也。观南昌兄弟，可以悟已。

［译文］

南昌有兄弟两人，他们是双胞胎，容貌音声都很相同，连其父母都很难立刻将其分辨，只好以各穿不同颜色样式的衣物来加以区别。他们长大以后，也是一同婚娶，一同入学，所有的荣枯得失，也全都相同。一天，他们同去应试，并同住一舍，有一位邻家女前来引诱哥哥，哥哥予以拒绝，并告诫弟弟要加以小心。弟弟却在表面上假装应允，私地里却装扮成哥哥的模样前去赴约，并在约会中说日后必当迎娶。等到发榜了以后，哥哥应试获得了成功，而弟弟却榜上无名。而那位邻家女却因为面貌相同无法分辨，认为考中的那个，便是自己的私自相恋之人，为之大喜，并送给他们路费。到了第二年，哥哥又考取，女子听说了以后，便偷偷准备行装，猜想情郎必定会来迎娶，然后天天都在盼望，却一直杳无音信，最终含恨而死。在此以后，哥哥安享高寿，并且子孙荣盛。而弟弟却早早夭亡，且无后嗣。

（按）命相的吉凶，全是宿世之心所造就的。宿生如果行了善事，那么在娘胎的时候便自具贵相，出胎以后也会自值良时。宿生如果造下恶业，那么二者便会全都相反，以此说命相不能不信。然而虽然命相有定，心却无定，而祸福之机，却是由心而造，并不是命相所造，所以命相又不能尽信。看一看南昌兄弟的遭际，就能够觉悟了。

劝不和其室者

［原文］

琴瑟不调，非男子之过，即女人之失，大抵曲直参半者多。决无各尽其道，而交相怨尤者也。然而当今之天下，乃男子之天下，非女人之天下，则家之不齐，当归咎(jiù)男子。语云："人生莫作妇人身，百般苦乐由他人。"彼其离亲别爱，生死随人，举目言笑，唯有一夫耳。饥不独食，寒不独衣，有足不能出户，有口无处申冤，舍其身而身我，舍其父母而父母我，一遇客外之商、游学之士，孤房独宿，形影相怜，岂易受哉？我乃钟情花柳，造业无穷。桑濮(pú)之地，一身独受其欢。天谴之来，举室尽遭其祸。铁石为心，亦当堕泪矣。而或身当富贵，便广置姬妾，薄视糟糠。恐惧惟汝，安乐弃余，抑何不恕之甚也！普劝世人，宁甘淡泊，莫羡多情。纵遇红颜，且思结发。莫教他年转女身，阁中含恨泪淋淋。

[译文]

夫妻之间如果不和的话，如果不是男子的过失，那么就是女人的过失了，大抵来说，各自都有不对之处，决无各尽了其道，反倒相互埋怨的道理。但是如今的天下，却是男人的天下，而非女子的天下，那么家庭的不和，就应当归咎于男人。有人说：“人生莫作妇人身，百般苦乐由他人。”女子离亲别爱，生死由人，举目言笑，所有的只是一夫而已。饥饿的时候不能独食，寒冷的时候不能独衣，有脚却无法出户，有口却无处申冤。抛开自己的一切不管不顾，却满心只考虑丈夫；将自己的父母抛在一旁不去孝敬，却只孝敬夫君的父母。一旦遇到丈夫外出经商或游学，便要孤房独宿，形影相吊，这难道容易忍受吗？我却不顾夫妻间恩爱，在外面眠花宿柳，造业无穷。身处桑濮之地，独受一身其欢，一旦天谴来到，全家便都会遭到祸端。面对此情此景，即便是铁石心肠，也会为之感动流泪的呀！然一旦身处富贵，便大置姬妾，厌弃糟糠之妻。患难的时候依赖她，安乐的时候却抛弃她，这实在是太不讲恕道了呀！因此普劝世人，宁愿甘享淡泊，也不要妄羡多情，即便遇到了红颜知己，也不要忘记结发的贤妻。“莫教他年转女身，阁中含恨泪淋淋。”

贾御史（《懿行录》）

[原文]

明贾御史某，幼聘魏处士女。逾年而女瞽，处士将返币焉，御史急娶之。魏孺人日请御史置妾，御史不可。时御史有兄为户部，纳宠京师。孺人请益力，御史复不可。生子衡，弱冠登第，官至刑部主事。

（按）古今来娶瞽（gǔ）女者，唐有孙泰，宋有周世南、刘廷式、周恭叔、张汉英数人耳（详唐、宋史），此外不多见也。贾公行履，古人所难，而魏夫人能克配其贤，更足景仰。

[译文]

明朝的贾御史，在幼年时就聘下了魏处士的女儿，长大后其女出现了意外，瞎了眼睛，魏处士便自动提出要退回聘金，而御史却急忙将其女娶回。魏孺人每日都请求御史去娶妾，御史却一直不答应。当时御史的哥哥在户部，得宠于京师，孺人便愈发恳求御史娶妾，御史依旧不答应。后来生下了儿子衡，衡年纪轻轻便考中登第，官至刑部主事。

（按）古往今来，迎娶盲女的，唐代时有孙泰，宋代时有周世南、刘廷式、周恭叔、张汉英数人而已（详见唐、宋史），此外并不多见。而上述贾公之事，的确是一般人很难做到的。而魏夫人的贤慧之礼，也足以和其相配，这也更值得人景仰。

婆罗门妇（《杂譬喻经》）

［原文］

佛世有婆罗门，其妻无子，妾生一男，夫甚爱之。妻怀嫉妒，佯为怜惜，私取小针刺儿囟上，没入于顶，举家不知，儿遂哭死。妾悲悼几绝，后微知之，问一僧曰：“欲求心中所愿，当修何功德？”僧曰：“受八关斋，所求如意。”妾遂受八戒，七日命终。转生即为其女，容貌端正，一岁而死。妻哭之哀，过于妾之哭子。复生一女，倍胜于前，未几又死。如是七返。最后一女，生十四岁，垂嫁而死。昼夜悲恸（tòng），不能饮食，停尸棺中，不忍盖之，日视其尸，颜色益好，经二十余日。有一罗汉，化作沙门，诣门求见，直言示之。妻始觉悟，旋复视尸，臭不可近。遂求沙门受戒。明日欲往寺中，忽有毒蛇当道。沙门知其为妾，代之忏悔，解其怨结。蛇后命过，便生人中。

（按）薄行之夫，前既详言之矣。妒悍之妇，其恶岂可恕哉？《正法念处经》云：“女人之性，心多嫉妒。以是因缘，女人死后，多堕饿鬼中。”故略举内典一条，以为炯戒。

［译文］

佛世中有一个婆罗门，他正妻没有儿子，小妾为其生下一男，婆罗门十分疼爱。妻子却暗怀嫉妒，外表上依然假装怜惜疼爱，暗中却偷偷取小针去刺孩子的囟上，小针全都刺入了以后，全家人都不知道什么缘故，儿子就大哭着死去了，小妾为此悲痛欲绝。后来小妾暗地里知道了真相，向一位僧人问道：“如果想要实现心中的愿望，应该修何种功德呢？”僧人回答说：“如果能受八关斋的话，所求就可以如意。”于是小妾就受了八戒。七日以后命终，转生的时候变成了正妻的女儿，容貌端正，而到了一岁就死了。正妻为之伤心大哭，哀痛之情远远超过了妾之哭子。后来又生下了一女，容貌长得比前一女还要好，但是没有多久就又死去了。如此这般，一直反复出现了七次这样的情况。到了最后一女，好不容易长到了十四岁，已经接近婚嫁了却又死去了，其正妻昼夜为之悲恸，不进饮食。尸体停放在棺中，一直不忍心盖上，她每天看着尸体，感觉容颜一天天地更加美丽姣好，一直过了二十多天，出现了一位罗汉，化成沙门，前去求见，将事情的原委全部说出，正妻方才觉悟，再去看尸体的时候，便发现臭不可近，于是就求沙门予以受戒。第二天，她正要前往寺中求戒，忽然出现毒蛇挡道。沙门知道此蛇是妾所变，便代替她进行忏悔，将她们之间的怨结解除。蛇死了以后，便投生到了人道之中。

（按）那些道德败坏之夫，之前已经说得十分详细了。而那些嫉妒凶悍的妇人，难道她的恶业就能够得到宽恕吗？《正法念处经》上说："女人的本性便是心多嫉妒。正是因为这个因缘，女人死了以后，大多会堕入饿鬼当中。"因此略举这一条佛典，以作为给人们的警戒。

劝求嗣者

[原文]

子息一端，人知操之自我，而不知主之者天也。人知主之者天，而不知操之者我也。何谓主之者天？世有姬妾满室，儿孙绝响，孑然一妇，子女盈前者，比比皆是。更有多方滋补而无效，而未沾药饵者先得矣。百计尝试而无功，而暂共衾裯(chóu)者偏遇矣。此天也，非人也。何谓操之自我？盖斩焉无后者，非今生所造之因，即前世所招之果。岂有明明上天，于我独行其刻乎？然作恶既已招殃，则修善自应获福。譬如虎项之铃，自系者还从自解。亦如寒潭之内，积水可以成冰，化冰还能为水。此人也，非天也。善求子者，往往于不求中得之，于方便中得之，于慈悲平等中得之。现见前人获是报，何不依他样子修？

[译文]

子息这件事，人只知道操之于我，却不知道主宰在于天。而有的人只知道主宰在于天，却不知道同时也操之于我。什么是主宰在于天？世界上有的人姬妾满室，而儿孙却没有一个；有的人只是孑然一妇，却依旧子女满堂，这些情况比比皆是。更有一些人，多方滋补以求子却全然无效，而那些不沾补药的人却早已先得子了。有些人百计尝试却无功，而那些私奔暂寝的却偏偏怀胎。这些就是天意，并非人力所能为。什么是操之于我呢？这是因为无后的人，如果不是今生所造之因，那就是前世所招之果。岂有明明之上天，而却独独对我苛刻吗？既然作恶已经招殃，那么修善自应当获福。这就譬如虎项之铃，自系者还当自解。又犹如在寒潭之内，积水

便可成冰，化冰还可为水。这些都是人力所为，并非是靠天的呀！擅长于求子的人，常常会于不求之中得之，于方便之中得之，于慈悲平等之中得之。现在既然已经看到前人获得了此报，为何不去依照他的样子修行呢？

劝求寿者

[原文]

人之有精液也，如树之有脂也，灯之有膏也，滋之则茂，竭之则枯。《解脱要门》云：“修行之人，若数十年欲心不动，则精髓凝结，渐成舍利。”《道书》曰：“欲念不生，则精气发于三焦，荣华百脉。”苏子曰：“伤生之事非一，而好色者必死。”无如世人，淫欲关头，至老不悟。当淫火动时，便起欲念。欲念起时，精气益耗。精气既耗，淫火愈动。互相引发，死亡立至。更有服饵热药，助火导淫，煎灼五脏，其祸尤惨。至于亏损阴德，削夺寿算，更不必言矣。有志长年者，岂可蹈此覆辙哉？

[译文]

人的身体有精液，就如同树木有脂，灯盏有油一样。保养得好的话就能精力旺盛，一旦耗尽的话，生命就会随之枯竭。《解脱要门》上说：“修行的人，若数十年欲心不动，则精髓凝结，渐成舍利。”《道书》上说：“欲念不生，则精气发于三焦，荣华百脉。”苏子说：“伤生之事非一，而好色者必死。”只可惜世间之人，只念及淫欲关头，导致至老不能悟。当淫火萌生时，便起了欲念；欲念一起，精气便耗费。精气耗费了以后，淫火便会越发萌动，由此互相引发，死亡便马上而至。还有那些服食春药的人，助火导淫，五脏皆受煎灼，其祸端尤其惨烈。至于那些亏损阴德、削夺寿年的事情，就更不要说了。那些真正有志于求长寿的人，如何能够重蹈覆辙呢？

劝商农工贾

[原文]

商农工贾，当自念曰：吾等或靠经营，或靠手艺，披星戴月，冒暑冲寒，不过欲少积锱铢(zī zhū)耳。人有妻女，我亦有妻女。人有姊妹，我亦有姊妹。他人若起恶念，我必切齿衔仇。我若稍有邪心，彼亦摩牙抱恨。现见某某为奸淫事，疾病死亡，官非破败，甚至鬻女卖男，弃家荡产。只为一念之差，以致如此。吾今早自觉悟，便当断此邪心。见女之老者当作母想，长者当作姊想，少者当作妹想，幼者当作女想。不谈闺阃(kǔn)之事，不看淫邪之书。兼之步步积阴功，时时行方便。则福寿自然日增，子孙自然荣茂。世间便宜，孰过于此？

［译文］

身为商农工贾，都应当自己想一想："我们或者依靠经营，或者依靠手艺，整日披星戴月，冒暑挨冻，都不过是想要积累一些钱而已。别人有妻女，我也有妻女；别人有姊妹，我也有姊妹。别人如果起了恶念，我必定会切齿记仇；如果我稍稍有邪心的话，别人一定也会磨牙抱恨。现见某某做了奸淫之事，导致疾病死亡，抄家破败，甚至招致卖女卖儿，倾家荡产，只因为一念之差，导致这样。如今我自当早早觉悟，断绝此等邪心。看到年老的女人，要将其当作母亲想；看到年岁比自己大的女人，要将其当做姐姐想，看到年岁比自己小的女人，要将其当作妹妹想，看到年幼的女子，要将其当作女儿想。不谈那些闺阁女乐之事，不看那些淫邪移性之书。另外还要步步积阴功，时时行方便，那样福寿自然会日增，子孙自然也会荣茂。世间的种种便宜，无法能和此相比。

劝亲狎妓童者

［原文］

妓女之流毒，甚矣哉！竭人精气，耗人货财，离人夫妇。朴者亲之而淫荡，智者恋之而昏迷。迎新送旧，藏垢纳污。此亦天下之至秽(huì)者也，而俗士甘之，奇已！至于龙阳，尤属多事。幸得为男矣，无可被污矣，乃于无可污之处，而必求其污之之道，岂非自寻烦恼耶？不知何人作俑，其习至今存也。洁白之士，宜并戒之。

［译文］

妓女所造成的流毒，实在是太厉害了：竭人精气，耗人资财，离人夫妇。质朴的人一旦接近她们就会变得淫荡，聪明的人一旦迷恋她们就会变得愚痴。迎新而送旧，藏垢纳污，这原本是天下最为污秽的人，而那些俗人却为之紧追不舍，实在是

长桥选妓

长桥选妓，为金陵四十八景之一，画的是今南京夫子庙对岸一带，这里曾是明清妓院的集中地。妓女的流毒，太厉害了。妓女竭人精气，耗人资财，离人夫妇。求名者，因好色欲而名必败；求利者，因好色欲而利必丧；居家者，因好色欲而家弃必荒；为官者，因好色欲而官业必堕。

太过于奇怪。至于那些俊男，更是属于多事，幸而为男，原本不会被污。有人竟然从无可污之处，而求必可污之道，难道这不是自寻烦恼吗？不知道是什么人作俑，让这样不堪的陋习流毒至今。洁身自好的士人呀，一定要加以警戒。

劝悔过

［原文］

邪淫之事，世人犯者甚多。虽一时不见恶报，然冥冥之中，有默消其福者，有阴夺其算者，有削去其科名者，有死于蛇虎、刀兵、官非、水旱者。更有自身暂脱，而报于子孙，今世未偿，而酬于来世者。譬如密罗之雀，处处无逃，亦如漏器之鱼，渐渐就死。

今人举足动步，皆临暗厕深坑，恬不知畏，一旦业报到来，手脚忙乱，如落汤螃蟹，嗟何及哉？普劝世人，早自觉知，生大恐怖，发大羞惭，起大勇猛，于佛菩萨前，一一忏悔。则罪从心起，还从心灭，积德既久，自可挽回。

若欲超出三界，又当发菩萨誓愿，愿未来世，度尽一切众生，所有淫业罪报，尽行救拔，使彼莲华化生，不由胎狱。则不惟恶业消除，抑且获福无量。故《涅槃经》云：“譬如氎(dié)华，虽有千斤，终不能敌真金一两。如恒河中，投一升盐，水无咸味。”屠刀放下，还同不坏之身。水底回头，便立菩提之岸。火急进步，时不待人。若智若愚，皆当自勉。

［译文］

那些邪淫之事，世界上有很多人都触犯了，虽然短时间不见会有恶报，但冥冥之中则一定会有报应，或者是慢慢地消除他的福报，或者是偷偷地夺去他的寿年，或者是将其科考除名，或者是让其丧命于蛇虎、刀兵、国法、水旱等，还有些人自身可以得以暂脱，却报应于后来子孙，今世未偿的话，就酬于来世。犹如密罗之雀，无处可逃；又如漏器中的鱼，慢慢地丧生。

今人哪怕是举足迈步，也都面临着暗厕深坑，但他们无动于衷，肆无忌惮。一旦业报来到，便手脚无措，如同落汤螃蟹，想要后悔也已经来不及了！因此普劝世人，务必早自觉悟，生大恐怖、发大羞惭、起大勇猛。在佛菩萨面前，一一进行忏

悔，那么罪从心起，也会从心灭，积德久了，自然可以挽回。

如果想要超出三界，则又当发菩萨誓愿，愿来世能够度尽一切众生，一切淫业罪报，都要尽行救拔，使其莲花化生，不经胎狱，那样的话不但恶业会尽消除，而且会获福无量。因此《涅槃经》上说："譬如氎华，虽有千斤，终不能敌真金一两，如恒河中投一升盐，水无咸味。"屠刀放下，还同不坏之身；水底回头，便立菩提之岸。因此当勤精进，须知时不待人。不管贤愚，全都应当自勉。

项梦原（《知非集》）

［原文］

北直项梦原，原名德棻。梦已中辛卯乡科，以污两少婢削去，遂誓戒邪淫，力行善事。刻《金刚经》，岁施之。后梦至一所，见黄纸第八名为项姓，中一字模糊，下为"原"字，因易名"梦原"。壬子乡试，中二十九名。己未会试，中第二名。心甚疑之。及殿试，二甲第五，方悟合鼎甲之数，恰是第八，而榜纸实黄也。后官至副宪。

（按）戒淫，善矣。并流通内典，善之善者也。奚但灭罪哉？

［译文］

北直的项梦原，原名为德棻，梦到自己考中了辛卯的乡科，却又因为淫污了两个少年女婢而被削去。此后便发誓戒除邪淫，力行善事，并且刻印《金刚经》以作布施。后来梦见到了一个处所，看到黄纸上的第八名为项姓，中间的一字模糊，下一个则为"原"字，醒了以后便改名为"梦原"。后来在壬子乡试中，中了第二十九名。己未会试中，中了第二名。心中一直很是疑惑。后来等到殿试，中了二甲第五，方才醒悟到，合鼎甲之数恰好是第八，而榜纸又恰为黄。后来便官至副宪。

（按）能够戒淫已经算是善，随后又流通佛典，便是善上加善了，难道能单单只是灭罪的吗？

劝发心出世

［原文］

昔世尊在祇园精舍，有四比丘，共论世间何者最苦。一言淫欲，一言饥渴，一言瞋恚，一言惊怖，共诤不止。佛言："汝等所论，未究苦义。天下之苦，莫过有身。饥渴、瞋恚、色欲、怨仇，皆因有身。身者，众苦之本，祸患之源。”（出《法句经》）即如淫欲一事，有女人之身，即爱男子。有男子之身，即爱女人。败名丧节，损福削寿，靡不由之。纵或矢贞守操，现享富贵，而享富贵时，必造恶业，一日行凶，万劫受报，所得不偿所失。即或享福之时，又修善业，直至生天，而天福一尽，复入轮回。所以经云：“转轮圣王，王四大天下，飞行自在，福尽还作牛领中虫。”则知业缘福报，总归堕落之因。地狱天宫，尽是轮回之处。若不发出世之心，趣菩提之路，而徒屑屑焉今日修善，明日改恶，转轮于三途八难，非所望于血性男子也。虽然，曲高者，和自寡，此言可为知者道。

[译文]

从前，世尊在祇园精舍的时候，身旁有四位比丘，一同讨论世界上何为最苦，一比丘说是淫欲，一比丘说是饥渴，一比丘说是瞋恚，一比丘说是惊怖，并且互相争论不止。佛便说：“你们的争论，都未能看到苦的本质。天下之至苦，莫过于有身，而饥渴、瞋、恚、色欲、怨仇，全都因为有身。身乃众苦之本，祸患之源。”（出自《法句经》）即便是像淫欲一事，正是因为有了女子之身，即爱男子；正是因为有了男子之身，即爱女子。而败名丧节，损福削寿，也全都从此身而来。即便能够矢志坚守贞操，并且现享富贵，但在享受富贵之时，必不免造下恶业，而一旦一日行凶，便会万劫受报，致使得不偿失。即便在享福之时，也要再修善业，直至可以生天，但是一旦天福享尽，便会再入轮回。因此经文上说：“转轮圣王，统治四大天下，飞行自在，福尽还作牛领中虫。”由此可知业缘福报，最后的原因总是归结到堕落；而地狱天宫，全是轮回之所。如果不生发出世之心，走上菩提之路，却白白蹉跎时光，得过且过，今天还在修善，明天便改作恶，在三途八难中转轮，那就无法称之为男子汉大丈夫了。曲高者，和者自然寡，相信这句话是可以向那些智者讲明的。

佛破女欲（《摩邓女经》）

[原文]

佛告摩邓女：“汝爱阿难何等？”女言：“我爱阿难眼，爱阿难鼻，爱阿难口，爱阿难耳，爱阿难行步。”佛言：“眼中但有泪，鼻

中但有涕，口中但有唾，耳中但有垢，身中但有屎尿，臭处不净。其夫妻者，便有恶露。恶露中便生儿子。已有儿子，便有死亡。已有死亡，便有哭泣。于是身中，有何所益？”

［译文］

佛向摩邓女问道：“你爱阿难哪些地方？”摩邓女回答说：“我爱阿难的眼，爱阿难的鼻，爱阿难的口，爱阿难的耳，也爱阿难的行步。”佛便说：“眼睛有的只是泪水，鼻子中有的只是鼻涕，口中有的只是唾液，耳朵中有的只是耳垢，身体里有的只是屎尿，而臭处则不净。一旦结成了夫妻，便会产生恶露，而恶露中便会产生儿子，有了儿子以后，便会有死亡，有了死亡以后，便会有哭泣。在这样的身中，还有什么可爱的呢？”

沙弥守戒（《贤愚因缘经》）

［原文］

佛世安陀国有优婆塞，供养一比丘、一沙弥，日日馈(kuì)膳。一日举家出门，独存十六岁幼女，容貌无双，偶忘馈膳。食时既至，比丘遣沙弥自取。女闻叩门，知为沙弥，喜而延入，倍现淫态，谓沙弥言：“吾家财宝，其数无量，若遂我愿，当为汝妇。”沙弥自念：“我有何罪，遇此恶缘？宁丧身命，终不破戒。若欲逃去，彼必牵住，路人见之，反取污辱。”乃方便告云：“汝可闭门，我入一房，暂停须臾，当即如愿。”女出闭门。沙弥入室，见一剃刀，心甚欢喜，乃脱衣服，合掌跪向拘尸那城，佛涅槃处，涕泣发愿：“我今不破佛菩萨戒，及和尚戒，自舍身命。愿我世世生生，出家修道，究竟成佛。”遂自刎死，流血滂沱。其女见之，欲心顿息，大生悔恨，自断其发。父适归家，叩门不启，使人逾入，见女如是，骇问其由。女默不答，心自思惟：“若以实对，甚可羞惭。若言沙弥辱我，必堕地狱，受苦无极。”展转熟思，即以实告。父因入房，合掌作礼。国王闻之，礼拜赞叹。见闻者，皆发菩提之心。

楞严大定

《楞严经》上说：有一天，阿难出外乞食，被摩登伽女用大幻术咒所迷惑，差点儿毁了戒体。幸而世尊及时顶放百道光明，光中现千叶宝莲，宝莲台上坐着佛的化身，宣说“大楞严神咒”，破灭了摩登伽女的恶咒，才保住了阿难的清净戒体。阿难归来后，自愧定力不够，因而殷勤启请佛开示修行方法。佛于是说出了这一部经，名大佛顶首楞严王具足万行，十方如来同依此一妙法门，超出生死，入于妙庄严海。佛教主张：人来到这个世界是有原罪的，人生是苦的，苦的根源在于人们的各种欲望，主张人通过现实世界的原罪来得到解脱，所以主张信佛的人要保持几戒：戒色、戒贪、戒酒等等。

[译文]

佛世的安陀国有一位优婆塞，她供养了一位比丘和一个沙弥，每日送食。一天他们全家出门，独独留下了一个十六岁少女，容貌昳丽无双，少女偶然间忘记了送食，等到食时已到的时候，比丘便派沙弥前去自取。少女听到了敲门声，知道来的是沙弥，欢喜中将其引入，并淫态倍现，对沙弥说到："我家中的财宝之多，不计其数。如果你现在能顺从我愿，我以后就做你的妻子。"沙弥心下想到："我犯下了何罪，导致遇此恶缘？我宁可丧失身命，也不能破戒。但如果要逃走，她必定会牵系住我，这样被路人看见的话，反倒会自取污辱之名。"于是就想了一个办法，对此女说："你可以先关上门，我进到一房中暂时休息一会，然后便可如你愿。"女便出来将门关上，沙弥进到室内，看到一把剃刀，心中顿生欢喜，便脱掉衣服，向着拘尸那城的佛涅槃处合掌而跪，并涕泣发愿到："如今我不能破佛菩萨戒及和尚戒，宁愿自舍生命，唯愿我能够世世生生，出家修道，最终得以成佛。"言毕便自刎而死，血流滂沱。少女看到了以后，欲念顿息，悔恨大生，便自断其发。其父亲回家以后，一直敲不开门，便派人爬了进去，看到女儿如此情状，震惊地询问原由。此女默不出声，心中思量："如果说实话，实在是太过于羞愧；如果撒谎说沙弥欺辱我，那必定会堕地狱，受无尽苦罪。"辗转思考了以后，便以实情相告。父亲便入房，合掌作礼。国王听说了这件事后，为之礼拜赞叹。所见所闻者也都由此感发菩提之心。

业识化虫（《法句喻经》）

[原文]

佛世有清信士，供养三宝。临终之时，其妻在旁，悲伤痛苦。夫闻哀恋，即时命终，魂神不去，在妇鼻内，化作一虫。时有道人，见妇哀哭，善言劝谕。其妇尔时，涕泪交出，虫便堕地。妇见而惭，欲以脚蹈。道人急告曰："止止，莫杀，是汝夫君！"妇曰："吾夫奉经持戒，精进难及，何缘为此？"道人曰："因汝恩爱，临终哭泣，动其恋慕，故堕虫身。"道人为虫说法，虫闻忏悔，命终生天。

（按）临命终时，最为要紧。一念偶错，前功尽弃，慎之。

[译文]

佛世有一位清信士，一直在供养三宝。他临终的时候，妻子就在身旁，十分悲伤痛苦。他听到妻子的哀恋，即刻他的生命告终，但神识却徘徊不去，竟在其妻的

鼻内，化成了一条虫。此刻有一位道人，看到此妇在哀哭，便以善言劝慰。这时候妇人便涕泪并出，虫也一并落地。妇看到以后，好生惭愧，便想要用脚去踩。道人急忙相告说：“停住！停住！且莫踩杀，它就是你的夫君！”妇说：“我夫一贯奉经持戒，精进无比，为什么现在会这样呢？”道人说道：“这是因你夫妇的恩爱，临终时的哭泣，动了他的恋慕之心，因此致使堕为虫身。”而后道人便为虫说法，虫听了以后很是忏悔，便命终而生天。

（按）临命终时，是最为要紧的。偶然有一错念的话，就会前功尽弃。一定要对此谨慎呀。

卷二 受持篇

居官门（多属治国平天下之事）

[原文]

万恶之首，实唯邪淫。况居高位，式化匪轻。作君股肱，纳诲宜勤。为民父母，训俗须殷。敢竭刍荛，献之公庭。扩而充之，存乎其人。

翼赞皇猷第一，鼓励风俗第二，约束军士第三，不轻准呈状第四，勿逮妇人第五，勿轻逮妇人第六，谨防物议第七，用刑仁术第八，毋置妾第九，不敢作妾第十。

[译文]

世间的万恶之首，只有邪淫呀。何况那些身居高位的人，一定要以身作则。如果是朝中的大臣，就一定要勤加劝诲。而那些为民父母之官的，更需时时教导劝诫百姓。敢于去作陋文，献于公庭之上，使其扩充流传，以达到净化人心的作用。

辅助君王是第一要紧事，鼓励风俗是第二要紧事，约束军士是第三要紧事，不轻准呈状是第四要紧事，勿逮妇人是第五要紧事，勿轻易逮妇人是第六要紧事，谨防物议是第七要紧事，用刑仁术是第八要紧事，毋置妾是第九要紧事，不敢作妾是第十要紧事。

居家门（多属齐家之事）

[原文]

具此须眉，号曰丈夫。一家之中，瞻我仰我。苟失其正，万事俱左。天恶淫人，如弃涕唾。邪淫之报，更仆难数。说之伤心，闻之凄楚。聊陈管见，不辞口苦。遵此居家，芳流千古。

杜邪第一，远嫌第二，肃闺第三，家教第四，冠婚第五，丧祭第六，宴会第七，远虑第八，世讳第九，御下第十。

［译文］

那些须眉，被称作丈夫，便是众人所说的一家之主。全家的人，都以家主马首是瞻，如果主身不正的话，万事都可能出错。上天厌恶淫人，就如同厌弃涕唾一样。邪淫会遭受报应，这样的事情已经是多得数不胜数了。说的人会为之伤心，听到的人也会为之凄楚。要不辞口苦地去陈述管见。遵循这些教导以居家，便能流芳千古。

绝邪是第一要紧事，避嫌是第二要紧事，肃闺是第三要紧事，家教是第四要紧事，成婚是第五要紧事，丧祭是第六要紧事，宴会是第七要紧事，远虑是第八要紧事，世讳是第九要紧事，御下是第十要紧事。

广戒门

［原文］

诸恶莫作，众善奉行。阿难此语，苦口叮咛。载于《阿含》《增益》之经。吾述广戒，本此菩心。莫谓人微，其言亦轻。凡百君子，洗耳来听。

守身第一，摄心第二，言语第三，文艺第四，出外第五，相与第六，时令忌第七，胎产忌第八，妻妾忌第九，杂录第十。

［译文］

诸恶一定不要去作，众善且需去奉行。阿难的这些都是肺腑之语，并且苦口地去叮咛世人。这些详载在《阿含》《增益》等经书上面。而我之所以述此广戒门，便是本于菩提之心。千万不要说因为他并非名人，其话语就不能够让人信服。但凡是修心的真君子，都要前来洗耳恭听。

守身为第一要紧事，摄心为第二要紧事，言语为第三要紧事，文艺为第四要紧事，出外为第五要紧事，相与为第六要紧事，时令忌日为第七要紧事，胎产忌为第八要紧事，妻妾忌为第九要紧事，杂录为第十要紧事。

圆觉总持

《圆觉经》上说：有一天，如来住于常寂光净土。其时文殊师利菩萨首先代表众菩萨向佛请问：如来在因地时，最初如何发清净心，如何随顺法性而修行的经过，希望佛为大众开示。于是世尊说出如来大圆觉的妙理，对于如何远离如幻之无明，如何持戒离欲，如何澄寂诸念而次第修习禅定的种种重要修行方法，加以逐层说明，并且提供了克期取证的时限方便，最后净诸烦恼，悟人清净的圆觉性海。所以《圆觉经》统摄一切佛法，周备戒定慧三学，故称为总持，是学佛者的修行指南。有人受持此经，护法金刚晨夕守护，令不退转；其家永无灾障，疾病消灭，财宝丰足。

灭罪门

[原文]

光阴如箭，日月如流。业报一至，欲避无由。乘此康健，勇猛回头。六根不动，八苦齐休。

亲近三宝第一，发宏誓愿第二，忏除业障第三，修福利人第四，现在觉悟第五，随喜功德第六，罪灭之相第七。

[译文]

光阴似箭，日月如流，一旦业报来到，逃避也会没了因由。因此要趁着现在的康健，勇猛地回头，达到六根不动，八苦齐休。

亲近三宝为第一要紧事，发宏誓愿为第二要紧事，忏除业障为第三要紧事，修福利人为第四要紧事，现在觉悟为第五要紧事，随喜功德为第六要紧事，罪灭之相为第七要紧事。

轮回观

[原文]

识离此形躯，其名曰中阴。一入胞胎后，此相忽然隐。譬之暗中灯，灯灭还晦冥。六道十七相，智者宜观省。

[译文]

识离这具形躯，名字叫作中阴。一旦进入了胞胎以后，此相便忽然消隐。这就像是黑暗中的灯，灯灭了以后还是陷入晦暝。六道十七相，智者应当全都一一观省。

解脱观

[原文]

修行无别法，出世为究竟。出世有多途，净土为捷径。述此观想法，言言宗大乘。托质上品莲，戒淫之事尽。

戒淫之士，清晨盥漱既毕，著清净衣，焚香顶礼三宝，向西趺坐。先想自身顶上，有梵书嚂字，遍有赤光。初如赤珠，次如满月，变成三角火轮，从头至足，烧尽自身。并烧一城一国，遍阎浮提，及三天下，如是渐广，至十方界。纵有重罪，此字烧已，渐得消除。

次想梵书一阿字，生成自身，及一切众生，皆作金刚不坏之体。自身在西方极乐世界，七宝池内，千叶莲华之中，华尚未开。

次想自心如月轮，于月轮中，有一梵书唵（ǎn）字。

次想莲华忽然开敷，团圆十二由旬，阎浮檀金为茎，白银为叶，金刚为须，甄叔迦宝为台，种种庄严，不可具说。

次想华开时，忽见阿弥陀佛，坐大宝莲华座上。其华八万四千叶，一一叶，八万四千脉。一一脉，八万四千色。一一色，八万四千光。佛身如百千万亿夜摩天阎浮檀金色，高无量由旬。眉间白毫，右旋宛转，如五须弥山。佛眼如四大海水，青白分明。身诸毛孔，演出光明。彼佛圆光，如百亿三千大千世界。

次想一大宝莲华座，在佛左边，观世音菩萨跏趺其上，身紫金色。顶上摩尼宝，以为天冠。微妙光明，以为璎珞（yīng luò）。手掌作五百亿杂莲华色，一一指端，有八万四千画，皆出种种光明。举足下足，有千辐轮相，自然化成五百亿光明台。其余身相，如佛无异，唯顶上肉髻，及无见顶相，不及世尊。

次想一大宝莲华座，在佛右边，大势至菩萨跏趺其上，身量大小，如观世音。圆光面各百二十五由旬，照二百五十由旬。菩萨天冠中，有五百宝华，普现一切佛事。常以宝手，接引念佛众生。

次想琉璃地上，黄金绳界道。楼阁千万，百宝合成，或浮虚空，或停宝地。无量乐器，皆出妙音。

次想宝树，皆七重行列，具足七宝华果。一一华果，作异宝色。琉璃色中，出金色光；玻璃色中，出红色光；玛瑙色中，出砗磲光；砗磲色中，出绿珍珠光。珊瑚、琥珀，一切众宝，以为映饰。妙真珠网，弥覆其上。

次想七宝池中，八功德水，皆妙宝所成。其宝柔软，从如意珠王生，分十四支。一一支，作七宝色，黄金为渠，渠下皆以杂色金刚为底沙。一一水中，有六十亿七宝莲华。一一莲华，团圆正等十二由旬。

次想自身，见佛菩萨，踊跃欢喜。乘空而行，到佛菩萨所，头面顶礼。烧无价名香，散无价宝华，作无量天乐，放无量宝云，供养阿弥陀佛，并二大士。

次想自身供养之后，于佛菩萨前，作大忏悔，誓度十方一切众生。

次想极乐国土，一一宝树，一一楼阁，一一宫殿，皆有一佛二菩萨，跏趺端坐。自身化无量身，一一佛菩萨前，各各如前供养，如前忏悔、发愿。

次想自身还至从前华上，端然趺坐，一心观阿弥陀佛眉间白毫相光，湛然而住。

若妄想起时，但作莲华开想、合想，妄念自息。

若分别心起，但想一梵书洒字，即成无分别。

若执着心起，但想一梵书含字，即得空诸执着。

（观法详在《十六观经》，兹因限于卷帙，不能备举。故将《大阿弥陀经》《观经疏钞》《显密圆通》《准提》《净业》等书，参酌会通，定撮要数则。庶使初入法门者，易于修持，或未始非一心三观之少助耳。信心之士，取《十六观经》详览，使观法不背佛言，方不堕入魔境。至若观想成熟，净境现前，虽天宫之乐，犹不屑受，岂特区区防淫节欲，为下根说法而已哉。）

［译文］

对于修行来说别无他法，出世为最高境界。出世有多种途径，而净土则是为捷径。所讲述的这个观想法，句句都是宗属于大乘。托质于上品之莲，戒淫之事便能尽除。

戒淫的人，清早洗漱完了以后，要穿上清净衣，对着三宝焚香顶礼，并向西方趺坐，要先想一下自身恶头顶上，有梵书嚂字，正在发出红光，开头像红珠一样，然后便像满月，接着变作三角火轮，从头到足，将自身烧尽，又烧遍一城一国，而后烧遍阎浮提，然后及于三天下，如此这般，渐烧渐广，一直到达十方界。这样的话，即便是犯有重罪，此字烧完了以后，罪业也会渐渐地消除了。

再想梵书一阿字，生成为自身，及所有众生，都化为金刚不坏之体。自身便是在西方极乐世界之中，七宝池之内，千叶莲花当中，此时花还未绽开。

再想自心犹如月轮，在月轮当中，有一梵书唵字。

再想莲花忽然绽放，方圆十二由旬，阎浮檀金为茎，白银为叶，金刚为须，甄叔迦宝为台，此间的种种庄严，不可一一细说。

再想花开之时，忽然看见阿弥陀佛，坐于大宝莲花座之上，其花有八万四千叶，一一叶，八万四千脉；一一脉，八万四千色；一一色，八万四千光。佛身像百千万亿夜摩天阎浮檀金色，高无量由旬，眉间白毫，右旋宛转，犹如五须弥山。佛眼犹如四大海水，青白二色分明。身上的诸毛孔，全都放出光明，佛陀的圆光，犹如百亿三千的大千世界。

再想有一大宝莲花座在佛的左边，观世音菩萨跏趺于其上。身着紫金色，头顶上的天冠为摩尼宝。微妙光明化为璎珞。手掌上作五百亿杂莲花色，一一指端，有八万四千画，全都现出种种光明。举足下足，自有千辐轮相，自然化为五百亿光明台。其他的身相，如佛一般无二，唯有顶上的肉髻，以及无见顶相，不如世尊之尊贵。

再想有一大宝莲花座，在佛的右边，大势至菩萨跏趺于其上。其身量之大小，犹如观世音，圆光面各百二十五由旬，照二百五十由旬。菩萨的天冠上，有五百朵宝花，普现所有的佛事。常常用宝手，接引世间的念佛众生。

再想琉璃地上，黄金绳界道，楼阁千万座，皆由百宝合成。或浮于虚空，或停在宝地，无量乐器，全都发出妙音。

再想宝树皆有七重行列，全都有七宝花果。所有的花果，都作异宝色，在琉璃色之中，又出现金色光，同时玻璃色中又出现红色光；玛瑙色中，则出现砗磲光；砗磲色之中，又出现绿珍珠光。珊瑚琥珀等一切众宝，都用来作为映饰，妙真珠网将它的上面盖满。

再想七宝池中，有八功德水，全是妙宝所组成。其宝柔软，从如意珠王上生出，分为十四支。一一支，化作七宝色，黄金为渠，渠下皆由杂色金刚作为底沙。一一水中，有六十亿七宝莲花，一一莲花，团圆正等，十二由旬。

再想及自身，看到佛菩萨，很是踊跃欢喜。乘空而行，来到佛菩萨之所，头面顶礼，烧无价之名香，散无价之宝花，作无量之天乐，放无量之宝云，以供养阿弥陀佛，并二大士。

再想自身供养之后，在佛菩萨前，作大忏悔，发誓要度十方所有的众生。

次想极乐国土，一一宝树，一一楼阁，一一宫殿，全有一佛并二菩萨，跏趺端坐其中。自身化为无量身，一一佛菩萨前，个个像前面那样供养，像前面那样忏悔发愿。

再想自身回到从前的花上，端然趺坐其中，凝心观阿弥陀佛眉间的白毫相光，净心归为一。

如果起了妄想，只当作莲花开想合想，那样妄念便自动平息。

如果起了分别心，只要去想一梵书含字，便能成无分别。

如果起了执着心，只要去想一梵书含字，便能得空相入定。

（观法详细记载在《十六观经》中，如今因为限于篇幅，无法一一列举。因此将《大阿弥陀经》《观经疏钞》《显密圆通》《准提》《净业》等书，相互会通，撮举重要的数则。让那些初学佛法者，修持起来比较容易，也许可以起到“一心三观”的帮助。有虔诚心的人，应当自去取《十六观经》详细观看，并使观法不背于佛言，那样才不会堕入魔境。等到观想成熟的时候，净境便能现于前，即便是那些天宫之乐现前，也不会为之心动，更何况那些区区恶淫欲，只是下根说法罢了。）

卷三 决疑论

统论淫业类（八问八答）

［原文］

问：太极生两仪，两仪生四象，而人类兴焉。则男女形体，实天地所生也。天地既生男女，又恶男女之事，是诚何故？

答：男子有室，女子有家，父母大愿也。若不待父母之命，钻穴逾墙，则又恶之贱之。父母既尔，天地亦然。

问：天地以生物为心。男女之道，生生之本也，苟其恶之，生生之理安在？

答：生物为心者，盖言慈心不害耳，非以生育之多为贵也。天道若贵生育，则鸡犬猪羊，一乳数子。鱼虾之卵，累百盈千。较之人类，岂不更合天心耶？

问：上帝既恶邪淫，当使世人皆生一类形相，壮年自然生育，则邪淫之本断矣。何为计不出此？

答：吉凶祸福之柄，虽天实司之，然不过因物付物耳，初无私意于其间也。况男女之相，皆随其宿世之心所造。天既不能强天下之男女皆出于一心，又安能强天下之男女皆出于一相哉？

问：男女之事，世人最秘，天地鬼神焉能一一知之？

答：法界与心，原非二物。自心既知，十方世界悉知，岂特天地鬼神而已乎？水清而月现，鼠腐而虫生，何不细参其理？

[译文]

问：从原始的混沌之气中，产生了天地，有了天地以后，也就产生了四时，同时人类也就诞生了。这样来看，男女的形体，其实都是天地所创造出来的。而天地既然已经创造出了男女，却又很痛恶男女之事，这是什么原因呢？

答：男子能够有家室，女子能够有归宿，这便是为人父母者的最大愿望。如果子女不听从父母之命，偷情相会，甚至私奔出走，便又会让父母为之痛恶，认为这样是太过于低贱了。既然父母尚且如此，天地也是一样的。

问：天地之心是要让万物都得以生长。男女间相爱，便是生命延续之根本。如果痛恶这件事的话，那么上天的好生之道体现于何处呢？

答：上天所有的好生之德，只是培养出慈心，不去滥杀无辜的生命，而并非是以生育之多为贵。如果天道看重生育的话，那么鸡犬猪羊，一次便能生乳数子，鱼虾之卵也是一次就能成百上千，这样和人类相比的话，岂不是更和天心相合吗？

问：既然上帝痛恶邪淫，就应该让世人都生长成一类形相，到了壮年便会自然生育。那样的话，邪淫之本也就自然断绝了。为何不这么办呢？

答：虽然上天持有主宰人类吉凶祸福的大权，那也只是因为天贵人贱而已，那原本都是由宿世修福所得，上天也并不能按照个人的意志去创造人类。因此男女之相，都是随其宿世之心所造成。既然上天无法强迫天下的男女全是一心，又如何可以强迫天下男女全为一相呢？

问：男女之间的私事，最是隐秘。天地鬼神又是如何能一一知道的呢？

答：宇宙万物全都不离于一心之外，既然自心能够知道，十方世界便也都能知道，单单是天地鬼神才知道的吗？水清而月自现，鼠腐而虫自生，为什么不细细地参究呢？

[原文]

问：杀生者，令彼痛苦。窃盗者，令彼贫穷。其受罪报，固不待言。至于淫欲，彼此皆悦，庸何伤哉？

答：彼此则皆悦矣，试问其夫见之，亦悦乎？其父母兄弟见之，亦悦乎？天地鬼神见之，亦悦乎？则悦者，不过一人。而切齿拊膺、怒目环绕者，遍虚空也。乌得无罪？

问：然则较之杀、盗，毕竟孰重孰轻？

答：杀者，痛苦难当；淫者，恶名难受。盗者，劫其养身之财；淫者，劫其养性之宝。因既不同，果亦各异。所以犯杀、盗者，如风火之疾，速生速死。犯邪淫者，如痨怯之症，难脱难除。未可分轻重于其间也。

问：逾东邻垣，搂其处子，犹曰我作之孽也。至于奔女，彼乃自投罗网，纳之何足为罪？

答：搂是何心？纳是何心？既可以纳，即可以搂。譬如彼有毒药，窃而食之者固死，受而食之者亦死。

问：犯良家女，其罪诚重。至于婢媵（yìng），何足为罪？

答：在彼受染之躯，则有贵贱之异。在我行欲之体，实无彼此之殊。妓女且有罪，况婢媵乎？

［译文］

问：杀生使他人感到痛苦，窃盗使他人陷于贫穷，以后都要受恶报，这原本是不需言说的。但说到淫欲，则是让双方都感到欢悦，又何必要加以制止呢？

答：你说得不对呀，这样的话双方都会成仇。试想一下：如果她的丈夫看到了，会感到欢悦吗？如果他的父母兄弟看到了，会感到欢悦吗？如果天地鬼神看到了，会感到欢悦吗？这样看来，感到欢悦的不过只是他一人。而咬牙切齿、怒目环绕的，却遍虚空都是啊！如何能说是无罪呢？

问：但是这和杀盗比起来，究竟是孰重孰轻呢？

答：杀人者是痛苦难当；淫欲者是恶名难受。盗窃者是失去了养身之财；淫欲者失去的则是养性之宝。既然所种之因不同，所得之果也各异。因此说犯了杀盗，就如同是患上了风火之疾，导致速生速死；而触犯了邪淫，则如同患上了痨怯之症，难以解脱消除。这其中是很难区分孰轻孰重的。

问：像那种爬越东邻之墙，搂抱别家处女的事情，可以说是我自己所造下的孽。而说到那些私奔之女，原本是她自投罗网，我只是接纳了她，又有什么罪过呢？

答：搂抱是何等居心？接纳是何等居心？既然可以接纳，也就可以搂抱。这就像是别人有毒药，你因为偷窃而食，自然会死，但接受而食，也同样会死。

问：侵犯了良家之女，罪过的确是很重。但是如果是家中婢媵，又何足为罪？

答：受触犯的人的身份，虽然有贵贱之别，但我想要行欲之体，实际上却并无彼此之分。和妓女发生了关系尚且会有罪，更何况是家中的婢媵呢？

因果析疑类（八问八答）

［原文］

问：大富贵人，往往多造淫业，何以不见有报？

答：宿世善缘既熟，今世虽恶，尚当先享福报，留其苦于来生。譬如凶年之谷，得之往岁。今岁之荒，来岁受苦。善亦如是。（说本《业报差别经》）

问：风流之事，偏与功名为水火，其义何居？

答：风流之事，最损彼家名节，故亦受损名之报。

问：好色之士，后世每堕女身，何以故？

答：淫者意中，念念有一美女。情之所牵，其音容笑貌，常摹美女之娇态。以故阳气渐消，不觉形随心变。

问：淫男念念想女，后世若必堕女身。则淫女念念想男，后世反可得男身矣。女何幸而男何不幸？

答：转男为女，堕落也。转女为男，超生也。同造堕落之因，决无独受超生之果。譬如两人登山，一人过于视下，忽然失足。一人过于视上，忽然失足。视下失足者，固堕至山下矣。岂视上失足者，必堕至山顶耶？

［译文］

问：大富大贵的人常常会多造淫业，为什么看不到他们受到报应呢？

答：如果宿世善缘已经成熟的话，今世虽然为恶，也应该先享受福报，将苦果留给来生。这就像是虽然是在凶年，但是因为藏有储备粮，便能顺利渡过难关。如果今年田园荒芜的话，那么来年就一定会受苦。做善事也是相同的道理。（见说本《业报差别经》）

问：风流之事，偏偏和功名势同水火，不能相容，这是何道理呢？

答：因为风流之事最是损人名节，因此也会受到损名之报。

问：好色的人，后世往往会堕落作女身，这是什么原因呢？

答：淫者的意念当中，念念不忘的就是有一美女，正因情之所牵，他的音容笑貌便会经常模仿美女的娇态。这样一来，阳气便渐渐消尽，不知不觉间便形随心变。

问：既然淫男念念想女，后世往往堕落为女身，那么淫女念念想男的话，后世

反倒可以得为男身了。这样的话，女子多幸运，而男子多不幸啊。

答：转男为女是为堕落，而转女为男则是超生。既然是同造了堕落之因，便决不会独受超生之果。这就像是两个人登山，一个人只看下边，忽然间失足，一个人只看上边，也忽然间失足。那个只看下边的人固然会掉到山下来，难道那个只看上边的，失足以后就能掉到山顶上吗？

［原文］

问：子息既从欲事而生，则多欲者宜多子，何以耽于色欲者，子女偏觉寥寥？

答：其故有二：一者使尽男子之态，不应更生男子故。二者精液耗散，如鄙吝之人酿酒，米少水多故。

问：世间之法，犹言罪不及孥（nú），官不及世。若善者克昌厥后，淫者殃及子孙。则为善人之后者，何以享自然之福？为淫人之嗣者，何以受无妄之灾？

答：宿世修善，投作善之家享福。宿世造恶，投作恶之家受祸。莲华不发荆榛（zhēn）之干，偃鼠岂出龙象之胎？

问：修善得贵子，理也。但其人与我有缘，方来托生。万一福之称者，缘不合；缘之合者，福不称，奈何？

答：无量劫来，欲报我仇者，不计其数。欲报我恩者，亦不计其数。善以善应，恶以恶应，不患无转移之法。

问：险恶之人，固当无后。彼持斋奉佛，发心出世者，何以往往无嗣？

答：险恶者无后，刻薄之孽报也。修行者无后，清净之福报也。世间不肖子孙，贻祖父以死不瞑目者，何可胜数？大圣大贤，犹不能顾后，况其他乎？即使世世得象贤之嗣，而淫杀之业，人所同有，究本寻源，孰阶之厉？所以修行人，具大智慧，求大解脱，既欲舍此凡躯，并求断此凡种，俯视尘世，瓜瓞螽（dié zhǒng）斯，嚼蜡无味。譬如有人前世为猫，产一猫子，必欣然爱之。若转世为人后，识得此猫，是吾宿世所生，见其盗鱼捕鼠，必切齿愧恨矣。岂尚愿其猫种不绝，源源产乳哉？

[译文]

问：既然儿子是从欲事中生出的，那么多欲事的人就应当是多子了。为什么那些沉迷于色欲的人，却偏偏子女稀少呢？

答：这里有两个原因：一是因为沉迷于女色，已经失去了男子之态，无法再生男子；二是因为精液已经耗散，如同贪吝之人，酿酒时米少而水多。

问：世间之法，罪过不会让妻儿受到牵累，做官也不会延及到后辈。然好人却能留福给后代，淫者将会降祸于子孙。为什么好人的后代能安享自然之福，而淫人的后代则会遭受无妄之灾呢？

答：如果宿世修善，那么投作善之家便能享福；如果宿世造恶，那么投作恶之家便会受祸。这就如同莲花不会在荆榛之中生出，老鼠又如何能出于龙象之胎？

问：修善能得贵子，这是定理，但也是因为此人和我有缘，才前来托生。万一出现那种福相称而缘却不合，或者是缘相称而福却不合的情况，那该怎样办呢？

答：无量劫来的时候，想要报我仇的人会不计其数，想要报我恩的也是不计其数。善以善应，恶以恶应，无须害怕没有转移之法。

问：那些险恶之人，固然应该无后，但那些持斋奉佛、发心出世的人，为什么常常也会无后呢？

答：险恶者的无后是刻薄的孽报，而修行者的无后则是清净的福报。世上的不肖子孙，让先祖先父死不瞑目的人多得不可计数。大圣大贤尚还无法顾及后代，更何况是其他普通人呢？即便是世世能得贤嗣，但淫杀之业，却是人所共有的，究其本源，祸的根源是谁呢？因此修行之人，拥有了大智慧以求大解脱。既然是想要将凡躯抛弃，并且想要断此凡种，俯视整个尘世，不过只是凡夫俗子所居之地，味如嚼蜡。这就像是有人前世为猫，产下一个猫子，必定会欣然接受。但是如果转世为人以后，识得此猫子，知道他原是我宿世所生，并看到他盗鱼捕鼠的话，必定会为之切齿痛恨了，难道还会有谁希望自己能够猫种不绝、源源不断的吗？

婚嫁穷源类（八问八答）

[原文]

问：淫既为万恶之首，则圣王治世，当有以绝之。而伏羲通媒妁(shuò)，合二姓之好，何耶？

答：此正所以息天下之淫也。婚礼不设，无论天下男女，必入禽兽之为，而所生子女，亦必致弃而不育。以故开一方便之门，定为婚姻之道，使男子各妻其妻，女子各夫其夫，父母各子其子，守其一而不乱也。

问：归作合之权于媒妁，何也？

答：恐巧诈者取妍(yán)弃媸(chī)，开天下之争也。

问：设问名、纳吉、请期之礼，何也？

答：恐开后世苟合之途，故多其曲折也。

问：婚嫁之故，余既知之。男女之道，始于何日？

答：按《起世因本经》，劫初之时，众生皆从光音天下，自然化生，不由母腹。逮食地味既久，形色丑恶，便有筋脉骨髓，分男女之相，而后有淫欲之情。此男女之道所由始也。

[译文]

问：既然淫是万恶之首，那么圣王治世的时候，就应当将其断绝。但是伏羲却通媒妁，并合二姓之好，这是什么原因呢？

答：这正是为了控制天下的淫业。如果没有了婚礼，再没有了媒人，让世间的男女自由地随心泛滥，一定会沦为禽兽之列，而他们所生的子女也一定会受到抛弃，没有人抚育。所以便开一方便之门，将其定作婚姻之道。让男子们各自独守自己的妻子，让女子各自独守自己的丈夫，而父母也各自抚养好自己的子女。这样一来，感情专一，就不会发生淫乱。

问：为什么将男女作合之权，归给媒人？

答：这是担忧那些奸巧狡诈的人，会贪色厌丑，恶贫爱富，发动天下之争。

问：为什么要选择一个好日子，并且还要送礼？

答：这是为了防止后世男女苟合，轻易将贞节失去，因此便多了这番曲折。

问：我已经知道婚嫁之故了。那么男女结合之事，是从何时开始的呢？

答：依据《起世因本经》，劫初之时，众生全都是从光音天下来，自然地化生，无须从母腹中出生。等到地味吃食的时间久了以后，形色丑恶，便有了筋脉骨髓，区分了男女之相，然后便有了淫欲之情。这便是男女之道的开始。

[原文]

问：儒谓不孝有三，无后为大。而佛制辞亲出俗，极言室家之为害。儒释两途，何以判然若此？

答：为善不同，同归于治。世人根器不一，有佛法不足化，而儒教可化者。有儒教不足化，而佛法可化者。故三教圣人，虽同心协力，不得不分任其事，各立一种门庭，各垂一种教化。名

虽三，而实则一也。譬如三大良医，皆欲治病，而病有不同，若三人皆习一业，所济必不能广。又如刀兵劫至，有三大长者，各欲救人出城，若止开一门，所救亦必不广。是故能尽仲尼之道，释迦见之必喜。能尽释迦之道，仲尼见之亦必喜。若谓从吾之教而善，则悦，不从吾之教而善，则不悦，亦不得为佛，不得为圣矣。隋李士谦曰："三教如三光也，岂可缺一哉？"（出《隋书》）后人议论纷纷，徒形其隘耳。

问：或疑羲皇诸圣，皆是大菩萨应化，不识有诸？

答：或亦有之。良弓之子，必学为箕；良冶之子，必学为裘(qiú)。佛教有权有实，有渐有顿。离欲出家，实教、顿教也。配合两姓，渐教、权教也。譬之不能持斋者，先劝之食三净肉耳。三教圣人此心同，此理同也。

问：天下人人绝欲，百年后无复人类，奈何？

答：此等浊世，男女二十不嫁娶，则相窥相从矣，安得人人绝欲？只如足下自反，恐亦不能，况其他乎？渔人一日不捕鱼，遂患舟楫之不通，是杞老忧天坠矣。

问：设或有之，奈何？

答：果尔，则一切世间，皆如诸天化生，不由胎狱。

［译文］

问：儒门中说不孝有三，无后为大。但佛让人们离开亲人去出家，并且极言家室之危害。儒释这两途，为什么会有这么大的不同呢？

答：这只是方法不同，而目的则相同。世人的根器不一样，有的人是佛法所不能教化，而儒教却可以使其感化。有的人是儒教不足以使其感化，而佛法却可以使其感化。因此三教的圣人，虽然是同心协力，却不得不各自分管自己的事，各自树立自己的门庭，各自垂行一种教化。名义上虽然为三，而实际上却是为一。这就像是三大良医，都是要为病人治病，而病症却不同，如果三个人都是用同一种方法，那么救济必定不能广。又比如面对刀兵劫的到来，出现有三大长者，各自都要救人出城。如果只开一门的话，那么所救的人群也必定不广。所以，如果可以尽仲尼之道，那么释迦见了必定会欢喜，如果可以尽释迦之道，那么仲尼见了也必定欢喜。如果说信我的教，觉得我教善，就高兴。如果说不信我的教，觉得我教不善，就不

高兴。那么佛也就无法称之为佛了，圣人也就无法成为圣人了。隋朝的李士谦说过："三教犹如三光，如何能够缺一呢？"（出自《隋书》）而后人的议论纷纷，不过都是些片面的观点罢了。

问：我怀疑羲皇等诸圣人，也都是由大菩萨应化，这样的想法对吗？

答：或许有吧。优秀弓匠的儿子，必须先学习制作簸箕；优秀冶匠的儿子，必须先学习制作皮衣。（比喻做事情，必须循序渐进，练好基本功。）佛教既有权又有实，并且有渐有顿。离欲出家，便是实教和顿教。而配合两姓，则是渐教和权教。这就如同对那些不能持斋的人，要先劝他食三净肉呀。三教圣人此心相同，并且此理也同。

问：如果天下人人都绝欲的话，百年以后就不再有人类了，那样的话如何应对呢？

答：在这等浊世之中，男女过了二十岁还不嫁娶的话，就会谁也忍不住，又如何能够人人绝欲呢？即便是说您自己能够立刻反省，恐怕也将十分困难，更何况是其他人呢？渔人一天不捕鱼，就担心没有摆渡的船，这只是杞人忧天罢了。

问：假如真可以这样的话，结局将会怎样？

答：果真如此的话，那么世间一切众生都会像诸天一样化生，不再有胎生了。

忏悔往生类（七问七答）

［原文］

问：已造淫业，欲除其罪，当于佛前忏悔乎？抑从自心忏悔乎？

答：心即是佛，佛即是心。佛前忏悔，不碍自心忏悔。自心忏悔，不碍佛前忏悔。

问：今世所犯淫业，固当忏悔以消除。若过去世中所犯，涉于渺茫，何须忏悔？

答：吾等旷劫以来，至于今日，凡系四生六道之身，一一受过无量。凡系罪大恶极之事，一一造过无量。若忏悔今生，而不及宿世，岂非去草留根耶？

问：善恶因果，父子不能相代。忏悔一身之业，犹恐不暇，并代四生六道忏悔，迂孰甚焉？

答：但求自利，不思利人者，凡夫之见。未求自度，先欲度人者，菩萨之心。禹、稷己溺己饥，孔子老安少怀，范子先忧后

乐，其揆一也。

问：淫欲固是生死之根，不可不断。但出世之法，乃身后事耳，晚年修习，未为迟也。

答：凡事预则立，不预则废。晚年而后修习，是犹饥而耕田，渴而凿井矣。况得至晚年者，目前岂数数见哉？举世尽从忙里老，谁人肯向死前休？

［译文］

问：如果已经造下了淫业，想要再去消除罪过的话，是应该在佛前忏悔呢，还是应该从自心忏悔？

答：心即是佛，佛即是心。佛前的忏悔，并不妨碍自心的忏悔，自心的忏悔也并不妨碍佛前的忏悔。

问：今世所犯下的淫业，自然应该忏悔以消除。如果是过去世中所犯下的淫业，对今世来说实属渺茫无知，又何须去忏悔呢？

答：我们从无量劫以来一直到今天，但凡是四生六道之身，一一受过无量；但凡是属于罪大恶极之事，一一造过无量。如果忏悔时只针对今生而不涉及宿世，那难道不是等于去草时留根吗？

问：善恶因果，父子也无法相代。即便是只忏悔一身之业，恐怕都会来不及，还要兼代四生六道一同忏悔，那样不是太过愚迂了吗？

答：但求自利却不思利人，这样的想法只是凡夫之见。未求自度却先要度人，这样才是菩萨之心。禹、稷为了天下的黎民苍生，宁愿自己遭受水淹，宁愿自己饿着肚子。孔子为了天下的黎民苍生，一辈子都没有停下来休息。范仲淹是先天下之忧而忧，后天下之乐而乐，他们的精神都是一样的。

问：淫欲固然是生死的根本，不可不将其断绝，但是出世之法，只不过是身后事而已，留到晚年修习，也不算为迟吧。

答：凡事都要早作准备才能成功，如果总是拖延的话就会废弃。到了晚年以后再去修习，这就如同饥的时候才去耕田，渴的时候才去凿井。更何况到了晚年以后，目前还有多少人是在修行呢？举世尽从忙里老，谁人肯向死前休？

［原文］

问：末世众生，贫苦殊甚。佛国楼阁宫殿，皆七宝庄严。何其苦乐之不均哉？况佛视众生，等于一子，何不分惠十方，使一切共享其乐乎？

答：苦乐天渊，现在之果，而所以致此者，过去之因。往昔因中，举世皆造杀业，菩萨独尚慈悲。举世皆耽色欲，菩萨独修梵行。举世皆事贪吝，菩萨独爱布施。作善作恶，既有天渊之别，各各不能相代。则受乐受苦，亦有天渊之别，各各不能相代。譬如舜目重瞳，较之双眸而有余。瞽瞍(sǒu)盲视，拟于独眼而不足。舜虽大孝，岂能以己之有余，补其亲之不足哉？

问：土阶茅舍，乃见尧舜之仁。琼室瑶台，适形桀纣之恶。佛既观三界为牢狱，何必借七宝以庄严？

答：一则是万姓之脂膏，一则是三生之福果。二者合观，拟非其类。

问：佛国清净庄严，固万倍于尘世。但经中所言，未免形容太过，若皆信之，不几近于荒唐乎？

答：人所信者，不过耳目心思。耳目不及之处，犹谓荒唐，况心思不及者乎？譬如蚯蚓，但知尺土中食泥之乐，不知苍龙跃于大海，突浪冲波。亦如蜣螂(qiānglánɡ)，但知粪壤内转丸之乐，不知大鹏扶摇九万里，风斯在下。

［译文］

问：末世的众生，这般的贫苦，而佛国的楼阁宫殿，却都是七宝庄严。为什么苦乐不均的差异如此之大呢？佛视世间众生，原是等于一子，为什么不让十方众生全都受惠，让大家一同分享快乐呢？

答：苦乐之所以这样天渊之别，都是因为因果而引起的。在过去的因中，举世皆造杀业，唯独菩萨专行慈悲；举世全都沉迷于色欲，唯独菩萨静修梵行；举世之人皆为贪吝，唯独菩萨喜爱布施。如此作善作恶，既然有这样的天渊之别，个个无法相代，那么在受乐受苦上，自然也就有天渊之别，个个无法相代。譬如，舜一个眼睛里有两个瞳孔，他与有一双眼睛的人相比眼还多。瞽瞍（舜的父亲）双目皆盲，他与只有一只眼的人相比眼还少。舜虽然为大孝之人，他想用自己多余的眼，来补给他的父亲的不足，能够做到吗？

问：土阶茅屋，才正看出了尧舜之仁；琼楼玉宇，恰好暴露了桀纣之恶。既然佛将三界视为牢狱，又何必借七宝来加以庄严呢？

答：一则是为了天下万民的脂膏，一则是为了三生所积累的福果，这两者相比较，当然是截然不同。

问：佛国的清净庄严，当然是超出尘世万倍。但是经中所言的，未免是太过于形容过分了。如果人们全都相信的话，那不就近于荒唐了吗？

答：人们所相信的，只不过是耳目心思而已。耳目到不了的地方，就说是荒唐，何况是那些心思不能及的地方呢？这就像是蚯蚓只知道一尺土中的食泥之乐，却不知苍龙在大海上飞跃，突浪冲波的快乐。又像是蜣螂只知道粪土内转丸的快乐，却不知道大鹏扶摇直上九万里，搏击于长空的快乐呀。

如来应化类（七问七答）

［原文］

问：世人产育，必由阴道。菩萨入胎，必从右胁。何也？

答：凡夫有欲，故由产门。菩萨无欲，故从右胁。

问：三界至尊，莫如天帝。而如来降生，四王、忉利天子，皆恭敬奉承。得毋故为此言，以张大其说乎？

答：经称六道，诸天亦在其中。世人观之，以为尊而无对。佛眼视之，同为未出世之凡夫。故如来每一说法，无量帝释天王，皆恭敬礼拜，听受妙义。略言之，如《华严经》云："尔时天王，遥见佛来，即以神力，化作宝莲华藏狮子之座，百万层级，以为庄严。百万天王，恭敬顶礼。"《般若经》云："一切世间天、人、阿修罗，皆应供养。"《大宝积经》云："四天王天、三十三天诸天子等，虚空散华，供养如来。"《莲华面经》云："帝释天王，见世尊已，即敷高座，顶礼佛足。"《梵网经》云："十八梵天、六欲天子、十六大国王，合掌至心，听佛诵大乘戒。"《圆觉经》云："尔时大梵王、二十八天王，即从座起，顶礼佛足。"《贤愚因缘经》云："帝释侍左，梵王侍右。"《普曜经》云："梵天侍右，帝释侍左。"《造像经》云："梵王执白盖在右，帝释持白拂侍左。"《法华经》云："是诸大梵天王，头面礼佛，绕百千匝。"如是之类，不胜屈指。若如来福德，仅等诸天，则经中不敢说此大言。而梵王、帝释，岂容此等经典流通哉？

[译文]

问：世人的产育，必须要经由阴道，而菩萨的入胎，则只是从右胁。这是什么缘故呢？

答：这是因为凡夫俗子心中有欲，所以须由产门。而菩萨则无欲，所以只需从右胁。

问：三界间的至尊，没有比天帝更尊贵的了。而一旦如来降生，四王和忉利天子，全都对其恭敬奉承。说这样的话，是不是太夸大其词了呢？

答：经上所说的六道，诸天也属于其中。在世人的眼里是以为至高无上了，但在佛眼看来，不过是同为不曾出世的凡夫而已。因此如来每一次说法，无量帝释天王都会恭敬礼拜，聆听恭受妙义。简略地说来，就如同《华严经》上说："此时天王，遥见佛来，即以神力，化作宝莲华藏狮子之座，百万层级，以为庄严。百万天王，恭敬顶礼。"《般若经》上说："一切世间、天人阿修罗，都应供养。"《大宝积经》上说："四天王天、三十三天诸天子等虚空散华供养如来。"《莲华面经》上说："帝释天王见世尊后，即请佛升上高座，以礼佛足。"《梵网经》上说："十八梵天、六欲天子、十六大国王合掌至心，听佛诵大乘戒。"《圆觉经》上说："此时大梵王、二十八天王即从座起，顶礼佛足。"《贤愚因缘经》上说："帝释侍左，梵王侍右。"《普曜经》说："梵天侍右，帝释侍左。"《造像经》上说："梵王执白盖在右，帝释持白拂侍左。"《法华经》上说："此各大梵天王，头面礼佛，绕百千转。"诸如此类的说法，多得不胜屈指。如果如来的福德，仅仅是和诸天相等的话，那么经中是不敢说这样的大话的。而梵王、帝释，又岂能允许这样的经典流通呢？

[原文]

问：《玉皇经》载，天帝说法，佛来听受。然则非欤？

答：如来经典，佛口亲宣，阿难结集，一言不妄。《玉皇经》者，出于后人之手，非玉帝降鸾(luán)之笔。虽其所言，不失尊崇玉帝之意，然未知所以尊矣。且尔亦闻佛教之大乎？合古今福德最厚之人，不如四王天一天人。合四王福德最厚之人，不如忉(dāo)利天一天人。玉帝者，忉利天之王也。忉利而上，展转相胜，至他化天，为欲界，有四重阶级。他化而上，展转相胜，至色究竟天，为色界，有十八重阶级。色究竟而上，展转相胜，至非非想天，为无色界，有四重阶级。总为未出世之凡夫。若出世圣流，有声闻小乘，自须陀洹(huán)至阿罗汉，有四重阶级。又上之，有缘觉、独觉。

列子议圣

《列子》记载：吴国太宰伯嚭曾问孔子说："您是圣人吗？" 孔子回答："我不过博闻强识罢了，不是圣人。" 又问："夏禹、商汤、周文是圣人吗？" 孔子说："他们是善于任用智谋勇力之人，圣不圣，我就不知道了。" 又问："五帝是圣人吗？" 孔子答："他们是善用仁信之人，圣不圣，我就不知道了。" 又问："三皇是圣人吗？" 孔子答："三皇是善用因时制宜之人，圣不圣，我就不知道了。" 太宰大惊问："那谁是圣人呢？" 孔子严肃地说："听说西方有圣人，无须治理，国家自然安稳；不用劝说，人们自觉信服；不用教化，人们自觉遵守。这才是大圣。"

又上之，则菩萨位中，有十信、十住、十行、十回向等，有数十重阶级。又上之，得入初地，自欢喜地，至法云地，又有十重阶级。然后位臻(zhēn)等觉，为补处之尊，将成佛矣。佛为无上大法王，以其无有得而更上也。岂有玉皇说法，反来听受者乎？莲大师《正讹集》中，辨之甚详。

［译文］

问：《玉皇经》上曾记载，天帝说法的时候，佛前来听受。真的是有这么回事吗？

答：如来的经典，佛口亲宣。阿难之结集，的确不是妄言。而《玉皇经》只是出于后人之手，并非玉帝降鸾之笔。虽然那其中所说的，不曾失掉尊崇玉帝之意。但并不知道天地间谁才是最尊贵的。你也听闻过佛教的伟大吧，即便合古今福德最厚的人，也依然不如四王天一天人。而即便是合四王福德最厚之人，也依然不如忉利天一天人。而玉帝是忉利天之王。忉利以上的则是逐个更加胜出，至他化天为欲界，分为四重等级。而他化之上，则逐个更加殊胜，至色究竟天为色界，分为十八重等级。色究竟以上，则逐个更加殊胜，至非非想天为无色界，分为四重等级，都是一些未出世的凡夫。如果出世的圣流，有声闻小乘，自须陀洹至阿罗汉，分为四重等级。在这之上还有缘觉、独觉。再上，则入了菩萨位中，分为十信、十住、十行、十回向等，有数十重等级。再上，便得入初地。从欢喜地到法云地之间，又有十重等级。在这以后位至等觉，是补处之尊，就将能成为佛了。由此可见，佛是无上大法王，处在整个世界的最高地位，是宇宙的本体，如何反倒会有玉皇说法，如来前来听受的事情呢？这在莲池大师《正讹集》中有细致详尽的辨析。

［原文］

问：如来降诞，既在周昭王时。则佛法在天竺国，已将五百年矣，孔子何以不闻其概？

答：孔子已微闻其略矣。昔太宰问孔子曰：“夫子圣者欤？”孔子曰：“圣则某弗敢。”又问三王五帝，孔子皆不对。太宰骇曰：“然则孰者为圣？”孔子动容有间曰：“某闻西方有大圣人焉，不治而不乱，不言而自信，不化而自行，荡荡乎民无能名焉。”（出《列子·仲尼篇》）安得谓不闻哉？

问：佛教至汉明帝时方传东夏，孔子何由而知？

答：如来降生，此间已有其兆。昭王二十六年（坊本作

二十四年）甲寅，四月八日，日有重轮，五色祥云，入贯太微，遍照西方，大地震动，池井泛溢。王命太史苏由筮之，得“乾”之九五。由曰：“西方有圣人降诞耳，却后千年，教法来此。”王命镌石记之，置之南郊祠前。（出《周书异记》及《白马寺碑记》）则孔子所言，盖有自矣。但教未东来，言之略耳。

［译文］

问：如来降诞的时候，也就是在周昭王时，那样算来佛法在天竺国，已经将近五百年之久了。为什么孔子却不曾闻其大概？

答：实际上孔子已经听说过了。以前太宰向孔子问道：“夫子您是圣人吗？”孔子回答道：“圣人这个称呼我是不敢领受的。”又问及三皇五帝，孔子都没有回应。太宰诧异地说：“那样的话，谁才是圣人呢？”孔子非常激动地说：“我听说在西方有一位大圣人，他不用去治理天下而天下自然太平，不用去劝说世人而世人自有信仰，不用去施行教化而教化能够自然实行，他力量的广大无边，俗人是没有办法讲清楚的。”（出自《列子· 仲尼篇》）如何能说孔子没有闻过佛教呢？

问：佛教是在汉明帝的时候才传入中国的，孔子是通过何种渠道知道的呢？

答：如来在降生的时候，此地就已经有征兆了。相传在昭王二十六年（坊本作二十四年）甲寅四月八日那天，太阳出现了重轮，兼有五色祥云，入贯太微，遍照于西方，大地都为之震动，池井纷纷泛溢。昭王命令太史苏由去占卜，得了“乾”之九五。由说：“这是因为西方有圣人降诞了！过了千年以后，教法就能够来我们的国土。”昭王便下令刻石以记载，放置于南郊的祠前。（出自《周书异记》以及《白马寺碑记》）孔子所说的，自然也就有依据了。可是教尚未东来，只是说得简略些而已。

［原文］

问：《六经》所言，方可为据。《列子》之书，何足信乎？

答：孔子生平所言，传于后世者，百千中之一耳，安保其尽载《六经》乎？列子，学孔子者也，去圣未远，其言必非无据。何由知数百年后，有佛法至此，而预为之地乎？且何以不言他方，而独指西方乎？

问：上古无佛，人颂升平之化。后世有佛，反成叔季之风。其教亦何益于人国也？

答：诸佛降生，正因救度浊世。譬如因暗而设灯，非因设灯而始暗也。乱天下者，皆凶暴淫虐，最不信佛之人。曾见有断酒戒荤，而杀人行劫；栖身寺院，而弑君篡夺者乎？刘宋文帝曰："若使率土皆感佛化，朕则坐致太平矣。"（出《宋书》）唐太宗序三藏圣教，极意尊崇，谓侍臣曰："佛教广大，莫极高深。"玄奘法师示寂，高宗曰："朕失国宝矣！"哭之至恸，辍朝五日。玄宗闻神光师之论，叹曰："佛恩如此，非师莫宣，朕当生生敬仰。"宋朝太祖、太宗、真、仁、高、孝，无不归心佛门，精研大法，或驾临佛宇，或问道禁中。（事迹见于唐宋史、《稽古略》《文献通考》《北山录》《郑景仲家集》等书）所以古今来明智之人，类多归向。

［译文］

问："六经"所说的，才可以引以为据。像《列子》那类的书，又何足为信呢？

答：孔子生平所说的，流传于后世的，只是百千中的之一而已，如何能保证它全部都记载在"六经"上呢？列子是向孔子学习的，还算是去圣未远，他的话必定会有一定的依据。从哪里得出数百年之后，有佛法来到这里，而也能预知其传出之地呢？为何不说是其他地方，而偏偏指西方呢？

问：上古并没有佛，天下太平。后世有了佛，反倒是世风渐下。那么佛教于人于国来说，又有何益处呢？

答：诸佛之所以诞生，正是为了要救度这个浊世。这就好像是因为暗而点灯，却并不是因为点灯了才开始黑暗。导致天下大乱的人，全是凶暴淫虐、对佛最不信服的人。可曾看到有人断酒戒荤，反倒会去杀人抢劫的吗？有寄身于寺院，反倒弑君篡权的吗？刘宋文帝说过："若人们都能受佛法感化，我也就可以轻而易举地获取天下的太平了！"（出《宋书》）唐太宗为三藏圣教作序，并对其异常钦崇，对侍臣们说："佛教真是广大啊，高深莫及。"玄奘法师逝世了以后，高宗对身旁的人说："我现在失去国宝了！"他恸哭一场，并下令停朝五日。玄宗听说了神光师之论以后，感叹地说："佛恩竟如此闳深，非师莫宣，朕当生生以敬仰！"宋朝的太祖和太宗，以及真、仁、高、孝诸帝，全都致力于弘扬佛法，有时会亲自驾临到佛寺，有时会在内宫问法。（事迹见于唐宋史、《稽古略》《文献通考》《北山录》《郑景仲家集》等书）因此古往今来，明智的人，也大多归向于此。

西归直指

卷一　净土纲要

阿难启请

［原文］

《大本弥陀经》云：释迦如来，一日容颜异常。阿难问之。佛言：“汝所问者，胜于供养一四天下声闻、缘觉，及布施诸天人民，以至蜎飞蠕动之类，虽至累劫，犹百千万倍，不可以及。所以者何？以诸天帝王人民，乃至蜎(xuān)飞蠕(rú)动之类，皆因汝所问，而得度脱之道。”

（按）观此，则知净土法门，不独人类之梯航，亦诸天诸仙之宝筏，慎莫泛视。

［译文］

《大本弥陀经》上说：有一天，释迦牟尼世尊的容颜和往常很是不同。阿难便去叩问是何缘故。佛陀便告诉他说：“今天你的这个提问，胜于供养整个天下的声闻和缘觉，以及布施的诸天众生，甚至也超出蚊虫蚂蚁等那样微小的生命之类。要供养如许多的众生，即便是要经过若干劫长的时间，有着无量的功德，然而也还是比不上你今天的这个提问。什么原因呢？这是由于各天帝王和人民，以及那些蚊虫蚂蚁等等，全都因为你的这个提问而找寻到了解脱的大道。”

（按）从这儿，我们就能够看出，净土法门，不单单是人类走出生死轮回的阶梯，也是大千世界芸芸众生获取解脱的慈航，千万不能够忽视呀！

法藏因地

［原文］

《大本经》云：无量无数劫前，有世自在王佛出世，化度众生。是时有大国王，往听说法，顿然觉悟。乃舍王位，而往修行，号曰法藏比丘，即今阿弥陀佛是。对世自在王佛，发四十八大愿，皆为济度众生。乃精进修行，入菩萨地。内则修慧，外则修福。于一切世间，无所不知，无所不见。且复托生于一切众生中，同其形体，通其语言，以施教化。故上自天帝，下至昆虫，无不欲令其超生极乐。

［译文］

《大本经》上说：在很久很久的无数劫之前，有世自在王佛出世，度化了芸芸众生。这时候，有一位大国的国王，也前去听法，并顿时获得开悟。于是他就抛弃了王位，随佛一同修行，法号称为法藏比丘。这个人就是如今阿弥陀佛的前身。法藏比丘向世自在王佛发了四十八个大愿，全都是为了救度芸芸众生。于是他能够精进修行，并进入到了菩萨的最高境地。在内则修慧，在外则修福。世间的一切对于他来说，都是无所不知、无所不见的，并且自己也托生在了一切众生当中，和他们有着同样的外形，说着同样的话语，并想尽所有的办法，去教化众生。也正因为弥陀发下了四十八个大愿，因此上自天帝，下到昆虫，无不愿意前往到极乐世界。

如来得名

［原文］

《小本经》云："彼佛何故号阿弥陀？舍利弗，彼佛光明无量，照十方国，无所障碍，是故号为阿弥陀。"又云："彼佛寿命，及其人民，无量无边阿僧祇劫，故名阿弥陀。"

［译文］

《小本经》上说："这尊佛为何名为阿弥陀？舍利弗便说，因为这尊佛光明无量，照遍了十方国土，全无一点障碍，所以便名为阿弥陀。"接着又说道："这尊佛的寿命以及其人民的寿命，都是无量无边的，不知究竟有多长时间，所以便名为阿弥陀。"

景象殊胜

［原文］

《大本经》言：刹中诸上善人，寿皆无央数劫。皆洞视彻听，遥相瞻见，遥闻语言。其面目皆端正净好，无复丑陋。其体性皆智慧勇健，无复庸愚。凡所存念，无非道德。形诸谈说，无非正

事。各相爱敬，无或憎嫉。各通宿命，虽历万劫，已所从来，靡(mǐ)不知之。复知十方世界去来现在之事。复知无央数世界，天上天下一切众生心意所念。复知彼于何劫何岁，尽得度脱为人，得生极乐世界。

[译文]

《大本经》上说：国中所有的善人，全都能够寿命无穷尽。远近的一切，也都可以看得见、听得到。外貌也都端正净好，不会再出现丑陋之姿。他们的本性全都聪明勇健，再也不会出现平庸愚痴。他们心中所想的，无非都是道德。口中所说的，无非都是正事。彼此互相爱敬，不会出现憎嫉。都能够通得宿命，即便是经过了无数的岁月，也可以知晓自己的来历。不但知晓十方世界过去以及现在的事情，也知晓无量世界中天上天下所有众生的思想，并且还知道是谁在何年何月，得以度脱为人，前往投生到极乐世界。

称名见佛

[原文]

世尊说《大阿弥陀经》，备言极乐世界种种庄严。告阿难曰："汝起整衣，合掌恭敬，面西为阿弥陀佛作礼。"阿难如教作礼，白佛言："愿见阿弥陀佛，及极乐世界，与菩萨、声闻大众。"说是语已，阿弥陀佛即放大光明，普照一切世界。尔时阿难见阿弥陀佛，容貌巍(wēi)巍，如黄金山。会中四众，悉皆睹见，并见国土一切庄严。是时盲者皆见，聋者皆闻，哑者皆语，跛者皆行，地狱饿鬼皆获安乐，诸天乐器不鼓皆鸣。

[译文]

世尊在说《大阿弥陀经》时，详备地讲述了种种极乐世界的庄严，并对阿难说："现在你起身整衣，恭敬地合掌，面朝西方，向阿弥陀佛敬礼。"阿难依照世尊的吩咐敬礼，对佛说道："愿见阿弥陀佛、极乐世界和菩萨、声闻大众。"话刚说完，阿弥陀佛便放大光明，普照了整个世界。此刻阿难看到阿弥陀佛，容貌巍巍，如同黄金之山。会中四众也都全部得以亲见，并看到了国土的一切庄严。此刻瞎子全重见光明，聋子也都恢复了听觉，哑巴也可以说话了，跛足也可以走路，地狱中饿鬼也都得到了安乐，各天乐器也都自动地演奏妙乐。

持名往生

[原文]

《阿弥陀经》云：“若有善男子、善女人，闻说阿弥陀佛，执持名号，若一日、若二日、若三日、若四日、若五日、若六日、若七日，一心不乱。其人临命终时，阿弥陀佛与诸圣众，现在其前。是人终时，心不颠倒，即得往生阿弥陀佛极乐国土。”又云：“若有信者，应当发愿，生彼国土。”

（按）此段乃一经之要旨，重在执持名号、一心不乱上。

[译文]

《阿弥陀经》上说：“如若有善男子或者是善女人，在听说了阿弥陀佛的名号以后，决心要往生净土，专心致志地念佛名号，就这样经过一天、两天、三天、四天、五天、六天、七天，始终一心不乱，等到他命终之时，阿弥陀佛和各圣众便会在他的面前出现。这个人在命终时，如果能做到心不颠倒，就能在瞬间得以往生阿弥陀佛极乐国土。”并且说道：“如若你相信阿弥陀佛的话，就应该发下宏愿，要往生到他的国土。”

（按）这一段就是全经的主旨，重点就在八个字：念佛名号，一心不乱。

末后付嘱

[原文]

佛告舍利弗：“若有人已发愿、今发愿、当发愿，欲生阿弥陀佛国者。是诸人等，皆得不退转于阿耨(nòu)多罗三藐三菩提，于彼国土，若已生、若今生、若当生。是故舍利弗，汝等皆当信受我语，及诸佛所说。”

（按）人在三界中，如在围城内，急求出路，方能逃脱。乃幸而开得一门，可以直达家乡，机缘岂可错过！净土法门者，透出围城，直达家乡之路也。释迦如来，大慈大悲，悯念被围之人必受荼毒，所以开此捷径之门，招人速出。此段经文，是最后叮咛语，不独教人谛信如来自己之言，并示以信受十方诸佛之语，悲心亦甚切矣。吾辈身荷大恩，无由上报，惟有如说修行，立弘誓愿，求生净土而已。谨将修持法门等，开列于后。

［译文］

佛陀告诉舍利弗说："假如有人已经发愿，或者是正在发愿，或者是将来要发愿，希望往生到阿弥陀佛极乐国土的话，这些人就一定不可以退转于阿耨多罗三藐三菩提。已发愿的人必定已经到达了极乐之国；正在发愿的人今生将会到达极乐之国；将要发愿的人，未来将可以往生极乐之国。所以，舍利弗啊！你们都应当相信我所说的话，以及所有诸佛所说的话。"

（按）人在三界之中，就如同是在围城之内，急着寻求出路，才可以得以逃脱。如果有幸可以打开一门的话，就能够直达到家乡，这样的机缘难道是可以错过的吗？而净土法门便是冲出围城、直达家乡的大路呀！释迦如来大慈大悲，怜悯那些被围的人必定会受到痛苦，因此便告诉给大家这个捷径，教人可以速出。这段经文便是他最后所叮咛的话。教人不单单只坚信如来自己所说的话，还要相信其他十方诸佛所说的话，的确是悲心切切呀！而我们身受佛陀的大恩，却并无办法报恩，只好按照诸佛所说的去修行，发下大誓愿，求生于净土，以此来报佛恩。谨将修持法门等开列在下面。

修持法门

［原文］

每晨盥（guàn）漱焚香，合掌向西（如有佛像，即便向之），至心奉为四恩三有法界众生，顶礼：

南无娑婆世界本师释迦牟尼佛（或三拜、或一拜）

南无十方尽虚空界一切诸佛（一拜）

南无十方尽虚空界一切尊法（一拜）

南无十方尽虚空界一切贤圣僧（一拜）

南无西方极乐世界大慈大悲接引导师阿弥陀佛（或十拜、或七拜）

南无观世音菩萨（或三拜、或一拜）

南无大势至菩萨（或三拜、或一拜）

南无清净大海众菩萨（或三拜、或一拜）

菩萨四弘誓愿：众生无边誓愿度（一拜），烦恼无尽誓愿断（一拜），法门无量誓愿学（一拜），佛道无上誓愿成（一拜）。

礼拜讫，即诵《阿弥陀经》，或平日所诵经，或平日所持咒，

皆不拘多寡，但须至心持诵。诵毕，即回向西方。略停，即一心念佛。

念佛起止仪：

阿弥陀佛身金色，相好光明无等伦。白毫宛转五须弥，绀目澄清四大海。光中化佛无数亿，化菩萨众亦无边。四十八愿度众生，九品咸令登彼岸。南无西方极乐世界大慈大悲阿弥陀佛。

随念六字名号，或四字名号，或几百声，或几千声，各随其力。念完，即念观音、势至二菩萨名号。即念《回向文》一遍，回向西方。

若每日所课佛号，多至几千、几万声，当分作几时念。每念一时，即回向一次。

其《回向文》，有详有略。详者，云栖大师所定。略者，慈云忏主所定。最略者，即经偈十六句（见后）。各随其力。

[译文]

每天早上洗脸漱口以后就要焚香，合掌向西（如有佛像，便向佛），对四恩以及三有法界的众生诚心地敬奉，顶礼：

南无娑婆本师释迦牟尼佛（或者是三拜，或者是一拜）

南无十方尽虚空界一切诸佛（一拜）

南无十方尽虚空界一切尊法（一拜）

南无十方尽虚空界一切贤圣僧（一拜）

南无西方极乐世界大慈大悲接引导师阿弥陀佛（或者是十拜，或者是七拜）

南无观世音菩萨（或者是三拜，或者是一拜）

南无大势至菩萨（或者是三拜，或者是一拜）

南无清净大海众菩萨（或者是三拜，或者是一拜）

菩萨四弘誓愿：众生无边誓愿度（一拜），烦恼无尽誓愿断（一拜），法门无量誓愿学（一拜），佛道无上誓愿成（一拜）。

礼拜完毕以后，便开始诵读《阿弥陀经》，或者是平日所诵读之经、平日所持之咒，不局限所诵数目的多少，但一定要至心地念诵。诵读完毕以后，便回向西方，略微停止一下，然后便一心念佛。

念佛起止的仪式如下：

阿弥陀佛身金色，相好光明无等伦，白毫宛转五须弥，绀目澄清四大海。光中

观音大士像

观世音菩萨是汉传佛教四大菩萨之一，以大慈大悲为主要特征。传说观音因为幻化出不同的法相，济世救民，所以民间供奉的观音有各种样子的：白衣观世音、高王观世音、送子观世音、鱼篮观世音等等。

化佛无数亿，化菩萨众亦无边。四十八愿度众生，九品咸令登彼岸。南无西方极乐世界大慈大悲阿弥陀佛。

随念的或者是六字名号，或者是四字名号，或者是几百声，或者是几千声，各随自己的力量。念完以后便开始念观音、势至二菩萨的名号，然后念一遍《回向文》，并回向西方。

如若每天所定的佛号多达几千几万声，就该分成几个时间段去念，每念完一次，便回向一次。

《回向文》则是有详有略。详细的《回向文》为云栖大师所制定；简略的《回向文》则是慈云忏主所制定。简略的《回向文》也就是经偈十六句（见后）。也是各随自己的力量。

报恩法门

［原文］

修净土者，静想吾一生以来，受恩最深者，莫如父母。自十月怀胎，三年乳哺，以及教训养育，此恩此德，何能上报？又念吾从无量劫来，托生之数，不可穷尽，则父母之恩未报者，亦不可穷尽。此无量宿世父母，现今必有在地狱中烧煮屠割者，必有在饿鬼中饥火焦燃者，必有在畜生中负重牵犁者。吾若不信有此，是犹母鸡被杀，而小鸡不信也。吾若不思救度，犹小鸡虽见母杀，而不知所以救度也。兴言及此，便当涕泪悲泣，举身投地，代为宿世今生父母，及受恩师长、眷属，发菩提心，至心称念圣号若干声。念念中先免其八十亿劫生死重罪，俟（sì）我往生之后，回入娑婆，然后尽行度脱。若有至亲骨肉，新遭丧亡者，亦回向在内。

［译文］

修得净土的人，静想一下，一生以来令我受恩最深的人就是父母。自从十月怀胎以后，接着又有三年时间的乳哺，以及教导和养育，此等恩德，如何报答？还要想一下，我是从无量劫而来，轮回托生的次数也是无穷无尽，那样一来，父母的恩情未曾能报的也是无穷无尽。而这些前世的无数父母，现在必定有在地狱中的，在遭受烧煮屠割；必定有处于饿鬼群中的，在遭受饥火痛苦；也必定有在牲畜中的，正在负重拉犁。如果我不相信的话，那就犹如母鸡被杀了，而小鸡却不相信。如果我不想救度他们的话，那就犹如小鸡虽然看见母鸡被杀，却无动于衷。说到这儿，就应该五体投地流泪悲泣，代为前世今生的父母以及受恩师长、眷属，去生发菩提心，至心称念若干声圣号，念念中先将他们的八十亿劫生死重罪免除。等到我往生之后，再回入到娑婆，而后再尽行度脱。如若遇到至亲的骨肉刚刚死亡的，也应该回向在内。

助缘法门

［原文］

修净土者，每日清晨，观想一阎浮提，推至大千世界中，所杀牛羊犬豕、禽兽鱼鳖之类，每日无算。积其尸，可以过高山之顶。收其血，可以赤江海之流。此等异类，止因宿生造业，不知有西方，故受轮回之苦。吾当代其发菩提心，至心称念佛号若干声，念念中先免其八十亿劫生死重罪，俟(sì)我往生之后，回入娑婆，然后尽行度脱。

又观想一阎浮提，推至大千世界中，一切饿鬼，为饥渴所逼，咽喉出火，骨节出声，受苦无量。又念八寒、八热大小地狱中，斩砍烧磨，一日一夜，万死万生，受苦无量。止因宿世广造恶业，不信有西方，故受轮回之苦。我当代其发菩提心，至心称念佛号，念念中先免其八十亿劫生死重罪，俟我往生之后，回入娑婆，然后尽行度脱。

又修净土者，每日之间，随力随分，所行善事，如布施贫穷、斋僧、塑像、买物放生之类，一毫之福，即代为十方受苦众生，回向极乐世界。

［译文］

修净土的人，每天清早，要观想我们这个世界，并且推广到无穷无尽的大千世界，每天所杀的牛羊狗猪以及禽兽鱼鳖之类，数目之多都无法计算。将它们的尸体积累起来，便能够超过高山之顶；将它们的鲜血收集起来，也能够染红江海之流。而这些生物，只是因为前世造业，不知道有西方，所以才受此轮回之苦。我也应当代它们发菩提心，至心称念若干声佛号，念念中先将它们的八十亿劫生死重罪免除，等到我往生之后，回入到娑婆，而后再尽行度脱。

再观想一下我们的这个世界，推广到无穷无尽的大千世界，所有的饿鬼在遭受着饥渴之苦，咽喉在出火，骨节也都出声，遭受了无量苦。又想及八寒八热中大小地狱里的斩砍烧磨，短短的一天一夜，便会有万死万生，并受苦无量。只是因它们前世广造恶业，不信有西方，因此才受此轮回之苦。我也应当代它们发菩提心，至心称念佛号，念念中先将它们的八十亿劫生死重罪免除，等到我往生之后，再回入到娑婆，而后再尽行度脱。

另外，修净土的人，每天都要尽自己的力量去做好事，比如布施于贫穷之人，施斋僧侣，塑造佛像，买物放生诸类，所有的一点一滴，都是代为十方受苦众生，回向极乐世界。

卷二　疑问指南

第一疑

［原文］

问：诸佛菩萨，以大悲为业，若欲救度众生，只应愿生三界，于五浊三途中，救苦众生。因何求生净土，专为自利，舍离众生。毋乃阙大慈悲，障菩提道耶？

答：菩萨有两种：一、久修行菩萨，已曾亲近诸佛，证得无生法忍者；二、初发心菩萨，未尝亲近诸佛，未得无生法忍者。久修行菩萨，有大神通，有大威力，故能为天为仙，为帝为王，为鬼为畜，出入生死，广度众生。若初修行人，力量浅薄，虽发菩提之心，犹住凡夫之地，自疾不能救，焉能救他人？故《智度论》云："具缚凡夫，有大悲心，愿生浊世，救苦众生者，无有是处。"何以故？五浊世中，声色货利，刻刻纠缠，烦恼怨家，重重密布，略一失足，便成堕落。纵使得生人中，难逢有佛之世。纵使有佛出世，难生信向之心。幸而信向佛乘，修行出家，转生若遇大富大贵，未免耽著尘缘，广造众恶。从此一失人身，何时更当解脱？所以有智慧人，将欲度生，先求见佛。果能一心不乱，念佛往生，业已为金刚不坏之身，然后可行随类度生之愿。譬如救溺（nì），须自乘舟筏，方能引人出水。若徒从井救人，未有不与之俱溺者。非阙慈悲也，正善用其慈悲也。

[译文]

问：诸佛菩萨，大慈大悲，如若想要救度众生，只应当发愿生于三界，在五浊恶世和三恶道中给饱受苦难的众生以救助。为何反倒求生于西方净土，专求自利，而将众生舍弃？难道这不是缺少慈悲之心，有碍于修菩提之道吗？

答：菩萨分为两种：一种是修行已久的菩萨，已经亲近了诸佛，证得无生法忍者；另外一种是初发心的菩萨，还未曾亲近过诸佛，未能得证无生法忍者。修行已久的菩萨皆有大神通、大威力，可以随类变化，或为帝王，或为鬼畜，可以出入于生死以外，将众生普度。而初发心修行的人则力量浅薄，虽然是发了菩提心，但依旧还是凡夫水平，就像是自己的病还未能完全治好，又如何能去救别人？因此，《智度论》上说："缠缚于各种业障烦恼的凡夫俗子，虽然也有大悲之心，情愿生于五浊恶世以救助众生，但无法行得通。"这是因为五浊恶世中时时有声色货利的纠缠，重重密布着烦恼怨家，稍微一有疏忽便会堕落。即便可以再生于人道，也难以再遇上有佛之世。即便是有佛在世，也难以生信。如果有幸可以信仰佛法，修行出家，但命终以后，如果再转世生在大富大贵之家，也会不免沉迷于各种享乐而造下种种恶业。从此以后便失去了人身，堕入三恶道之中，那样的话，什么时候才能够解脱呢？因此有智慧的人如果想要救度众生，就要做到自己见佛。如若可以念佛念到一心不乱，便可以往生于西方净土，那样便能获得金刚不坏之身，获得金刚不坏之身以后，才可以将自己随类救度众生的大愿实现。这就好像是要救落水的人，必须要自己先乘上船，然后才可以将落水者救上来。如若有人落入了井中，而你立刻也跟着跳入井中去救他，那样的话，你们两个人都会被淹死。故此，求生于西方净土，不但没有违背慈悲，反而正是善用了慈悲。

第二疑

[原文]

问：诸法体空，本来无生，平等寂灭。何乃舍此求彼，欲生西方？经云："心净则佛土净，欲求净土，当先净心。"何乃不求净心，而求净土？

答：欲生西方者，谓是舍此而求彼。则不欲生西方者，独非舍彼而求此耶？若云彼此两无所求，是执断见矣。若云彼此两无所舍，是执常见矣。《维摩经》云："虽知诸佛国，及与众生空，而常修净土，教化诸群生。"故虽炽然往生，不碍无生之理。至于心净佛土净之说，有理有事。若言乎理，何见求生者之心必非净，而不求生者之心反为净耶？若言乎事，与其净此心常居五浊恶世，

何如净此心以居极乐莲邦耶？况居浊世者之求净而不净，在莲邦者之不求净而自净耶？

［译文］

问：所有事物的本体都是空的，本来就不存在生灭，万法都一样平等，又何必将娑婆世界舍弃而求生于西方呢？经上说："心净则佛土净。想要求净土，就应当先让自己心净。"为何却不求净心先求净土呢？

答：求生于西方的，被称为舍此而求彼。那么，不求生于西方的，就不是舍彼而求此吗？如若两者都不去求的话，那执的就是断见；如若两者都无法舍的话，就执的就是常见。《维摩经》上说："虽然已经知道了诸佛国土和众生原本都是空，可是依然还要常修净土，教化诸众生。"故此，虽然是炽然求生于净土，却并不妨碍无生之理。而至于那个心净则佛土净的说法，则需要从理和事两方面来进行分析。如果是从理上讲，如何见得求生西方的人必定会心不净，而不求生西方的人必定会心净呢？如果是从事上讲，与其心净却常居于五浊恶世，倒不如心净而居极乐莲邦呀。更何况那些居于五浊恶世的人想要求心净而心却并不净，而往生于西方的人不用求心净而心自然能净呀？

第四疑

［原文］

问：十方佛土，无量无边，随念一佛，皆得往生。何为偏念阿弥陀佛？

答：有三因缘：一、阿弥陀佛与娑婆世界有缘故。无量劫前，发四十八种誓愿，皆欲接引念佛众生，故今娑婆世界人，信口念佛，必称阿弥陀。将来众生福薄，法欲灭时，诸经皆去，独有《阿弥陀经》迟去百年，非其验何？二、因本师释迦如来指示故。三藏十二部经，所说甚广，独有持名一法，不念他佛，但念阿弥陀，苟非至切至要，胡为再四谆谆？三、因十方诸佛皆作证明故。盖净土法门，系难信之法，故世尊每说阿弥陀佛，即有十方如来共作证明，以见不可不信。然则欲修净业者，安得不专念弥陀哉？

［译文］

问：十方佛土，是无量无边的，随便念一佛，就可以获得往生。为何偏偏要念阿弥陀佛呢？

答：这其中有三个因由：一、阿弥陀佛和娑婆世界的人最为有缘。在无量劫之前，阿弥陀佛就已经发下了四十八愿，都是想要接引念他名号的人往生到西方去，所以如今娑婆世界中的人一开口就会念阿弥陀佛。而后世众生的福薄，正法将要熄灭的时候，一切佛经也都不存在了，独独留下一部《阿弥陀经》，将会在人间多留传百年，这难道不正是因为阿弥陀佛和我们因缘深厚的缘故吗？二、世尊一再将这个法门宣讲。三藏十二部的内容很是广博，因此，对于别的经来说，世尊只会讲一次，却在多处经典中反复宣讲要专念阿弥陀佛以求生西方。如若不是因为这个法门尤其殊胜、重要的话，佛就不会再四地宣讲了。三、十方的所有佛都可以为净土法门作证明。大概是因为净土法门的确是难信之法，因此每当世尊说到阿弥陀佛，便会出现十方一切如来共作证明，因此我们没有理由不相信净土。而想要修净土法门的人，又如何不需要专心念阿弥陀佛呢？

第八疑

［原文］

问：凡夫宿世今生，广造无量恶业，临终十念，云何遂得往生？

答：今世造恶，临终十念往生者，必其宿世修行，今生不过一念之迷耳。不然，临殁之时，恶缘必至矣，安能反遇善知识，教以念佛乎？即教以念佛，彼安得而听信乎？况彼念佛之时，必其幡(fān)然觉悟，痛悔前非，大怖切心，万缘齐放，止认西方一条路，更无别处可回头。如此念佛，虽然一句，可当千声。所以《十六观经》云："念念中灭八十亿劫生死之罪。"果能办着此种精诚，又加以宿生福业，佛来接引，夫亦何疑。

［译文］

问：那些宿世今生造下了很多罪业的恶人，为何在其临终前，只要十念也能往生呢？

答：那些今世为恶，而临终十念就可以往生的人，在宿世他一定修学过佛法，而今世不过是因为一念之间的迷惑而造下了恶业。要不然临终时恶缘必定会前来，又如何会遇到善知识，前来教他念佛呢？即便是有善知识前来教他念佛，他又如何能相信呢？况且在他念佛之时，一定会幡然醒悟，痛悔自己之前的恶作为，心中会对堕入三恶道感到万分恐惧。故此便可以将万缘放下，只认得阿弥陀佛的西方净土

这一条路，除此之外再无别处可以回头。以如此的状态念佛，即便只一句也能够抵得上平常时念千万句。因此《十六观经》上说：“每一念之中，便灭除了八十亿劫的生死重罪。”如若可以用这种精诚心去念佛，再加上宿生所修下的福业，佛便会前来接引他往生，这样的话，又有什么可疑惑的呢？

第九疑

［原文］

问：极乐国土，去此娑婆世界，尚有十万亿佛土。如此辽远，凡夫岂能即到？又闻女人、根缺，及二乘人，皆不得往生，信乎？

答：道远难去者，形也。一念可往者，心也。念佛者生彼国土，只在此心，非挟此形骸以往也。如人梦游他国，虽在千万里外，一呼便醒，岂因道近易觉，道远难觉耶？女人及根缺不生者，谓极乐国土，无有女人，及根缺之人也，非谓女人及根缺者不得往生也。若女人不得往生，则韦提希（阿阇世王之母）与五百侍女，世尊何以授记其悉得往生乎？《无量寿经》四十八愿中，佛有一愿云：“设我得佛，十方世界一切女人，称我名号，厌恶女身，舍命之后，更受女身者，不取正觉。”女人如此，根缺可知。且鸲(qú)鹆(yù)、鹦鹉，尚因念佛而往生（一见《净土文》，一见《法苑珠林》），岂根缺者，反不如异类耶？至于二乘，乃果位中人，凡夫尚得往生，岂有反摈二乘之理？《阿弥陀经》云：“彼佛有无量无边声闻弟子，皆阿罗汉。”将谓独非二乘耶？故谓生彼国者，无二乘之执心，则可。谓二乘不生，生彼国者，即无二乘，则不可。

［译文］

问：极乐国土离我们的距离有十万亿佛土之远，如此远的距离，凡夫如何可以说到就到呢？另外还听说女人、根缺以及二乘人，他们都无法往生，是这样的吗？

答：因为距离遥远而难以到达的只是形体，而只需一念就可以到达的则是我们的心。所谓的念佛就可以到达西方，指的就是我们的心到达了西方，而非是指形骸也到达了西方。这就如同是人做梦去别的国家游历，虽然在梦中已经到了千万里之外，可是别人一声呼喊你就醒过来了。难道会因为你梦中去的地方远，你醒来的就会迟，梦中去的地方近，醒来的就会快吗？极乐国土是没有女人和根缺的人，但这并不意味着女人及根缺的人就无法往生。如果女人无法往生的话，那么韦提希（阿阇世王之母）和五百侍女，世尊为何会授记她们全都往生呢？佛在《无量寿经》的四十八愿中，有一愿就是说："假若我成佛，十方世界的所有女人，念我名号、厌恶女身的，如果在他命终之后，又受到女身的，那我就不去取正觉。"既然女人是这样，根缺自然也就可知了。鸲鹆、鹦鹉，尚且还能因念佛而往生（见《净土文》《法苑珠林》），难道那些根缺的人，反倒比不上异类吗？至于说到二乘，那是果位中人，凡夫俗子尚且可以往生，二乘难道反而无法往生吗？《阿弥陀经》上说："阿弥陀佛有无量无边的声闻弟子，全部都是阿罗汉。"说的不正是二乘吗？因此往生净土时，只要没有二乘的执着心，就是可以的；如果说二乘无法往生，即是净土没有二乘，那却是不可以的呀。

第十疑

［原文］

问：今欲决定求生西方，未知作何功行，何等发心，得生彼国？又世俗之人，皆有妻子，未知不断淫欲，得生彼国否？

答：欲决定生西方者，持名之外，当具二种念力，必得往生。一者当生厌离浊世之念，二者当生欣慕乐邦之念。又当发菩提心，随力作善以回向之，未有不往生者。至于妻子之缘，在俗亦所不碍，苟能使之共沾法味，断不因之而反种孽根。

所谓厌离浊世者，浊恶世中，动生荆棘。世人只为衣食二字，困苦一生；为名利两途，奔波一世。手忙脚乱，甘为妻子做家奴。昼思夜梦，总为色身寻烦恼。自想七尺形躯，外面只因一片皮包，所以妄自尊大。若将天眼一观，中间不过满腹屎溺，及脓血恶露而已。所以《涅槃经》云：如是身城，愚痴罗刹，止住其中。何有智慧者，当乐此身，而谓不当厌离乎？

所谓欣慕乐邦者，西方之乐，非天宫之可比，不可以言语形容。每日但将经中所言，一一静想，以为吾将来必定到此，则欣慕之念自生，净土之缘自熟。

何谓发菩提心？《往生论》云：菩提心者，誓愿成佛之心也。

誓愿成佛者，怜悯一切众生轮回六道，受苦无极，是以发心救度，使其超出三界，同至西方极乐国土而后已也。

念佛之人，若能具此两种念力，又加以发菩提心，仰体如来度人之意。有不决定往生，蒙佛授记者，未之有也。（以上《十疑论》）

［译文］

问：如今我已决定要求往生于西方，但还不知道都要做哪些功德，需要怎样发心才可以往生阿弥陀佛国土。另外，世俗中的人，全都有妻子和儿女，并没有断绝淫欲，不知道这样是否能够得以往生？

答：想要往生于西方的人，除了应当念阿弥陀佛名号以外，还应该具备两种念力，那样的话就一定能往生。一是要对娑婆世界产生厌离之心，二是要一心钦慕向往西方极乐世界。另外还要发菩提心，尽力行善，凭借一切功德回向西方。这样的话就没有不能往生的。至于说到世俗之人都有妻子，这并不有碍于修净业。如若可以劝导妻子一同念佛发愿求往生西方的话，绝对就不会有因为有妻子而种下孽根的事情了。

所谓的要对娑婆世界生出厌离心，是由于生在五浊恶世的人，起心动念都是在造恶业。世间的人为了衣食，困苦了一生，为了名利，奔波了一世，自己手忙脚乱，甘愿给妻子儿女做家奴，白天想的以及夜里梦到的，都是为了满足一个色身。自己想一想这七尺身躯，只是由于外面有一层皮肉的包裹，便妄自尊大，如若用天眼看一下，便会发现中间全是些屎尿脓血恶露。因此《涅槃经》上说，像这样的一个身体，里面住的只是些愚痴罗刹罢了。那些有智慧的人如何会因为有了这样一个身体而感到快乐而不生出厌离之心的呢？

对于一心钦慕向往西方极乐世界的人来说，而西方净土的快乐是天宫中的快乐所无法相比的，也不能用言语去形容。只要每天仔细想一想经中所说到的西方胜境，并且深信自己以后必定可以到那儿去，那样的话，欣喜向往之情便可以自然而生，去西方净土的缘也就随之自然而成。

发菩提心是什么呢？《往生论》中说，菩提心也就是誓愿成佛之心。誓愿成佛的人，对所有众生在六道轮回中遭受熬煎、永无出头之日甚为怜悯，所以便发心要度尽一切众生脱离出生死的苦海，一同往生于西方的极乐世界。

那些念佛的人，如果可以具备以上两种念力，并且能发菩提心，就能体会如来度人的本意。有本来不能往生的，也可以蒙受阿弥陀佛的授记求得往生，也是有可能的。（以上出自《十疑论》）

卷三 启信杂说

当于肉躯生厌离心

［原文］

人生在世，八苦交煎，而人不自知苦，反以为乐。宜乎以苦入苦，永无出期也。且以生苦言之，人在母胎，住肝膈(gé)之下，大肠之上，由膜而疱，渐渐成形，胞胎裹住，不得自由。母啖热食，如灌镬(huò)汤。母饮冷水，若卧寒冰。所居乃不洁之处，所食皆不净之血。其住胎也，不满三百日，其受苦也，同于数十年。迨至弥月，便倒悬其体，头向产门，形质渐大，欲出无由。自毙之道，在此一刻。杀母机关，亦在此一刻。此时蓐(rù)母牵之，痛如车裂。所以一出胞胎，无不放声大哭。出胎之后，屎溺狼藉，不知羞愧。所谓大富大贵者，亦如此。所谓大圣大贤者，亦如此。人惟习为固然，所以不知不觉。若能清夜一思，岂不可哀可耻？如来大圣，怜悯世间，教人求生净土，莲华化生，免此患难。奈何耽染沉迷，不生厌离之想？

［译文］

人生在世，原本就是八苦交集，但是人不知自己之苦，反倒以苦为乐，实在是可悲呀！于是也就以苦入苦，永无出期了。现在暂且以生苦来说：人在母胎，所处的位置是在肝膈之下，大肠之上，由膜到疱，渐渐地成形。并且被胞胎裹住，得不到自由。母亲在吃热食的时候，胎内便如灌开水；母亲在饮冷水的时候，胎内便如卧寒冰。所居的并非清洁之地，所吃的也是不干净的脓血。虽然住胎的时间不满三百天，但所受的苦等于数十年。等到满月以后，便全身倒悬，头朝产门，体质渐渐变大，想要出去却无门。母亲和儿子的生死关键也都在这个时刻。接生婆用手左右牵动，受痛如同车裂。因此婴儿一从胞胎出来，全都放声大哭。从胎中出来之后，满身都是屎尿，却不知道羞愧。那些所谓大富大贵的人是这样的。那些所谓大圣大贤的人也都是这样的。正是因为人全都习以为常，所以才对此不知不觉。如果静静思考一下，难道就不会感到可哀可耻吗？而如来大圣因为怜悯世间的芸芸众生，便教人求生净土，得以莲花化生，以免除此种患难。为何世人还要沉迷于苦海，执着于肉体，不生出厌离之想呢？

蚕茧喻

[原文]

蚕之作茧也，左之右之，上之下之，尽吐腹中所有以成之。方谓常住其中，可安然无恙。岂知所以自经自营者，适所以自缠自缚乎。岂知彼方恃其所吐以卫身，人即利其所吐以杀身乎。万万千千痴虫，谁得免于沸汤者？然彼方子复传子，孙复传孙，以入沸汤也，则惨莫惨于此也。世间两片大门内之家蚕，亦复如是。竭毕世之经营，刚刚为妻子谋衣食，设机械，结怨仇，无所不至。迨家业粗成，而此身已束缚其中矣。万万千千痴人，谁得免于偿报者？然彼方将子复传子，孙复传孙，以偿报也，则奇莫奇于此也。故《四十二章经》云：“人系于妻子舍宅，甚于牢狱。牢狱有散释之期，妻子无远离之念。”

[译文]

蚕虫作茧的时候，左缠右绕、下缠上绕地奋力牵丝，将腹内所有全都吐尽，费尽了全身的气力，才做成了一个茧。原以为从此能够长住于其中，可以安然无恙了，却不知道这般苦心经营，不过只是自缠自缚罢了。蚕用所吐之丝进行自卫，却不知道人恰恰用它所吐之丝去杀它。千千万万这样的痴虫，有谁会不被投入到沸水之中？而蚕依然还将作茧之法传给子，子再传给孙，于是子子孙孙便都被投入到沸水中，还有什么事能比这更为凄惨呢！而我们人类自己也是两扇大门之内的家蚕呀。世上的人苦心经营了一辈子，为了给妻儿子女谋取衣食，用尽了各种机巧伎俩，结下了很多怨仇，甚至是无所不至。一旦等到家业刚有成就的时候，自己一身便已经束缚于其中了。千千万万这样的痴人，有谁能躲避这样的报应？但是人依然还将这个法子传给子，子再传给孙，子子孙孙全都会受到报应，竟然还是没有人觉醒，真是没有什么事比这更为奇怪呀！所以，《四十二章经》上说：“人被束缚在妻儿子女房舍屋宅之中，比束缚在牢狱中还要可怕。困在牢狱中还有释放的那一天，而妻儿子女却永远没有远离之念。”

归咎（jiù）冥王

[原文]

一人死，见冥王，据孽受罪。其人曰：“早知如此，大王何不先通一信？”冥王曰：“通过信矣。汝发渐黄，是第一信。汝齿渐摇，是第二信。汝力渐衰，是第三信。汝之耳目渐昏聩(kuì)，是第四第五信。信之通也屡矣。”有少年者泣曰：“彼信通矣，我犹未也。”冥王曰：“通于尔亦多矣。尔犹忆某少年，有病死疫亡者乎？某少年，有刀伤缢(yì)死者乎？某少年有水溺火焚、狼吞蛇螫(shì)者乎？皆汝信也。岂必呼名而告也？”任汝有拔山盖世之勇，掀天揭地之才，其能免于此间之对簿乎？独有超然事外，不唯免于此间之对簿，并能使冥王敬而礼之者，则唯念佛往生之人。

[译文]

一个人死了以后，见到了冥王，要根据生前所造的罪业受到惩罚。这个人问道：“早知这样的话，大王您为何不先通报我一声呢？”冥王说：“已经给你通报过信了！须发渐渐便黄，这是第一信；牙齿渐渐松摇，这是第二信；力气渐渐减衰，这是第三信；耳目渐渐昏聩，这是第四信、第五信。诸如此类的信已经通过很多次了！”这时又有个少年哭泣着说：“他的信是通了，但我的信却还没有通呀。”冥王说：“给你的信也通过很多次了！你还记得一些少年，有的病死了，有的有刀伤，有的被缢死了，有的被水溺、火焚、狼吞、蛇咬死了吗？那些全都是给你通的信，难道非要喊着你的名字告诉你才算吗？”哪怕你拥有拔山盖世之勇，掀天揭地之才，也无法免除此刻的对质。唯有那些超然物外的人，不仅可以免除阴间的对质，还可以受到冥王的尊敬礼待，这些人便是念佛往生的人呀。

扑灯蛾

[原文]

灯蛾之死于油火也，非死于油火也，死于见也。人方怜而驱之，彼必乘隙而投之，以为我之所见者，必不谬(miù)，是以一往无前，死而后已也。人之嗜声色、嗜货利、嗜(shì)赌博者，亦因彼之所见者，止在于此，是以一往无前，直至死而后已也，何不借鉴于蛾也？

[译文]

灯蛾常常被火焰烧死，实际上却并非是死于火焰，而是死于它自己的妄见。人们怜悯它，往往将它从灯火旁驱赶走，可是它必定会趁人不备，再一次投入到火中。它认为自己的所见一定不会有错，所以便固执地一往无前，死而后已！而那些嗜好声色、嗜好货利、嗜好赌博的人，也都是因为他们自己的妄念，因此也和飞蛾投火一样一往无前，一直到死才结束。为何这些人不将灯蛾扑火的教训引以为鉴呢？

调马四法

[原文]

佛世有调御良马者。佛问其用几法，答言用四法：一恩、二威、三先威后恩、四先恩后威。佛言："四法不调，将如之何？"马师曰："便当杀之。世尊教化众生，当用何法？"佛言："亦用四法。其一用恩者，谓善信之人，教以修行学道；其二用威者，谓造恶之人，示以三途轮转；三则先教以修行学道；四则先示以三途轮转。"马师曰："四法不化，将如之何？"佛言："我亦杀之。"马师曰："如来大慈，何以行杀？"佛言："四法不化，教亦无益，遂不与言。不与之言，即杀之矣。"

[译文]

释迦牟尼佛在世的时候，曾经向一个善于调养马匹的人询问调马之法。马师回答说：有四种方法，一恩、二威、三先威后恩、四先恩后威。佛问道："如若这四种方法都不行的话，那该怎么办？"马师回答说："那就应当杀了它。"马师又接着反问道："世尊教导众生用的是什么方法呢？"佛回答说："用的也是四法：第一是用恩，对那些信奉佛法的人要教他修行学道；第二是用威，对那些造恶的人，要让他看见三途恶报；第三是先教他修行学道；第四是先以三途轮转示他。"马师问到："如若这些方法都没有效力的话该怎么办？"佛说："那我也将他杀了。"马师问道："如来大慈大悲，如何也造恶业呢？"佛说："这四种方法都不起效力的话，再教他也无用了，我便不用再对他讲法了，而不对他讲法，就等于是杀了他呀。"

为僧者不可不修净土

[原文]

宋青草堂禅师，素有戒行，年九十余。曾氏常供养之，屡施衣物。僧感其德，许以托生其家。后曾氏妇人生子，使人看草堂，已

坐化矣。所生子，即曾鲁公也。以前世曾修福慧，故少年登高科，后作贤宰相。又如明末浙江僧大成，为寺中收盏饭供众，道经饭店史家。其家奉佛，僧来化斋者必留，大成收饭回寺。史见其日饭少，辄(zhé)以其饭凑满。史家素无子，后其妻忽有孕，分娩时，亲见大成走入卧房，急追问之，不得。而分娩者，竟产一男。是日大成僧不见来取饭，造寺问之，乃知即于是日谢世。于是即以大成名之。其子幼年，聪慧孝友，茹胎斋，终身不破戒。以顺治乙未，大魁(kuí)天下。自世俗观之，此两公者，皆富贵而享大名。若修行人观之，两僧之自误者多矣。向使两师知有西方法门，以其所修者回向净土，纵或不能上品，犹或可以中品。何至仅以状元、宰相竟其局哉？

[译文]

宋代的青草堂禅师，一贯严持戒律，年纪已经九十多岁。曾氏常常供养他，并时常施给他衣物。禅师对曾氏之恩很是感激，便许诺说下一世要投生到曾家以报恩。后来曾妻果真生了一个儿子，派人去青草堂看望禅师，而禅师已经坐化了。于是便为儿子取名曾鲁公。因为他前世修下了福慧，因此他少年得志，得以高中，后来还做了宰相。明朝末年的僧人大成，每日到寺外化缘以供养庙内的僧众，途中要经过史家开的饭店。史家人信佛，出家人前来化缘的话，一定会留饭。每次大成化了饭食回寺庙途经史家时，如果史家看到他化的饭食不够众人吃的话，总是要从自己的饭店中给其添足。史家原本无子，后来史妻忽然怀上了身孕，到了分娩的时候，史某亲眼看到大成从外面走进来走入到卧房中，急忙追了上去，却没有追到大成。紧接着史妻便生下了一个男孩。而这天大成却没有前来拿饭。史某便派人到寺庙去探问，才知道大成这一天去世了。史家便明白过来，原来是大成已来投胎了，于是就给儿子取名为大成。大成幼年时就十分聪慧，很懂得孝顺父母，并且从小就素食，终其一生也没有破戒，并在顺治乙未年（1655）高中了状元。从世俗的眼光来看，这两个人都得以富贵并且享有功名，可是在修行人看来，这两位僧人实际上都误了自己！如若他们两位知道净土法门的话，凭着自己的修持回向净土，即便无法莲生上品，也能够中品往生，何至于单单以状元、宰相告终呢？

九类皆当往生

[原文]

九类者，所谓胎生、卵生、湿生、化生、有色、无色、有想、无想、非有想非无想也。九类，则尽乎贵贱幽明，及天上天下之数矣。九类之中，最苦者，三恶道；最乐者，三界二十八天。止因未出生死，所以轮回六道，是苦者固苦，乐者亦苦也。纵使长寿诸天现享无涯之乐，然而天福报尽，仍堕三途。岂若极乐国土之永脱轮回，长辞六趣乎？余尝于文昌、关帝、东岳庙中进香，礼拜之后，必祝云：“愿帝君尊信三宝，发菩提心，往生西方，行菩萨道。”又尝顶礼斗母尊天，及昊天上帝，虽诚惶诚恐，稽（qǐ）首顿首之后，亦愿至尊念佛往生，行菩萨道，广度一切。何以故？只因有智慧人，看得世间极高明事，无如念佛。最有福事，莫若往生。念佛往生，非一切福德所可比拟者也。斗母尊天，即经中摩利支天菩萨。昊天上帝，即经中所称忉利天王。世尊每说法时，忉利天王，无不恭敬礼拜，侍立左右。今日闻此默祝，必然欢喜，断无反开罪戾之事。吾辈幸而遇此法门，不思勇猛精进，回向菩提，岂非如来所称最可怜悯者乎？

[译文]

所谓的九类指的就是胎生、卵生、湿生、化生、有色、无色、有想、无想、非有想非无想。并且包括贵贱、阴阳、天下天上等所有众生。在这九类中，最苦的便是三恶道众生，而最快乐的则是三界中的二十八天众生。只是因为尚未超出生死，所以便要遭受轮回六道。处在痛苦中的当然会感到痛苦，而那些享受快乐的其实也是痛苦。即便是长寿各天，现在享有无穷的快乐，一旦天福报尽，仍然会堕入三途，如何能和极乐国土永脱轮回、长别六趣相比呢？我曾在文昌、关帝、东岳庙中上香，礼拜之后必定会祈祷：“愿帝君尊信三宝，发菩提心，往生西方，行菩萨道！”另外，我还曾顶礼于斗母尊天以及昊天上帝，虽然心情是诚惶诚恐，但每次稽首叩头之后，也会祈愿至尊念佛往生，行菩萨道，广度一切。这是什么缘故呢？只是因为有智慧的人，可以看得出世间最高明的事便是念佛；最有福的事便是往生。念佛往生，非一切福德可以相比拟的。斗母尊天也就是经中所说的摩利支天菩萨。昊天上帝也就是经中所称的忉利天王。每当世尊说法的时候，忉利天王全都会恭敬礼拜，并且侍立于左右。如今听到我默默地祝愿，必定也会欢喜，断不会有反倒开罪之事。如果我们有幸遇到了这个解脱法门，却不思勇猛精进，回向菩提的话，那不就成了如来所说的最让人怜悯的人了吗？

人间胜事无如念佛

［原文］

《譬喻经》云：昔有夫妻二人，祷天求子。妇即怀娠，生四种物：一旃檀(zhān tán)米斗、二甘露蜜瓶、三珍宝锦囊、四七节神杖。其人叹曰：“吾本求子，何用此物？”天神问曰：“汝欲得子何为？”其人曰：“吾欲得子，将来望其养育耳。”神曰：“斗中之米，取之复盈。甘露瓶中，能消百病。珍宝之囊，用之不竭。七节神杖，以备凶暴。人间孝子，岂能如是？”其人大喜，遂至殷富。后他国闻之，遣兵往夺。其人擎杖，飞行击退，保之终身。世人孜孜汲汲，无暇修行者，不过为妻子耳。然妻子纵极趋奉，安能若此四物哉？至于往生西方，则超出生死，万福庄严，所求如意。又岂四物之所可比哉？故天上人间，第一胜事，无如念佛。

清光绪二三年，北方数省大旱。有蔚州僧莲某者，于村外小庙中住。有山东饥民突来，喊肚饥，要吃饭。僧云：“我饭已吃过，无有余者。”其人要更急。僧云：“我为汝另煮点。”其僧日课六万佛号，口虽许煮，欲将此一串珠掐完。其人意谓不与我煮，遂执斧，用背向头一打，僧遂跌倒。其人以挖煤铁勺，挖两勺脑肉，倒于煤中而去。其僧昏迷，不知人事，遂到钟前，急撞数十下。村中凡有官事，以撞钟为号令，遂通来庙中。见其僧仍卧被打之处，血流滂沱(tuó)，而从屋至钟前，来去皆流有血迹。按之，犹有气，因扶起唤醒。云：“被饥民所打。”遂去数十人四路追之，其人被执，愿为偿命，拉至庙中。僧曰：“我与彼前生定规有怨，彼今打我，诸君又难为他，岂不是令我白受打？不但宿怨不能解，更结新怨，我吃不起此亏。我尚有一千钱，与他令去。”其僧之顶遂长合，而且仍复如平人之坚硬，但全顶无一毛，而周围俱有伤痕，亦异矣哉。光绪十三年，光与其师弟莲如，由红螺山朝五台，回至其僧庙中，时已六十余矣，面目奕奕有光，一望即知其为有道之士也。莲如师指其顶，而为光言之。附之于此，以为启信之助。

民国十一年，释印光记。

［译文］

《譬喻经》上说：从前有夫妻两个人，向天祈求得子，而后其妇便怀了孕，生出了四种物：第一种是旃檀米斗，第二种是甘露蜜瓶，第三种是珍宝锦囊，第四种是七节神杖。这个人便叹息道："我的本意只是想要求子，并没有想要这些东西呀。"天神便问他："你是为什么原因想要求子？"这个人回答说："我求子的原因，是希望我老了以后能够有人可以为我养老送终。"神便说："旃檀米斗中的米是取之不尽的；甘露蜜瓶中的甘露可以消除百病；珍宝锦囊中的珍宝也是用之不竭的；七节神杖是可以用来防凶暴的。试问人间的孝子，谁可以将这些全都做到呢？"这个人听了以后大喜，从此过着富贵安闲的生活。后来有一个国家听说了这件事，便派兵前去侵夺宝物。这个人便举起七节神杖，神杖飞起来将这些人击退，并且这个人终身受到七节神杖的保护。世间的人全都庸庸碌碌，并无时间去想修行，为的也只不过是妻子儿女而已。但是即便妻子儿女样样如意，又如何可以和这四件宝物相比呢？而至于往生于西方，则可以超出生死之外，万福庄严，所求如意，那四件宝物又如何可以和其相比呢？所以说，天上人间的第一美事就是念佛。

清朝光绪二三年（1876—1877），北方好几个省大旱。蔚州有一位僧人莲某，住在村外的小庙中。一天，忽然有一个山东饥民来到他那里，喊着肚子饥饿，想要吃东西。僧人对他说："我已经吃过饭了，并且饭没有剩下的。"这个人便更加着急地索要。僧人便说："那我另外替你煮一些吧。"而这个僧人每天要念六万佛号，虽然口里答应了要去煮饭，但想着要将这一串佛珠数完，便没有马上行动。这个人便认为僧人不想给他煮饭，于是便拿起一个斧头，用斧背向僧人的头上打过来，僧人便跌倒在地。这个人又用挖煤的铁勺，挖去了僧人两勺脑肉，看到僧人倒在了煤中便逃跑。僧人陷入昏迷，险些不省人事，便踉跄着跑到钟前急撞了几十下钟。村中有一个规矩，但凡是有公事，便会以撞钟来作为集合的信号。于是村民听到钟响以后都赶到了庙中。看到僧人已经倒在了地上，头上被打的地方，已经血流滂沱。并且从屋中一直到钟前，来去的路上都有血迹。村民用手按到僧人的鼻下，感到他还有气息，就将僧人扶起来唤醒，僧人便将刚才的遭遇讲了一遍，大家马上派出了几十人前去四路追赶。凶手很快被抓住，表示甘愿偿命，于是被拉回了庙中。僧人说道："我一定是和他前生有怨，因此今天他才会打我，现在各位又去难为他，岂不是让我白白地受打了吗？不但不能解除前怨，反倒又会结下新怨，我是吃不起这样的亏呀！我还有一千钱，就送给他让他自己走吧。"说完这些以后僧人的头顶处的伤口便自动愈合了，而且依然还像原来一般坚硬，只是整个头顶再无一根头发，而四周留下了伤痕。这可真是很奇异呀！在光绪十三年（1887），我印光和这位僧人的师弟莲如，从红螺山前往五台山朝拜，回到了此僧人的庙中，那时僧人已经六十多岁了，面目依旧神采奕奕，令人一望就知道他是位有道高僧。莲如指着高僧的头顶，给我讲述了此事。所以我便将其附在这里，用来增强人们念佛的信心。民国十一年（1922）。释印光记。

卷四 往生事略

菩萨往生类

［原文］

如来记往

《大无量寿经》云：弥勒白佛言："于此世界，有几菩萨，往生极乐？"佛告弥勒："于此世界，有六十二亿不退菩萨，往生彼国。小行菩萨，不可称计。不但此国，他方佛土，如远照佛刹，有百八十亿菩萨，皆当往生。乃至十方佛刹，往生者甚多无数。我若具说，一劫犹未能尽。"

文殊愿生

《观佛三昧经》，佛记文殊，当生极乐。文殊发愿偈云："愿我命终时，灭除诸障碍，面见弥陀佛，往生安乐刹。生彼佛国已，满足我大愿，阿弥陀如来，现前授我记。"

普贤求往

《华严经》，普贤菩萨列十种大愿，普为众生，求生净土。偈云："愿我临欲命终时，尽除一切诸障碍，面见彼佛阿弥陀，即得往生安乐刹。"

［译文］

如来授记往生

《大乘无量寿经》上说：弥勒菩萨向佛陀问道："在这个世界上，一共有多少菩萨往生极乐呢？"佛陀对弥勒菩萨说："在这个世界上有六十二亿不退菩萨，往生极乐国土，另外还有小乘菩萨不计其数。不但这个国家这样，在其他的佛土上，比如远照佛国，也有一百八十亿菩萨往生极乐。而十方佛国中往生的也很多，多得无法计算了。如果我要是详细地去说，那么一劫的时间都无法说尽呀。"

文殊菩萨愿生

《观佛三昧经》中记载，佛陀授记文殊菩萨要往生极乐。文殊菩萨便发愿偈说：

"愿我命终时，灭除诸障碍，面见弥陀佛，往生安乐国，生到佛国后，满足我大愿，阿弥陀如来，现前授我记。"

普贤菩萨求生

《华严经》中记载，普贤菩萨发下了十种大愿，要为众生广求生净土。发偈说："愿我临命终时，尽除一切诸障碍，面见西方阿弥陀，即得往生安乐国。"

［原文］

偈论净土

天亲菩萨，天竺人，广造诸论，升兜率天宫内院，见弥勒佛。著《无量寿经论》及《净土偈》，五门修法，普劝往生。

造论起信

马鸣菩萨，西天第十二祖，尝著《起信论》，后明求生净土，词皆切要。

龙树记生

《楞伽经》云："大慧汝当知，善逝涅槃后，未来世当有，持于我法者，大名德比丘。厥号为龙树，能破有无宗，世间中显我，无上大乘法。得初欢喜地，往生安乐国。"

集善往生

《大悲经》云：佛言："我灭度后，北天竺国有比丘名祁婆迦，修集无量种种最胜菩提善根，已而命终，生于西方过百千亿世界无量寿国。于彼佛所，种诸善根，后当作佛，号无垢光。"

［译文］

偈论净土

天亲菩萨，是天竺人，他的著作非常之多，升兜率天宫内院，见到弥勒菩萨。他写了《无量寿经论》以及《净土偈》，五门修法，普劝往生。

造论起信

马鸣菩萨，是西天的第十二祖，曾著有《起信论》，普劝世人求生净土，言辞都极为恳切。

龙树记生

《楞伽经》上说："你应当知大慧，佛陀涅槃以后，未来世应当有，持授我法的人，大名为德比丘。他的名字叫作龙树，能够破除有无宗，能在世间弘扬无上大乘之法，使众生得初欢喜地，往生于安乐国。"

慧远过溪

东晋和尚慧远，早年博览“六经”，尤其爱好《老子》《庄子》，但是当他听了道安法师讲解《般若经》以后，大彻大悟叹道：“原来儒、道九流都只不过是糟糠罢了。”从此他信奉佛教，以护法弘法为己任。他南下浔阳见庐山清静，适合做道场，便留了下来。他的住处离水很远，他便用杖敲地说：“如果此地可居，当有泉涌。”言毕有清流涌出。他在庐山居住三十多年，足不出户，但王公贵族、文人学士都争着与他交往。为了表明自己不入俗，慧远送客以虎溪为界。一日，送陶渊明、陆修静下山边走边谈，不知不觉过了虎溪，三人忍不住大笑。

集善往生

《大悲经》上说：佛说："我灭度了以后，北天竺国会有一位比丘，名为祁婆迦，修集无量种种最胜菩提善根，等到他命终以后，便会往生于西方极乐世界，并在弥陀佛国，种下诸种善根，以后都将成佛，号为无垢光。"

高僧往生类

［原文］

慧远大师

晋慧远，雁门楼烦人。博通世典，尤善"六经"。闻安法师讲《般若经》，豁然大悟，因剃染事之。太元六年，过浔阳，见庐山闲旷，可以息心。遂感山神现梦，一夕雷雨，林木自至。刺史桓伊，乃为建殿，名曰神运。以慧永先住西林，故号所居为东林。建念佛社，三十年不入尘俗，专志西方，制六时莲漏，念诵不辍。高僧、巨儒预社者，百二十三人。澄心系念，三睹圣相，而沉厚不言。后十九年，七月晦夕，于般若台，方从定起，见阿弥陀佛，身满虚空，圆光之中，无量化佛。观音、势至，左右侍立。又见水流光明，分十四支，洄注上下，演说妙法。佛言："吾以本愿力，来安慰汝。汝七日后，当生我国。"又见佛陀耶舍、慧持、慧永、刘遗民辈，已往生者，皆在佛侧。师喜，谓门人曰："吾始居此，已三睹圣相。今复再见，必生净土矣。"至期，端坐而逝，时义熙十二年八月初六日也。

［译文］

慧远大师

晋慧远是雁门楼烦人，博通于世典，并且谙悉"六经"，听到道安法师讲《般若经》以后，豁然大悟，便剃发出家。太元六年（381），他路过浔阳，看到庐山环境清幽空旷，可以让人静心，便准备在那里安居，于是就感通山神现梦。经过了一夜的雷雨之后，木材全都自动到来。刺史桓伊为之惊动，就组织人建造了佛殿，名为神运。因为慧永之前已经住在了西林，因此便将其所居号为东林。建立了念佛社。整整三十年不入尘俗，专志于西方。制了六时莲漏，一直在不停地念诵。参加莲社的高僧大儒有一百二十三人，全都净心专念，曾三次目睹了阿弥陀佛的圣相。而大师性格沉厚，一直对此保持沉默，不加炫耀。后来在十九年七月底的一个夜晚，在般

若台上出定。看到了阿弥陀佛，身满于虚空，圆光之中充满了无量化佛，观音、势至侍立于左右，并且还看见水流光明，分为十四支，流淌上下，演说妙法。佛说："我以本愿力，前来安慰你，七天后，你当会往生我国。"另外还看见佛陀耶舍、慧持、慧永、刘遗民等那些已往生者，都站在佛身旁。大师十分高兴，对弟子们说："自从我住到这儿以后，已经得以三次目睹圣相，今日能够再次相见，必定可以往生净土了。"到了预定的日期，果然端坐而去。时间就是义熙十二年（416）的八月初六日。

［原文］

善导和尚

唐善导，贞观中，见西河绰禅师九品道场，喜曰："此真入佛之津要。"遂殚志精勤，昼夜礼诵。每入室，胡跪念佛，非力竭不休，虽寒冰时，或至流汗。出则为人演说净土。三十余年，未尝睡眠。好食送厨，粗恶自奉，所得儭(chèn)施，写《弥陀经》十万卷，净土变相三百壁。从其化者甚众，有诵《弥陀经》十万遍，至五十万遍者；有念佛日课万声，至十万声者。得念佛三昧，往生西方者，不可胜纪。其《劝世偈》曰："渐渐鸡皮鹤发，看看行步龙钟。假饶金玉满堂，难免衰残病苦。任汝千般快乐，无常终是到来。唯有径路修行，但念阿弥陀佛。"一日忽谓人曰："此身可厌，吾其西归。"乃登柳树而化。高宗知之，赐其寺额曰光明。

［译文］

善导和尚

唐代的善导是唐代贞观年间的人，他看到西河绰禅师九品道场，欢喜地说："这真是成佛的要津！"于是就在此地精进不倦，昼夜礼诵。每每都是一入念佛房便跪下念佛，一直到了力尽才停。即使是寒冰时节，也会念佛念到流汗。一旦出外就四处为人演说净土。一连三十余年都不曾睡眠。将那些好的饮食送给厨房的人吃，而将粗劣的饮食留给自己用。用所得到的供养，写了《弥陀经》十万卷，并且绘画了三百壁净土变相。受到他教化的人非常多，有的人诵《弥陀经》可以多达十万遍至五十万遍，有的人每天念佛可以多达一万声至十万声。那些得念佛三昧，往生于西方的人更是多得不可计数。他在《劝世偈》中说道："渐渐鸡皮鹤发，看看行步龙钟，假使金玉满堂，难免衰残病苦，任你千般快乐，无常终是到来，唯有径路修行，但念阿弥陀佛。"一天，他忽然对人说："此身可厌，我就要西归了。"然后便登上柳树化去。高宗知道此事以后，将这所佛寺赐名为"光明"。

[原文]

净观

宋净观，住嘉禾寂光庵，修净土忏法十余年。谓弟子曰："我过二十七日行矣。"至期二日前，见红莲华。次日又见黄莲华满室，有化童子坐华上，仙带结束。至第三日，入龛端坐，命众念佛，顷之脱去。

截流大师

师讳行策，明末宜兴蒋司农第八子。父鹿长先生，梦憨山大师入卧内，忽报杨夫人得一公子，即师也。年十八，父没，丧葬毕，即投武林箬庵和尚出家。后应虞山普仁院请，阐扬净土法门。每日六时念佛，自谓佛号万声，虽忙不缺。尝著《莲藏》一集，劝缁素。以康熙十九年七月九日辞世。坐化之刻，有远乡童子，正当午食，忽投箸仆地，半日方苏。问之，乃云："此刻有截流和尚往生，土地命我擎幡送耳。"又有城南姓吴者，已亡数日，忽附其家幼童言之，亦谓亲见冥王跪送，是日冥府停刑一日。

[译文]

净观

宋代的净观，住在嘉禾寂光庵，十余年一直在修净土忏法，后来对弟子们说："我过了二十七日便要走了！"到了预定日期的前两天，空中出现了红莲花。到了第二天又看到了满室的黄莲花，有化童子坐在莲花之上，仙带装束。到了第三天，他便入龛端坐，命众人念佛，顷刻之间便脱化而去了。

截流大师

大师讳行策，是明朝末年宜兴蒋司农的第八子。父亲鹿长先生，曾梦到憨山大师进入自己的卧室，而后便忽有人报杨夫人得了一公子，也就是截流大师。十八岁的时候，大师父亡，大师将父亲安葬完毕以后，便投奔到武林箬庵和尚出家。后来应虞山普仁院之请，前去阐扬净土法门。每天六时都要念佛，佛号多达万声，即使是忙碌的时候也不会有所缺少。曾著有《莲藏》一集，劝道俗之人念佛。在康熙十九年（1680）的七月九日辞世。当他坐化之时，有一个远乡的童子，正在吃中午饭，忽然间就将筷子丢下并倒在了地上，过了半天才苏醒。问他什么缘故，他便说："因为这时有截流和尚往生，土地命我举幡前去为他送行。"另外还有城南一个姓吴的人，本来已经死了好几天，忽然间附在他家的幼童身上，将这件事说出，声称他亲眼看

到冥王跪送截流和尚，并且下令在这一天冥府停止施刑一日。

尼僧往生类

［原文］

尼大明

隋尼大明，每入室礼念，先著净衣，口含沉香。文帝后甚重之。将终之日，众闻沉香满室，俄而光明如云，隐隐向西而没。

尼悟性

唐尼悟性，居庐山念佛，虔愿往生。忽闻空中乐音，谓左右曰：“吾已得中品生。见同志念佛精进者，皆有莲华待之。汝等各自努力。”言讫而逝。

尼法藏

宋尼法藏，居金陵，勤志念佛，不管外务。夜见佛菩萨来，光明照耀，合掌念佛而逝。

（按）莲大师曰：“佛以姨母出家，叹正法由此而减。使女人出家者，皆如上五人，正法其弥昌乎。而势有所不能，佛之悬记，非过矣。”

［译文］

尼大明

隋朝的尼姑大明，每当她入室念佛的时候，一定会先穿上干净的衣服，并且口含沉香。文帝的皇后对她很是器重。在她临终的那一天，众人都闻到沉香满室，而后又看到光明如云，隐隐地向西方消失而去。

尼悟性

唐代的尼姑悟性，居住在庐山之中念佛，虔诚地发愿想要往生。忽然听到空中奏响的音乐，便对左右的人说道：“我已经得中品往生，只要是志向相同的念佛精进的人，等待他的都会有莲花，你们也都各自努力吧！”说完这些话以后就逝世了。

尼法藏

宋代的尼姑法藏，居住在金陵，勤志念佛，不管一切外务。夜间看到佛菩萨来，光明照耀，跟着便合掌念佛而逝去。

（按）莲池大师说：佛因为姨母出家，便感叹正法因此而减。假如女人中出家的，

都像以上五人一样的话，正法会更加昌盛。但实际上世风日下，情势难以做到如此，因此说，佛的预言是没有错的。

王臣往生类

[原文]

乌苌(cháng)国王

乌苌国王，万机之暇，雅好佛法。尝谓侍臣曰："朕为国王，虽享福乐，不免无常。闻西方阿弥陀佛国，可以栖神，朕当发愿求生彼国。"于是六时行道念佛。每供佛饭僧，王及夫人躬自行膳，三十年不废。临崩，容色愉悦，共见化佛来迎，祥瑞不一。

宋世子

宋魏世子父子三人，与一郡主，俱修西方，惟妻不修。后郡主早夭，死七日复生，谓其母曰："儿见西方七宝池中，吾父及兄三人皆有莲华，后当生彼。惟母独无，是以暂归相报，愿母及早念佛。"言讫，复瞑目逝。其母由是顿发信心，念佛不倦。以后相继坐脱，临终皆有瑞应。

马子云县尉

唐马子云，举孝廉，为泾邑尉。押租赴京，遭风舟溺，被系。乃专心念佛五年，遇赦，入南陵山寺隐居。一日谓人曰："吾一生精勤念佛，今净业已成，行将往生矣。"明日沐浴整衣，端坐合掌，异香满户。喜曰："佛来迎吾。"言已而化。

[译文]

乌苌国王

乌苌国的国王，在国务繁忙之暇，非常喜爱佛法。曾经对左右的大臣们说过："朕作为国王，虽然能享福乐，但最终不免一死，而我听说西方的阿弥陀佛国，却可以永生，朕当发愿求生于彼国。"于是便六时行道念佛。每当在供养佛和僧人的时候，国王和夫人都会亲自动手，一连坚持了三十年没有停止。在他临终的时候，容色愉悦安详，共见化佛来迎，出现了很多种瑞相。

宋世子

宋代的魏世子，父子三人和一个郡主，全都在修净土法门，唯独只有妻子不修。

后来郡主夭亡，死了七天以后又重新复生，告诉母亲说："我看到西方的七宝池中，我的父亲和兄长，三个人都有莲花，后世当会往生，唯独只有母亲没有，所以我暂时回家报信，愿母亲您及早念佛呀。"说完了以后，便又闭目去世。母亲从此以后顿发信心，一直念佛不倦，后来相继坐脱，都有瑞相出现。

马子云县尉

唐代的马子云，举为孝廉，担任泾邑尉。一次他押租赴京，路上遇大风，船被吹翻，被关了起来。于是便一心念了五年佛，后来得以释放，来到南陵山寺隐居。一天他对人说："我一生都在精勤念佛，如今净业已成，马上就要往生了！"到了第二天，他沐浴整衣，端坐合掌，忽然间异香满户，他欢喜地说道："佛来迎接我了！"说完以后就坐化了。

居士往生类

[原文]

周续之

晋周续之，雁门人，十二通《五经》《五纬》，号十经童子。公卿交辟，皆不就。事庐山远法师，预莲社。文帝践祚，召对辨析，帝大悦，时称通隐先生。后居钟山，专心念佛，愈老愈笃(dǔ)。一日向空云："佛来迎我。"合掌而逝。

王阗(tián)

宋王阗，四明人，号无功叟。凡禅林宗旨、天台教门，无不洞达。著《净土自信录》，晚年专心念佛，西向坐化，异香芬郁。焚龛时，获舍利如菽者百八粒。

莲华太公

明莲华太公者，越人，一生拙朴，唯昼夜念佛不绝。命终后，棺上忽生莲华一枝，亲里惊叹，以是知其必往生云。

[译文]

周续之

晋代的周续之，是雁门人。他十二岁就通晓《五经》《五纬》，号称十经童子。公卿们纷纷聘召他，他全都不去。后来服侍了庐山慧远法师，并且参加了莲社。文帝即位以后，邀请他前来对话分，两人谈得十分投机。当世之人称他为通隐先生。

后来他居住在钟山，一心念佛，愈老愈诚。有一天，对着空中说："佛来迎接我了！"然后就合掌而逝。

王阗

宋代的王阗，是四明人，号为无功叟。但凡是禅林宗旨以及天台教门，全都知晓，并著有《净土自信录》。他晚年一心念佛，后来西向坐化，异香芬郁。在焚龛时，得到了如菽一样的舍利子，多达一〇八粒。

莲华太公

明代的莲华太公，是越地人，一生憨厚质朴，昼夜都在念佛不绝。命终以后，他的棺材上忽然生出了一枝莲花，亲里之人无不惊叹，并由此知道他一定是往生净土了。

童子往生类

[原文]

二沙弥

隋汶州二沙弥，同志念佛。长者忽亡，至净土见佛，白言："有小沙弥同修，可得生否？"佛言："由彼劝汝，汝方发心。汝今可归，益修净业。三年之后，当同来此。"至期，二人俱见佛来，大地震动，天华飘舞，二僧同化。

吴某

吴某，浙人，祖、父俱庠(xiáng)生。顺治元年，大兵围城，父母失散，吴被掠，送张将官标下服役。时方十三，自叹吾本儒家子，今下贱若此，必是宿业。遂于佛前立誓，持斋念佛，日诵《金刚经》一遍，回向生西。年十六，本官发粮充丁，即将粮银，买香供佛，跪诵阿弥陀圣号。至丁酉年十月廿二，忽告本官，欲往西方。本官不信，诃为妖言。次日，又到提督前乞假。提督怒，批送本官捆打十五，毫无怨言。又向各营作别，自限十一月初一日归西。是日五更，沐浴焚香拜佛毕，仍至本官船上叩辞。本官大怒，差兵随至焚身之所。见其西向三拜，端坐说偈(jì)。偈毕，自吐三昧火出，焚化其躯。合营官长，皆遥望罗拜。本官合门斋戒。赞曰：身披铁甲，足步金莲，愿诸将士，各著一鞭。

［译文］

二沙弥

隋代汶州的两个沙弥，志向相合，并在一起念佛。年纪大的那个忽然间死去，到了净土见佛，问道："有一位小沙弥和我一同修净业，他也可以往生吗？"佛说："正是因为他曾劝你念佛，你向佛之心才发，如今你可以先回去，再去修净业，三年以后，你们可以一同来净土。"到了三年以后，果真二人都见佛来，大地为之震动，天花到处飘舞，二僧一同坐化。

吴某

吴某，是浙江人，祖父和父亲都是读书人。顺治元年（1644）的时候，大兵围城，和父母失散，吴被敌人掠走，送到张将官部下去服役。那时候吴才十三岁。吴便自叹道："我原本出生在读书人家，如今却如此下贱，一定是宿业所致。"于是就在佛前发下誓言，持斋念佛，每天念诵一遍《金刚经》，并且回向生西。到了十六岁，主管上司发粮，命他去充当苦力。吴就用所得的粮银去买香供佛，跪诵阿弥陀的圣号。到了丁酉年（1657）的十月廿二，他忽然告诉上司说自己要往西方。上司不相信，并且责骂他妖言惑众。到了第二天，他又到提督前求假，提督动了怒火，将他批送主管上司捆打了十五大板，他丝毫没有怨言。后来又一次向各营告别，并自我限定会在十一月初一归西。到了初一那天的五更，他沐浴焚香拜佛完毕以后，依然到上司船上叩辞。上司暴怒，派兵跟随他到了焚身之所，只见他向西拜了三次，端坐说偈完毕以后，口中吐出了三昧火，将自身焚化。全营的官长全都遥望礼拜，从此上司便号召部下都去斋戒念佛。因此有词赞道：身披铁甲，足步金莲；愿诸将士，自打一鞭。

图书在版编目(CIP)数据

图解了凡四训 / 袁了凡著,崇贤书院释译. —合肥:黄山书社,2015.11

(经典传家系列丛书)

ISBN 978-7-5461-5345-2

Ⅰ.①图… Ⅱ.①袁… ②崇… Ⅲ.①家庭道德-中国-明代 ②《了凡四训》-通俗读物 Ⅳ.①B823.1-49

中国版本图书馆CIP数据核字(2015)第286516号

总 策 划　李　克
选题策划　汤吟菲　白剑峰
编辑统筹　刘　春
责任编辑　程　景
装帧设计　未　氓
责任印制　戚　帅
出版发行　时代出版传媒股份有限公司(http://www.press-mart.com)
　　　　　黄山书社(http://www.hspress.cn)
地址邮编　合肥市政务文化新区翡翠路1118号出版传媒广场7层　230071
印　　刷　安徽新华印刷股份有限公司
版　　次　2016年3月第1版
印　　次　2017年8月第3次印刷
开　　本　700mm×1000mm　1/16
字　　数　370千
印　　张　24
书　　号　ISBN 978-7-5461-5345-2
定　　价　28.80元

服务热线　0551-63533706

销售热线　0551-63533761

官方直营书店(http://hsssbook.taobao.com)